다이얼로그
물리학

1

고전역학

DIALOGUE
PHYSICS

묻고 답하며 알아가는 물리학

다이얼로그
물리학

1

고전역학

이공주복 지음 | 임승연 그림

이화여자대학교출판문화원

이 저서는 이화여자대학교 학술연구과제(1-2019-0205-001-1)의 일부 지원을 받음.

들어가며

"I love physics with all my heart.
It is a kind of personal love, as one has for
a person to whom one is grateful for many things."
- Elise "Lise" Meitner (1878~1968)

이화여자대학교 물리학과에 해마다 80명씩 신입생이 입학하던 시절이 있었다. 그러다 학부제가 실시되었고, 자연과학부로 입학한 학생 중 물리학을 전공으로 선택하는 학생들의 수는 급격히 감소했다. 수학을 좋아하고 잘하는 학생들은 수학을, 싫어하는 학생들은 화학이나 생물학을 전공으로 택하는 경향이 나타났기 때문이다. 수학은 '물리학의 언어'라고들 하니 어느 정도의 수학 능력을 갖춰야만 하는 물리학을 굳이 전공으로 택할 이유가 없지 않은가. 정말 물리학을 사랑하지 않는다면 말이다.

이즈음 일반물리학의 한 분반을 담당하며, 정녕 수학이라는 장벽 때문에 물리학을 택할 수 없는 것이라면 수학을 최소한으로 줄이고 물리적 개념을 많이 강조하는 방식으로 강의해보자는 생각이 들었다. 지금처럼 많은 동영상 자료가 있던 시절이 아니라서 구할 수 있는 한 많은 사진 이미지를 준비했는데 학생들 반응이 좋았다. 물리학을 전공할 생각이 전혀 없던 학생이 물리학을 전공으로 택하기도 하고, 인문사회 계열이나 예체능 계열의 학생들이 많지는 않았지만 나의 일반물리학 강의를 수강하러 왔다. 모두 수식을 최소한으로 사용하여 자연의 법칙을 이해해보자는 강의 소개문을 보고 찾아온 것이다. 이 비非이공계 학생 중에는, 수강생 대부분이 이공계인 일반물리학 강좌에서 아주 좋은 성적을 받은 학생들도 꽤 있었다. 동기 유발과 교육 효과가 함께 간다는 것과, 수학적 배경이 물리학을 처음 공부하는 데 필수가 되는 것은 아님을 깨닫는 경험이었다.

우리가 일상에서 경험하는 많은 현상은 일차적으로 고전물리학, 즉 고전역학이나 고전전자기학으로 설명된다. '일차적'이라고 표현한 것은, 자연현상은 까도 까도 새로운 양파처럼 한 가지 이론이나 법칙만으로 완벽하게 설명되지 않는 경우가 대부분이지만 그럼에도 그것을 통해 주된 이유 정도는 파악할 수 있음을 의미한다. 뉴턴의 운동방정식이나 맥스웰 방정식 등의 미분방정식 및 적분방정식을 푸는 대신, 친숙한 일상의 사례들을 통해 원리를 먼저 이해해보고자 했던 시도는 동료 교수의 부추김이 더해져 『만득이의 물리귀신 따라잡기』 1~3권 시리즈(1997~1999)의 출간으로 이어졌다. 오래전 일이다. 수식을 최소한으로 하는 일반물리학 강의는 기회가 될 때마다 계속 진행했지만 이 책들에 대해서는 잊고 있었다. 그러다가 시리즈를 출간한 지 10년도 훌쩍 지나서 다시 주변 사람들에게 등 떠밀려 개정판을, 심지어 예전에 포함하지 못한 '상대성이론과 양자역학'까지 포함해 일반물리학 전반을 아우르는 시리즈 개정판을 출판하는 것에 동의하고 말았다. 처음에는 제목과 등장인물을 바꾸고 내용만 조금 다듬으면 되는 수준이라고 생각했으나 다시 읽어보니 그 정도로 해결될 수 없겠다는 생각이 들었다. 세월이 흘렀다고 일반물리학의 기본 주제가 달라진 것은 아니나 설명 방식은 많이 달라졌기 때문이다. 주제가 바뀔수록 수정도 많아졌고, 거의 새로운 책을 다시 쓰는 지경이 되었다. 이렇게 해서 먼저 고전물리학과 물성·파동·열역학을 다룬 『세상 뭐든, 물리』 1·2권(2017)이 나왔다. 하지만 4권으로 예정되었던 '상대성이론과 양자역학'뿐 아니라 기존 시리즈의 3권에 해당하는 '전자기학'까지 출간할 수 없는 상황에 놓였다. 아쉬워하던 차에, 일반물리학 전반에 관한 입문서를 완결하고 싶었던 나의 마음이 통했는지 많은 이들의 염려와 도움으로 드디어 『다이얼로그 물리학』 1~4권 시리즈를 출간하게 되었다. 1·2권은 수정이 많이 이루어지긴 했지만 출판사 관계자들의 동의하에 『세상 뭐든, 물리』 1·2권과 같은 내용을 다루고 있음을 밝혀둔다.

이 시리즈는 두 학생 '울리'와 '엘리'가 우연히 한동네에 사는 여성 물리학자 '바리 교수'를 알게 되고, 바리 교수와 함께 대화하며 일상의 다채로운 예를 통해 물리학의 기초 개념들을 하나씩 깨우쳐가는 이야기로 구성되어 있다. 나의 분신이기도 한 바리 교수의 이름 '바리'는 나와 어울린다며 딸이 지어준 이름이고, '울리'는 '물리학의 양심'으로 불리는 천재 물리학자 볼프강 파울리(1900~1958)에게서, 또 '엘리'는 아인슈타인이 '우리(독일어권)의 퀴리 부인'이라고 칭한 여성 물리학자 리제 마이트너(1878~1968)의 어릴 때 이름인 '엘리제'에서 따온 이름이다.

바리, 울리, 엘리의 대화는 질문과 답변으로 이어진다. 대부분의 질문은 내가 일반물리학 강의를 하며 학생들에게서 받은 것들, 혹은 일반적으로 익숙하여 쉽다고 생각하지만 그것이 잘못된 이해에 기인하는 경우가 많은 개념을 질문으로 재구성한 것들이다. 특히 일반물리학 강의를 수강하면서 한 학기 동안 수십 번 질문하는 열정적인 비이공계 학생들이 종종 있는데, 그들의 질문을 대화에 많이 포함하여 비전공자나 대중이 보편적으로 가질 수 있는 궁금증들에 답을 제시하고자 노력했다. 반면에 자연의 법칙을 이해하기 위해 물리학이 어떤 개념들을 내놓았는지 최소한의 수학을 사용해 설명하고자 했으나, 완전히 수학을 배제하려 하지는 않았다. 물리학을 조금 더 깊이 잘 이해할 수 있는 가장 쉬운 방법은 어찌 보면 결국 수학을 통해서이기 때문이다. 직관적으로 자연의 법칙을 이해하는 것은 결코 쉽지 않지만, 수학으로 기술된 자연의 법칙을 수학적으로 풀고, 그 결과를 해석함으로써 자연을 이해하는 것은 훈련을 통해 가능하다. 이 시리즈는 그러한 수학적 훈련에 본격적으로 들어가기 위한 가교라고 할 수 있다.

『다이얼로그 물리학 1: 고전역학』은 속력, 속도, 가속도의 기초 개념으로 시작하기 때문에 처음에는 지루하게 느낄 수 있으나, 물리학을 '진지하게' 처음 접하는 독자라면 차근차근 읽어가길 바란다. 그러다 보면 '에프는 엠에이$F=ma$' 하나로 얼마나 많은 현상을 이해할 수 있는지, 직선운동이 어떻게 회전운동의 개념으로 확장되는지, 관성력은 왜 필요한지 등을 경험할 수 있게 될 것이다. 『다이얼로그 물리학 2: 물성·파동·열역학』은 총 네 권의 시리즈 중 가장 쉽게 접근할 수 있는 내용이다. 아르키메데스의 원리나 베르누이의 원리, 엔트로피를 비롯한 열역학 법칙들, 그리고 음파를 통한 파동의 물리적 특성 등을 일상의 예와 함께 이해해나갈 수 있을 것이다. 『다이얼로그 물리학 3: 전자기학』은 수식이 가장 많이 등장하는 권이다. 고전역학이 뉴턴의 운동방정식 '$F=ma$' 하나를 공부하는 것이라면 전자기학은 맥스웰 방정식 네 개를 공부하는 것이라고 할 수 있기 때문이다. 전기장과 자기장이 독립적이지 않고 서로 얽혀 있어서 이 둘과 관련된 네 개의 방정식은 모두 상대적으로 복잡하다. 방정식의 의미를 대화로 풀어 설명했지만 진지하게 물리학을 공부하고자 하는 독자를 위해 해당 방정식들을 따로 각 회차 마지막에 정리하여 제공했다. 1~3권은 대부분 고전물리학 영역이다. 즉 1900년 이전까지 확립된 물리학이다. 하지만 『다이얼로그 물리학 4: 상대성이론·양자역학』은 소위 '현대물리학'이라고 부르는 1900년 이후에 발전한 개념들을 소개한다. 고전물리학처럼 우리의 일상에서 '직접적으로' 경험할 수 있는 개념이 아니어서 처음 접하는 사람은 누구나 매우 혼란스러워한다. 대중매체에서 다루는 과학 정보를 통해 아인슈타인의 상대성이론이나 '슈뢰딩거의 고양이' 등의 개념에 이미 익숙한 사람도 실제 그것의 구체적인 내용이나 원리에 대해 이해해보고자 하면 쉽지 않을 것이다. 나 역시 맛보기 수준으로만 집필하는 데도 많은 어려움을 느꼈다. 이러한 어려움을 조금이라도 상쇄해보고자 4권에서는 아인슈타인을 비롯한 아홉 명의 유명한 현대물리학자와 그들의 삶, 업적 등에 대해 간략히 소개했다. 시리즈의 내용 중 서로 연관된 일화들은 해당 내용 부분에 참조로 권과 일화의 번호를 넣었고, 매 일화의 끝에는 <바리 교수의 물리노트>로 핵심 내용을 간략히 요약했다. 참, 바리, 울리, 엘리가 함께 놀이하듯 물리 공부를 한다는 설정 아래 바리 교수의 갖가지 요리 레시피들이 모든 시리즈 사이사이에 양념처럼 등장하니, 복잡해진 머리를 환기하는 시간이 되었으면 한다. '리, 리, 리 자로 끝나는 말은? 바리, 울리, 엘리, 요리, 물리 보따리~'도 흥얼거리며.

"Have no fear of perfection: you'll never reach it."
- Salvador Dali (1904~1989)

원고 교정을 볼 때마다 오류가 보이고, 기존에 설명한 방식들이 계속해서 마음에 들지 않았다. 심지어 간단히 설명한다는 명목 아래 핵심을 짚지 않고 설명한 것은 아닌가 하는 불안감도 들었다. 그러나 결코 도달할 수 없는 완벽함을 갈구하지 않기로 했다. 물리학을 전공하는 사람들도 물리학 공부가 어렵다고 한다. 속도와 가속도의 정의로 시작해서 표준모형으로 마칠 때까지 총 160개의 일화를 통해 물리학 전반을 다룬 이 네 권의 시리즈는 일반물리학을 제대로 맛보기 위한 입문서에 불과하다. 그래도 어렵다. 하지만 30년간 대학 교단에서 물리학을 강의하며 얻은 나의 경험이, 많은 학생에게 그들이 조금이라도 덜 어렵게 물리학에 접근할 수 있도록 하는 데 도움이 될 수 있지 않을까 하는 희망으로 이 책들을 집필했다.

일반물리학 관련 문헌은 무수히 많으나, 집필하며 특별히 참고한 문헌은 *Physics for Scientists and Engineers with Modern Physics* (Raymond A. Serway & John W. Jewett, Jr., Brooks/Cole)와

Fundamentals of Physics (David Halliday, Robert Resnick, & Jearl Walker, John Wiley & Sons), *Conceptual Physics* (Paul G. Hewitt, Pearson Addison Wesley) 등이다. 또한 'MIT OCW'(https://ocw.mit.edu/)에 업로드되어 있는 Walter Lewin 교수님의 물리학 강의 영상물을 일부 본문에 인용했고, 'The Physics Classroom'(http://www.physicsclassroom.com), 경상대학교 정기수 교수님이 제작하신 '물리의 이해'(http://physica.gnu.kr/) 등의 웹페이지와 『호기심의 과학』(유재준, 계단, 2016) 등의 서적에서 개념을 쉽게 설명하기 위한 아이디어를 얻기도 했다. 그 외에 미항공우주국 NASA(https://www.nasa.gov)나 온라인백과사전 위키피디아(https://en.wikipedia.org)의 문도 종종 두드렸다. 특히 4권에서 살펴본 물리학자들의 삶과 연구에 대해서는 노벨상 홈페이지(https://www.nobelprize.org/)와 『스핀』(이강영, 계단, 2018), 『현대물리학의 선구자』(임경순, 다산, 2001), 『아인슈타인이 말합니다』(아인슈타인 저, 김명남 역, 에이도스, 2015) 등을 참조했다.

이 시리즈가 나오기까지 참으로 많은 분의 도움이 있었다. 『세상 뭐든, 물리』 1·2권의 오류를 꼼꼼히 정리하여 보내주신 통계물리학자 손승우 교수님, 상대성이론과 관련한 일화들을 자문해주신 중력파 물리학자 김정리 교수님, 유명한 '현대물리학과 인간사고의 변혁' 강의록을 쾌히 보내주시고 양자역학 및 표준모형과 관련한 일부 일화들을 자문해주신 입자물리학자 김찬주 교수님께 깊이 감사한다. 또한 대중적 인기가 전혀 없을 일반물리학 입문서인 이 책들을, 오로지 교육적 필요만을 이유로 주저 없이 출판하기로 결정해주신 이화여자대학교출판문화원의 이승아 전 원장님과 이혜지 주간님께 깊은 경의를 표한다. 이 분들의 무모한 결정이 없었다면 나의 초고는 낡은 컴퓨터 메모리 안에 영원히 갇혀 있었을 것이다. 무엇보다도 나의 행운은 이지예 편집자님을 만난 것이다. 비이공계 출신의 편집자가 대중서도 아닌 물리학 입문서를 편집한다는 것이 결코 쉽지 않았을 텐데도 한 줄 한 줄 스스로 물리학을 공부하는 자세로 계산식까지 확인해가며 편집하셨다. 교정지를 보며 얼마나 여러 번 감탄하고 순간순간 자신감을 얻었는지 모른다. 또 표지와 본문을 예쁘게 디자인해주시고, 본문 내 수식들을 보기 좋게 편집하느라 애써주신 디자이너들께도 감사한 마음을 전하고 싶다. 마지막으로 가족과는 비즈니스를 하지 않는다는 신념 아래 삽화 의뢰를 극구 거절했지만, 갖은 회유와 애원에 결국 승낙하여 복잡한 전문 삽화들을 꼼꼼하게 그려준 딸, 임승연 일러스트레이터에게도 큰 감사를 전한다.

2022년 2월

이공주복

차례

01 속도가 줄어들었는데도 가속이라구요?

속도/가속도

"끼이익~!" 화단에 물을 주고 있던 바리 교수가 큰 소리에 밖을 내다보니 자전거를 탄 남학생이 놀란 표정으로 서 있고, 자동차 운전자는 창문을 내리고 학생을 향해 화를 내고 있었다. 바리 교수가 나가보니 자동차는 이미 떠나버렸다.

바리 학생, 괜찮아? 다친 곳은 없어?

울리 괜찮아요.

바리 천천히 달려야지. 이 주택단지에는 골목이 많아서 어디서 차가 나올지 모르거든. 특히 아침 출근 시간에는 조심해야 해. 학생도 어서 조심해서 학교 가~

울리 네~ 안녕히 계세요~

그날 오후, 조금 일찍 퇴근하던 바리 교수가 집에 막 들어서려는데 아침에 본 그 학생이 인사를 건네왔다.

울리 아줌마, 안녕하세요!

바리 아~ 아침에 그 학생! 이제 학교 끝났어? 집에 가는구나?

울리 네…. 근데 조금 이따 또 학원에 가야 해요.

바리 무슨 학원 다니는데?

울리 오늘은 과학 공부하러 가요. 진짜 재미없는데….

바리 과학 싫어해?

울리 싫다기보다는 문제 푸는 게 재미없어요. 비슷한 문제들만 반복해서 풀라고 하고, 식 외우라고 하고…. 뭐 만들고 그런 건 재밌는데 학원에서는 그런 건 안 해요.

바리 일단 과학은 자연에 대해 공부하는 것이라, 우리 주변에서 볼 수 있는 현상들을 이해하며 공부하면 훨씬 재미있는데~ 예를 들어 오늘 아침에 학생 자전거랑 자동차가 부딪칠 뻔했던 것을 통해서도 과학 공부를 할 수 있어.

울리 네? 정말요? 어떻게요?

바리 (대문 앞 작은 벤치를 가리키며) 여기 잠깐 앉아봐~ 아까 자동차랑 부딪칠 뻔한 것은 학생이나 자동차의 운동과 관계가 있는 거잖아. 빠르기와 운동 방향 같은 것 말이야. 빠르기를 과학적 용어로 표현하면 '속력speed'인데, 자동차 운전석 앞에 있는 계기판은 숫자로도 자동차의 시간당 속력, 즉 시속을 알려주지. 만일 계기판이 숫자 36을 가리킨다면 이는 36 km/h(시속 36킬로미터)로 가고 있다는 의미고, 이 36 km/h란 1시간 동안 일정한 빠르기를 유지한다면 36 km를 갈 수 있다는 뜻이야. 이렇게 '시속 몇 킬로미터(km/h)'라는 것은 속력의 정의와 단위를 모두 의미해. 즉 '$\text{속력} = \dfrac{\text{이동 거리}}{\text{걸린 시간}}$'고, 단위는 거리와 시간에 어떤 단위를 사용하느냐에 따라 달라질 수 있는데, 과학에서는 '초속 몇 미터(m/s)'를 많이 사용하지. 36 km/h는 1시간이 3,600초니까 10 m/s와 같은 거야.

울리 1초는 너무 짧으니까 자동차의 속력을 나타날 때는 시속으로 하는 거네요?

바리 그렇지!

울리 그런데 아빠 차를 타고 어디 갈 때 보면, 빠르기는 계속 변하고 아빠는 차선을 여러 번 바꾸시고 그러던데 이럴 때는 속력이 그냥 그때그때 변하는 거라고 생각하면 되나요?

바리 오~ 굉장히 좋은 질문인데? 과학 싫어하는 것 맞니?

울리 정말요?

바리 그럼~ 과학에서는 용어 정의를 아주 정확하게 하거든. 자동차 계기판에 나타나는 속력은 정확하게는 '순간속력'이라고 하지. 말 그대로 그 순간의 빠르기를 나타내는 거야. 만일 40km 떨어진 곳까지 가는 데 1시간이 걸렸다면 40km/h로 갔다고 할 수 있고, 이것을 '평균속력'이라고 해. 1시간 동안 순간속력은 다양하게 변했겠지. 길이 막히는 구간은 10km/h로 갔을 수도 있고 막히지 않는 구간은 60km/h로 갔을 수도 있고 말이야.

울리 아하, 그러면 제가 100m를 15초에 뛰니까 100÷15를 하면 약 6.7m/s로 뛰는 것인데, 이것은 평균속력이군요. 저는 옆에서 누가 쫓아올 때는 더 빨라지거든요. 속력이 빠르기를 나타내는 것이라면 차선을 바꾸는 것은 속력과 어떤 관계가 있나요?

바리 속력은 빠르기만 정의하기 때문에 '얼마나 빠르게 어느 방향으로' 움직이는가를 정의하려면 '속도velocity'라는 용어를 알아야 하지. 즉 속도는 속력과 방향을 함께 표시해주는 개념이란다. 속도의 크기를 속력이라고 하는 것이지. 그러니까 정확히 말하면 '속도 $= \frac{\text{위치의 변화}}{\text{걸린 시간}}$'야. 위치의 변화를 나타내려면 거리와 방향을 모두 알아야 하니까. 아빠가 운전하시는 동안 빠르기는 유지하면서 차선만 바꾸셨다면, 속력은 유지되지만 속도는 변한 거야.

울리 속력이 변하지 않아도 속도는 변할 수 있다는 거네요? 방향만 바뀌어도 속도가 바뀌는 거니까요.

바리 그렇지! 속력과 속도의 의미를 정확히 이해했네~

울리 그럼 과속을 하면 왜 위험하다고 하죠? 빨리 달려도 방향을 잘 바꾸어 다른 차나 사람이 없는 곳으로 가면 되잖아요?

바리 빠르다는 것은 짧은 시간에 많이 이동할 수 있다는 뜻이고, 빨리 달리면서 방향을 바꾸면 순식간에 바뀐 방향으로 역시 많이 이동해 운전이 미숙한 운전자는 다른 차를 피하지 못할 수도 있으니 위험한 거지. 컴퓨터 게임에서도 경험해보지 않았어? 장해물이 많을 때는 방향을 빨리 자주 바꿔줘야 하는데 잘 되질 않아서 부딪치고 한 경험 같은 것들 말이야.

울리 맞아요. 히히. 그럼 가속도는 뭐예요? 속도와 비슷한 것인가요?

바리 점점 운동의 핵심으로 들어오고 있는데? 가속도는 속도와 관계는 있지만 속도는 아니야. 과학 용어, 특히 물리 용어가 나오면 먼저 단위부터 살펴보렴. 단위를 보면 그 용어의 정의를 쉽게 알 수 있거든. 가속도acceleration의 단위는 m/s^2야. 아까 속력의 단위는 m/s라고 했는데, 그럼 속도의 단위는 뭘까?

울리 어…. 뭘까요? 속력에 방향을 합친 건데, 방향도 단위가 있나요? 모르겠어요.

바리 방향은 단위가 없어서 속도의 단위는 속력과 똑같이 m/s야. 근데 가속도의 단위 m/s^2는 (m/s)/s와 같으니, 가속도가 '속력÷시간', 혹은 '속도÷시간'과 비슷한 개념이라는 것을 알 수 있지. 실제 '가속도 $= \frac{\text{속도의 변화}}{\text{걸린 시간}}$'로 정의되는데, 이를 통해 가속도가 '속도의 변화'에 비례하니까 가속도도 방향을 포함하는 개념

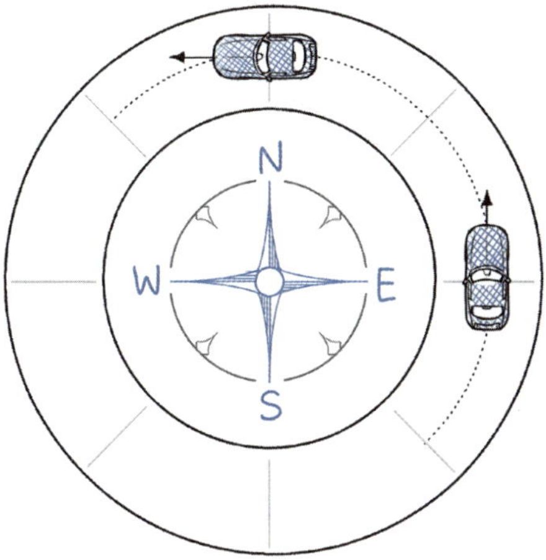

이라는 걸 알겠지?

울리 속도의 변화에 비례한다고요? 그럼 아무리 빨리 달려도 속력이 변하지 않으면 가속도는 없는 거예요?

바리 아니~ 속력이 아니고 속도의 변화가 없어야 가속도가 없는 거야. 속력은 그대로인데 방향을 바꾸었으면 속도의 변화가 있는 거니까 가속도가 있는 거지. 이해를 했나 확인하기 위해 문제를 하나 내볼까? 경주용 차 한 대가 원형 도로에서 일정한 빠르기로 돌고 있다고 해보자. 이 경우 가속도는 있을까, 없을까?

울리 음- 가속운동이려면 속도 변화가 있어야 하는데, 속도는 속력과 방향이고, 속력, 즉 빠르기는 변하지 않는다고 했으니 방향만 변하나 보면 되는 거죠? 원형 도로를 돌고 있다는 것은 계속 핸들을 꺾어 방향을 바꿔야 하니 가속도가 있는 거네요~ 맞죠? 맞죠?

바리 그래~ 잘했어! 그럼 자동차를 가속시킬 수 있는 장치에는 어떤 것들이 있을까?

울리 자동차는 운전을 해보지 않아서 잘 모르지만 자전거를 생각해 보면, 우선 방향을 바꾸어주는 핸들과 빠르기를 변화시키는 페달 아닌가요?

바리 하나 더 있는데~ 빠르기의 변화가 가속페달로만 일어날까? 멈출 때도 빠르기는 변하지 않니?

울리 아! 브레이크요!

바리 맞았어! 조향핸들, 가속페달, 브레이크가 답이야.

울리 핸들을 조향핸들이라고 불러요? 그냥 핸들이라고 하면 안 되나요?

바리 안 될 것은 없지만 이왕이면 정확한 용어를 알아두는 것이 좋잖아. 영어에서 핸들은 '손잡이'라는 뜻이고, 자동차 운전대는 'steering wheel'이라고 부르거든. 우리말로는 조향핸들이라고 부르고 말이야.

울리 아, 그렇군요. 그런데 브레이크를 밟으면 천천히 가게 되니까 가加속도가 아니라 감減속도라고 해야 하는 것 아닌가요?

바리 그럴 듯하지만 '가하다'라는 단어에는 '빠르게 하다'라는 의미 외에 '영향을 미치다'라는 의미도 있지. 속도가 영향을 받아서 변화만 일어나면 가속도라고 정의한단다. 즉 속력이 커져도, 속력이 줄어들어도, 또 방향이 바뀌어도 가속도가 생기는 거지. 단 중요한 약속이 하나 있는데, 속도의 변화는 항상 나중 속도에서 처음 속도를 빼는 거라는 약속이야.

울리 그럼 나중 속도가 더 작을 때는 속도의 변화가 음수(−)일 수도 있겠네요?

바리 방향을 바꾸지 않고 갔다면 그렇지. 그런 경우가 감속되는 가속도인 거고 말이야.

울리 그렇군요! 근데…. 아줌마는 뭐 하는 분이세요?

바리 교수의 물리노트 1

- 속력speed $= \dfrac{\text{이동 거리}}{\text{걸린 시간}}$
- 속도velocity $= \dfrac{\text{위치의 변화}}{\text{걸린 시간}}$

  (위치의 변화를 '변위displacement'라고 하며 방향을 갖는다.)
- 가속도acceleration $= \dfrac{\text{속도의 변화}}{\text{걸린 시간}}$
- 속도의 변화 = 나중 속도 − 처음 속도
- 속도의 변화는 속력만 변해도, 방향만 변해도 생긴다.

02 세상 모든 것에 물리학이 있다구요?

평균속도

울리와 엘리는 유치원 때부터 쭉 함께 어울려 논 단짝친구다. 엘리는 엄마와 둘이 사는데, 종종 주말에 일하시는 엘리 엄마를 대신해 울리 부모님이 가족 외식이나 외출에 엘리를 동행하곤 한다. 오늘은 모처럼 울리네 아빠가 울리와 엘리를 데리고 놀이동산에 놀러가게 되었다. 엘리와 함께 뒷좌석에 앉아 게임을 하며 놀던 울리는 문득 며칠 전 학교 가는 길에 동네 아줌마에게서 들은 속력과 속도 이야기가 떠올랐다.

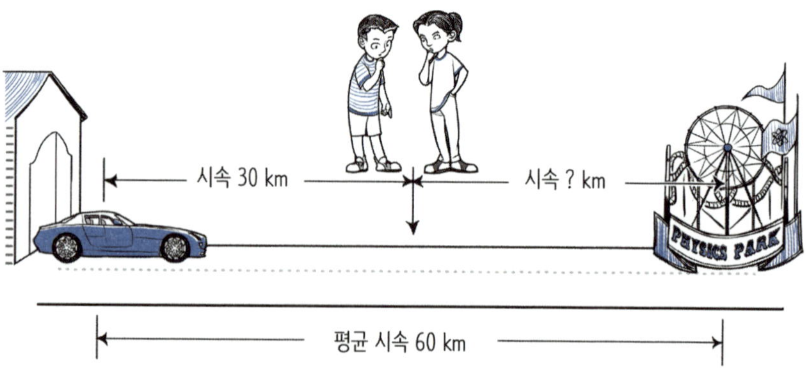

울리 아빠, 아직 멀었어요?

아빠 글쎄~ 집에서 거리가 70km쯤 되는데, 조금 막혀서 평균 60km/h 정도는 낸다고 치면, 한 1시간 10분이면 가지 않을까 싶었는데 말이지.

울리 벌써 출발한 지 1시간은 지났는걸요?

아빠 그러게. 아까 길이 많이 막혀서 말이야. 아직 반밖에 못 왔는데…. 지금까지 평균 35km/h 정도로 달린 것 같네.

울리 이제 길이 뻥 뚫렸으니 아주 빨리 가면 10분 안에 도착할 수도 있는 거 아닌가요?

아빠 얼마나 빨리 가야 되는지 네가 계산해주면 내가 그 속력을 내볼게~ 크크.

울리 으~ 계산 싫은데~ 음…. 70km의 반인 35km를 1시간 걸려 왔고, 남은 35km를 10분에 가야 되네요. 그럼 60분에 210km를 가야 하는 것이니 시속 210km로 가야 하는데요?

아빠 하하, 계산은 잘했다만 벌써 10분이 지났어. 근데 아빠 차 계기판에는 눈금이 200까지 밖에 없어. 그리고 이 도로는 시속 100km를 넘으면 안 돼.

엘리 나 언젠가 책에서 이 상황이랑 비슷한 문제를 봤는데, 답이 좀 이상했었어.

울리 뭔데?

엘리 방금 네가 푼 거랑 비슷해. 목적지까지 시속 60km를 유지하며 가려 했는데, 중간 지점까지 시속 30km밖에 유지하지 못 했다면 나머지 거리는 시속 얼마로 가야 평균속력이 60 km/h가 될까 하는 문제였어.

울리 넌 그런 문제도 기억하고 있냐? 근데, 목적지까지의 거리가 없는데 어떻게 풀지?

엘리 거리는 몰라도 풀 수 있다고 되어 있었어.

울리 정말? 그게 가능해? 난 아까 거리가 있어서 쉽게 속력을 계산할 수 있었는데….

엘리 문제에서 거리와 상관없이 답을 구할 수 있다고 한 것은 네 마음대로 아무 거리를 가정하고 풀어도 된다는 거야. 쿨~ 하지 않냐? 아무 거리나 넣고 계산해도 답이 같다니.

울리 어? 정말? 쿨~

엘리 난 거리를 60 km라고 생각하고 풀었어.

울리 좋아. 그럼, 나도 거리를 60 km라고 하고 풀어볼게. 목적지까지 1시간이 걸리게 가려 했는데, 중간 지점, 그러니까 30 km까지 가는 데 30 km/h였으니 1시간이 걸린 거네? 으잉? 이게 뭐야? 문제 잘못된 거 아냐?

엘리 내가 답이 이상하다고 했잖아.

울리 60 km를 1시간에 가길 원했는데, 30 km 가는 데 이미 1시간이 걸렸으면 나머지 30 km는 0초에 가야 하는 거잖아? 이게 가능하기나 한 거야?

엘리 30 km를 0으로 나누면 무한대니까 이 문제의 답은 남은 거리를 시속 무한대의 속력으로 가야 한다는 것인데, 결국 불가능한 거지.

아빠 얘들아, 너희 자연에서 가장 빠른 게 뭔지 알아?

엘리 빛이요! 빛이 진행하는 속력은 초속 30만 km나 된대요. 방금 검색해봤어요.

울리 초속 30만 km? 그럼 시속 얼마지? 1시간은 3,600초니까, (핸드폰 계산기를 두드리며) 3,600을 곱하면, 와~ 1시간에 10억 8,000만 km나 갈 수 있네?

아빠 상상도 할 수 없을 만큼 빠르지. 그래서 아무리 기술이 발달해도 빛처럼 빠르게 움직이는 것을 만들 수 없다고 하는 거야.

엘리 아저씨, 그럼 아인슈타인의 상대성이론은 뭐예요? 빛의 속력만큼 빠른 우주선을 타고 우주여행을 갔다 오면 지구에 있는 사람들은 모두 늙어 있다고 하던데요? 빛의 속력만큼 빠른 우주선은 없는 거예요?

아빠 어? 상대성이론? 아저씨도 거기까진 잘 몰라. 공상과학영화에서나 나오는 얘기고, 아직은 빛만큼 빨리 날 수 있는 우주선은 못 만든다고만 알고 있어.

엘리 방금 제가 또 검색해보니, 상대성이론은 물체의 속력이 빛의 속력과 견줄 만할 때 중요하대요. 빛의 속력과 비교할 수도 없을 만큼 느린 물체들은 만유인력을 발견한 뉴턴의 운동법칙, 즉 고전역학을 따른다고 하고요. 그럼, 양자역학은 뭘까요?

아빠 요즘은 검색만 하면 다 나와서 너희가 어른들보다 훨씬 많이 알겠다. 양자역학도 찾아보렴!

엘리 네~ 양자역학은 아주 작은 세계에서 일어나는 현상들을 이해하려면 필요하대요. 그리고 양자역학과 특수상대성이론이 결합된 이론을 상대론적 양자장론이라고 한대요. 뉴턴은 고전역학, 맥스웰은 고전전자기학, 슈뢰딩거와 하이젠베르크는 양자역학, 아인슈타인은 상대성이론, 슈윙거와 파인만은 양자장론~ 다 유명한 물리학자라네요.

울리 맥스웰? 맥스웰 커피?

아빠 하하하- 그 맥스웰은 '맥스웰 하우스 호텔'에서 이름을 따와서 '맥스웰 하우스 커피'라고 한 거래.

울리 근데 고전역학, 양자역학, 상대성이론 듣기만 해도 머리 아픈 것 같아요. 양자장론은 처음 들어봤고요. 물리학자들도 뉴턴과 아인슈타인만 많이 들어봤어요.

엘리 너는 기계공학자가 꿈 아니었어? 공학 공부할 때 물리학은 기본이라는데~

울리 그건 어릴 때 내가 조립하는 것을 좋아하니까 어른들이 '울리는 커서 기계공학자가 되려나?' 하셔서 잠깐 생각해본 거지. 수학과 과학 공부를 많이 해야 한다면 꿈을 접어야 할 듯~ 히히-

엘리 교과서에 다 나오는데 뭐~ 공부하면 되지. 근데 우리는 주로 뉴턴의 운동법칙을 배우는 것 같긴 해.

아빠 아저씨가 어떤 물리학자의 얘기를 들은 적이 있는데, 세상 모든 것에는 물리학이 숨어 있다는구나. 자동차, 다트 게임, 압력솥, 전자레인지, 아빠가 좋아하는 공구들, 핸드폰, 위성, GPS 등등,

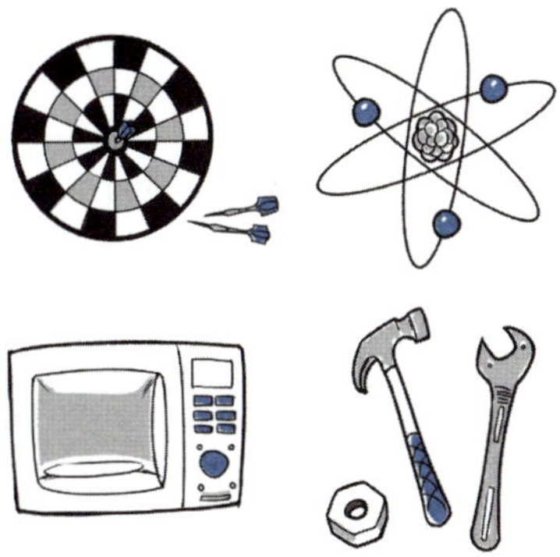

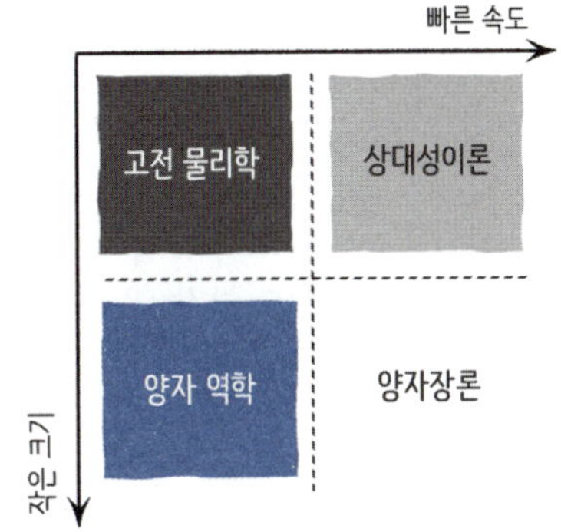

심지어 요리까지도 말이야.

엘리 요리도요? 요리는 화학인 줄 알았어요.

아빠 그렇게들 많이 생각하는데, 삼투압, 점성, 온도 등 물리학으로 설명되는 것들이 많다는구나. 모든 조리기구의 원리도 물리학으로 설명할 수 있고 말이야.

엘리 하긴 '분자요리'라는 말도 들어보긴 했어요.

울리 넌 뭐 그렇게 들어본 것이 많아?

엘리 나는 가끔 인터넷 서점에 들어가서 새로 나온 책들을 찾아보거든. 분자요리라는 제목이 신기해서 기억이 나네.

울리 암튼 너는 참 특이하다. 그나저나 그렇게 모든 것이 물리학과 관계가 있다는데, 왜 우리 집에서는 과학 얘기를 거의 하지 않아요? 과학책도 별로 없고요.

아빠 어? 아, 음….

울리 조리기구의 원리를 이해하면서 공부하면 진짜 재미있겠다. 그럼 나도 과학을 잘할 수 있을 것 같은데. 학교에서 하는 과학 공부도 맨날 계산하는 문제만 풀라고 하고….

엘리 근데 우리 주변에서 볼 수 있는 현상들과 관계 있는 과학 원리는 누가 설명해주지 않으면 우리가 어떻게 알겠어? 학교나 학원 선생님께 여쭤보면 싫어하실 것 같은데.

울리 그래도 공부 잘하는 네가 물어보면 야단은 치지 않으실 걸~ 내가 물으면 야단치실 거야. 쓸데없는 데 관심 그만 갖고 공부나 하라고 말이야.

아빠 그래, 울리는 공부 좀 해서 성적 좀 올리면 얼마나 좋을까? 공학을 전공해야 일자리가 많을 거라는데 수학과 과학 공부도 이제 열심히 좀 하고 말이지.

울리 으, 또 성적 얘기야…. (잠시 울리가 생각에 잠긴다.) '며칠 전 그 아줌마라면 나나 엘리가 궁금해하는 것에 대해 잘 알려줄 수도 있을 것 같아. 그런데 그 아줌마는 뭐 하는 사람이지? 지난번에 보니까 직장에서 퇴근하시는 길 같던데. 과학 선생님? 아니야, 그럼 그렇게 일찍 퇴근하시지 못할 거고…. 과학자? 여성 물리학자?'

바리 교수의 물리노트 2

- 고전물리학은 너무 작지도 않고 아주 빠르지도 않은 물체의 물리적 성질을 설명하는 20세기 이전의 물리학 이론을 총칭한다.
- 물체가 원자나 전자처럼 아주 작을 때의 물리적 성질은 고전물리학으로 설명되지 않아 양자물리학을 적용해야 한다.
- 물체의 속력이 빛의 속력에 견줄 만큼 클 때의 물리적 성질들은 고전물리학으로 설명되지 않아 상대성이론을 적용해야 한다.
- 전기장, 자기장, 중력장 같은 '장field'의 양자화이론을 양자장론이라 하고, 양자역학과 특수상대성이론이 결합된 이론을 상대론적 양자장론이라고 한다.

03 진공 상태에서는 깃털과 망치가 동시에 떨어진다구요?

자유낙하운동

어느 일요일, 울리가 침대에 누워 빈둥거리고 있는데 창밖이 소란스러워서 무슨 일인가 하며 내다보니, 건너편 아파트 옥상에 한 무리의 아이들이 모여 뭔가를 떨어뜨리며 놀고 있었다. 종잇조각 같기도 하고, 빈 깡통이나 돌멩이 같기도 했다. 재미있다는 듯 깔깔거리는 소리가 들리는 듯하더니, 고양이의 비명과 함께 경비 아저씨의 고함이 들렸다. 걱정되는 마음에 나가보니 아까 그 아이들이 떨어뜨린 돌멩이에 맞아서 고양이가 많이 다쳤단다. 집으로 돌아오는 길, 지난번의 그 아줌마를 다시 만났다.

울리 어라? 아줌마~ 뭐 하세요?

바리 어? 너구나. 잡초 뽑고 있어. 일주일만 지나도 잡초가 쑥쑥 자라네. 근데 너는 일요일에 웬일로 여길 지나가니? 학교 가는 것도 아니고?

울리 저는 저기 길 건너 아파트에 사는데, 애들이 아파트 옥상에서 떨어뜨린 돌멩이를 맞고 고양이가 다친 것 같아 보러 나왔다가 여기까지 왔네요~

바리 저런, 애들이 위험한 장난을 했구나.

울리 근데 아줌마, 애들이 종잇조각도 떨어뜨리고 돌멩이도 떨어뜨리고 했는데, 왜 둘이 같이 떨어지지 않고 돌멩이가 더 먼저 떨어지는 걸까요? 갈릴레오가 피사의 사탑에서 무거운 것과 가벼운 것을 동시에 떨어뜨렸더니 둘이 동시에 떨어졌다고 한 얘기를 읽은 적이 있는데, 아까 일은 어떻게 된 것인지 모르겠어요.

바리 종이보다 돌멩이가 더 먼저 떨어진 것을 봤겠지?

울리 네~ 분명히 봤어요. 종잇조각은 너울너울 춤추듯이 천천히 떨어지고 돌멩이는 바로 쑥~ 떨어지고요. 그런데 갈릴레오가 틀렸을 리도 없잖아요?

바리 아하~ 네가 왜 이 앞을 지나가나 했더니 그걸 물어보고 싶어서 왔구나?

울리 엣, 꼭 그런 것은 아니고 그냥 게임하면서 걷다 보니, 헤헤-

바리 일단 여기 벤치에 좀 앉아보렴. 얘기가 길어질 수 있으니 말이야. 하하- 네가 본 것처럼 무거운 물체일수록 더 빨리 떨어진다고 주장한 사람은 기원전 시기에 살았던 유명한 철학자 아리스토텔레스야. 그 후 거의 2,000년 동안 사람들은 그의 주장이 옳다고 믿었는데, 갈릴레오 갈릴레이Galileo Galilei는 여러 경우에 대해서 실험을 하며 떨어지는 물체의 운동을 연구했지. 예를 들면 무거운 것과 가벼운 것을 동시에 물속에서 떨어뜨려보기도 하고, 공기 중에서 떨어뜨려보기도 한 거지. 그랬더니 물속에서는 무거운 것이 가벼운 것보다 훨씬 먼저 떨어지고, 공기 중에서는 무거운 것이 조금 먼저 떨어지는 것을 본 거야. 그러고는 '만일 공기가 없는 곳에서 무거운 것과 가벼운 것을 동시에 떨어뜨리면 어떻게 될까?' 하는 고민에 빠졌대.

울리 공기가 없는 곳이요? 진공에서요? 왜 고민을 했죠? 진공에서 실험을 하면 될 것을요?

바리 갈릴레오가 살던 시대에는 진공 환경을 만들 수 없어서 실험은 못 하고 생각으로만 실험을 해본 거겠지.

울리 생각으로 실험을 해요? 그거 멋진데요?

바리 그래~ 그런 것을 '사고실험thought experiment(오스트리아의 물리학자 에른스트 마흐Ernst Mach의 'gedankenexperiment'에서 유래)'이라고 한단다. 이 사고실험을 한 갈릴레오의 결론은 무엇이었을까? 이미 알고 있는 것 같지만 말이야.

울리 '동시에 떨어진다'겠죠. 갈릴레오의 피사의 사탑 실험처럼요.

바리 맞아! 근데 갈릴레오는 어떻게 그런 결론에 도달했을까? 물, 공기, 진공의 차이를 생각해보면 알 수 있는데~

울리 '무거운 것이 물속에서는 훨씬 먼저 떨어지고, 공기 중에서는 조금 먼저 떨어졌다. 그건 곧 무거운 것과 가벼운 것이 떨어지는 데 걸리는 시간의 차이가 물속에서보다 공기 중에서 더 줄어든다는 뜻이다. 그러므로 공기가 없는 진공에서는 시간 차이가 아예 없어질 것이다.' 이렇게 생각했을 것 같아요.

바리 훌륭한 생각이야. 그럼 물에서 공기로, 또 공기에서 진공으로 갈수록 뭐가 줄어들까?

울리 저항? 수영장 물속에서 빨리 걸으려면 굉장히 힘든데, 그건 바로 저항 때문이잖아요.

바리 그렇지. 물은 액체고 공기는 기체니까, 같은 부피를 비교했을 때 훨씬 많은 분자들이 들어 있는 물속에서 움직이는 것이 공기 중에서 움직이는 것보다 더 많은 분자들과 부딪쳐야 하니 훨씬 큰 저항을 받는 거지.

울리 아, 그럼 진공 중에서는 저항이 아예 없겠네요? 완전히 비어 있는 것이니까요?

바리 바로 그거야. 갈릴레오 실험은 저항이 적을수록 무거운 것과 가벼운 것이 떨어지는 데 걸리는 시간의 차이가 줄어든다는 것을 보여주었고, 따라서 갈릴레오는 진공에서는 아예 저항이 없으니까 시간 차이가 없어서 둘이 똑같이 떨어질 거라고 본 거지.

울리 근데 명확히 이해되지는 않아요. 공기 중에서는 무거운 것이 가벼운 것보다 먼저 떨어지고 진공에서는 동시에 떨어진다고 했는데, 무거운 것들은 보통 크니까 저항도 많이 받는 것 아닌가요?

그럼 저항을 더 많이 받는 것이 더 빨리 떨어지는 거예요? 저항을 많이 받으면 잘 못 가야 하잖아요.

바리 아주 중요한 질문이야! 우선 저항은 물체의 단면적이 클수록, 또 물체가 빨리 움직일수록 커지지. 단면적이 크면 닿는 면이 넓으니까 많은 분자와 부딪칠 거고, 빨리 움직이면 주변 분자들과 더 세게 부딪쳐서 운동에 더 큰 방해를 받게 될 테니 말이야. 그런데 저항을 더 많이 받는 무거운 물체가 저항을 덜 받는 가벼운 물체보다 빨리 떨어진다고 해서, '저항을 많이 받으면 빨리 떨어진다'라고 생각하면 안 돼.

울리 그게 무슨 뜻이에요?

바리 가볍고 작은 물체와 무겁고 큰 물체, 예를 들어 새의 깃털과 망치를 생각해보자. 공기 중에서 깃털하고 망치를 동시에 떨어뜨리면 분명 깃털은 아주 천천히 살랑살랑 떨어지고, 망치는 곧장 쓩- 하고 떨어지겠지? 공기 중에서는 진공과 달리 저항이 있어서 큰 망치는 큰 저항을, 작은 깃털은 작은 저항을 받고 말이야. 근데 망치는 너무 무거워서 공기저항을 이기고도 힘이 많이 남아 빨리 떨어지고, 깃털은 아주 가벼워서 공기저항을 이기지 못하고 오히려 바람이라도 조금 불면 위로 올라가기까지 하지. 즉 떨어지는 물체의 운동은 그 물체의 무게와 저항의 크기에 의해서 결정된다는 거야. 망치가 옆에서 떨어지는 깃털에 작용하는 공기저항보다 더 큰 공기저항을 받느냐 아니냐가 중요한 것이 아니라, 망치의 무게가 망치에 작용하는 공기저항을 빼고 얼마

만큼 남느냐가 중요한 거란 뜻이지.

울리 그러니까 망치는 깃털에 비해 저항을 잘 극복해서 저항을 빼고도 많은 힘이 남는데, 깃털은 저항을 상쇄하면 남는 힘이 별로 없다는 뜻이네요?

바리 그렇지.

울리 그럼 갈릴레오가 피사의 사탑에서 실험했다는 것은 뭐죠? 공기 중에서 떨어뜨린 것이면 무거운 것이 더 먼저 떨어져야 하잖아요?

바리 갈릴레오가 진짜 그런 실험을 했다는 증거는 없지만, 대포알과 총알을 피사의 사탑에서 동시에 떨어뜨려 2개가 동시에 땅에 떨어지는 것을 보였다는 얘기가 전해 내려오고 있지. 나중에 기회가 있으면 자세히 설명해주겠지만, 피사의 사탑처럼 그리 높지 않은 높이에서 떨어뜨리면 저항이 크지 않아서 대포알과 총알이 거의 동시에 떨어질 수 있어. 갈릴레오가 이 실험을 선보였더니 사람들이 그럼 깃털과 망치도 동시에 떨어질 수 있냐고 물어보며 공격했다고 해.

울리 진공을 만들 수 없으니 실험해서 보여줄 수도 없고 곤란했겠네요.

바리 그래서 그로부터 거의 400년 뒤인 1971년 7월 30일 달에 착륙한 아폴로15호의 선장 데이비드 스코트David Scott가 매의 날개 깃털과 자신의 조사용 망치를 떨어뜨려봤단다. 달에는 공기가 없거든. 검색해봐~ 진공에서 깃털과 망치를 동시에 떨어뜨리는 실험 동영상이 나올 거야! (https://apod.nasa.gov/apod/ap111101.html)

울리 찾았어요! 정말 멋지네요~ 근데, 아줌마는 과학자세요? 어떻게 이런 것들을 다 아세요?

바리 맞아. 물리학자야~

울리 대박~ 여성 물리학자 처음 봐요. 그럼 교수님?

바리 그것도 맞는데, 부를 땐 그냥 편하게 아줌마라고 하렴. 바리 아줌마~

울리 그래도 될까요? 좋아요! 그리고 제 소꿉친구 중에 공부 무지 잘하는 애가 있는데, 가끔 같이 놀러 와도 되나요?

바리 물론이지~

바리 교수의 물리노트 3

- 저항(력): 움직이는 물체의 운동을 방해하는 힘으로, 저항은 일반적으로 물체의 운동 방향으로의 단면적의 크기와 속력에 비례한다.
- 진공처럼 저항이 없는 곳에서 동시에 떨어뜨린 물체들은 그 무게와 관계없이 동시에 떨어진다.

04 얼마나 높이 올라가고 얼마나 멀리 떨어지는지를 알 수 있다구요?

자유낙하운동

울리는 땅콩을 먹을 때 위로 던져서 받아먹는 것을 잘한다. 마침 엘리가 집에 놀러와 있어서 울리는 잘난 척을 하며 열심히 땅콩을 위로 높이 던져 재주를 부리듯 받아먹었다. 그러자 엘리가 슬그머니 일어나 울리가 던진 땅콩이 아래로 떨어지기 전에 낚아채서 먹어버렸다. 둘이 티격태격 하고 있는데, 갑자기 엘리가 소파에 주저앉았다.

울리 왜 그래?

엘리 울리야, 어떻게 하면 땅콩을 그렇게 잘 받아먹을 수 있니? 무슨 노하우라도 있어?

울리 자꾸 하니까 잘 되는 거지 뭐~ 근데 똑바로 위로, 그리고 높이 던지면 땅콩이 공중에 떠 있는 시간이 길어져서 내가 조준하기가 좀 쉬운 것 같아.

엘리 그럼 땅콩의 속도나 가속도, 또 1초 동안 떨어진 거리, 이런 것들은 어떻게 계산하지?

울리 이그~ 누가 범생이 아니랄까 봐~ 야, 우리 잠깐 나가자. 같이 갈 데가 있어.

울리는 엘리를 데리고 바리 교수를 찾아갔다.

바리 너희들, 그러니까 위로 던진 땅콩의 운동이 궁금한 거구나? 그럼 먼저 땅콩이 받는 공기저항에 대해서 생각해봐야겠네?

울리 땅콩은 작으니까 공기저항도 작지 않을까요?

엘리 보통 저항을 무시하고 풀라는 문제가 많은데, 땅콩의 경우에는 정말 저항을 무시해도 되겠네요. 저항 없이 떨어지니 자유낙하 문제가 될 거고요.

바리 그렇지. 울리가 공부를 잘하는 친구라고 하더니, 정말 그렇구나?

울리 제 말이 맞죠? 헤헤- 참, 근데 위로 던진 것은 어떻게 설명해요?

바리 처음에 위로 던졌다는 것은 땅콩이 속도를 갖고 운동을 시작했다는 뜻이야. 과학에서 속도는 빠르기(속력)와 방향을 동시에 정의한다고 한 것, 기억나지? 즉 땅콩이 네 손을 벗어난 순간에 위쪽 방향으로의 속력을 가진다는 뜻이지.

울리 만일 던지지 않고 그냥 가만히 떨어뜨린다면 땅콩의 처음 속도는 0인데, 위로 던지면 속도가 0이 아니라는 거네요?

바리 그래. 그런데 처음에 속도를 갖고 있든지 없든지 간에 일단 손에서 벗어나면 땅콩은 지구의 중력 이외에 어떤 힘도 받지 않지. 이런 운동을 아까 엘리가 말한 대로 '자유낙하운동motion of free fall'이라고 한단다.

울리 그럼 제가 던진 땅콩의 속도나 가속도, 이런 것들도 알 수 있어요?

바리 먼저 자유낙하운동이 무엇인지부터 설명을 시작해야겠는걸~ 자유낙하하는 모든 물체는 매 1초마다 지구의 중심을 향해 속력이 9.8 m/s씩 빨라진단다. 이 말의 의미는, 물체를 가만히 떨어뜨린 경우 처음 속력은 0 m/s니까 1초 후에는 9.8 m/s, 2초 후에는 19.6 m/s, 3초 후에는 29.4 m/s가 된다는 거야.

울리 그럼 1초에 속도가 아래쪽 방향으로 9.8 m/s씩 변하는 것이니 가속도는 9.8 m/s^2로 일정하겠네요?

엘리 너 요즘 물리 공부해?

바리 호호- 갈릴레오가 떨어지는 물체 실험을 해서 보인 것이 바로 '자유낙하하는 모든 물체는 일정한 가속도를 갖는다'라는 거였어. 이 가속도를 '중력가속도gravitational acceleration'라고 부르는데, 그 값이 9.8 m/s^2라는 것은 갈릴레오가 죽고 1년 후에 태어난 아이작 뉴턴Isaac Newton에 의해서 밝혀지게 되지. 더 자세한 내용은 만유인력에 대해 공부해야 알 수 있는데, 지금은 우선 자유낙하의 원인보다는 결과에 대해서만 생각해보자.

울리 저항이 없는 곳에서 떨어지는 모든 물체의 가속도가 일정하게 같으니 무게와 관계없이 동시에 떨어진다는 갈릴레오의 결론은 당연한 거네요.

바리 그렇지. 자유낙하에 대해서 이해했으면 위로 던져진 땅콩의 운동도 쉽게 이해할 수 있단다. 일단 위로 얼마나 빨리 던졌는지를 알아야 해. 암산을 할 수 있도록 땅콩을 위로 9.8 m/s 속력으로 던졌다고 가정하면, 1초 후 땅콩의 속도는 얼마일까?

울리 그게 암산으로 돼요?

엘리 땅콩이 손에서 떠나는 순간의 속도가 위로 9.8 m/s니까 계속해서 같은 빠르기로 올라가려 할 테지만, 손을 떠난 땅콩은 중력 때문에 1초 후 아래쪽으로 9.8 m/s 속력을 얻게 되니 결국 1초 후에는 처음에 위로 향하는 속력 9.8 m/s와 합쳐져서 0 m/s가 되겠네요. 위로 올라가려는 것과 아래로 떨어지려는 것이 서로 반대 방향이니까요.

바리 아주 정확해~

울리 속력이 0이라고요? 그럼 멈춰요?

바리 그건 2초 후에는 어떻게 될까 생각해보면 이해가 될 거야.

엘리 손을 떠난 땅콩은 1초 후 속력이 0이 되는데, 여전히 아래쪽을 향해 매초 9.8 m/s로 속력이 늘어나니 2초 후에는 아래로

9.8 m/s의 속력을 갖겠네요.

바리 너 진짜 공부 잘하겠구나~ 처음에 위로 9.8 m/s로 올라간 땅콩은 지구가 당기는 바람에 1초 후에 속력이 0이 되는데, 지구는 계속 당기고 있으니 2초 후에는 아래로 9.8 m/s, 3초 후에는 아래로 19.6 m/s의 속력으로 점점 빨리 떨어지는 거지. 다시 말하면 9.8 m/s로 위로 던져진 땅콩은 위쪽으로 올라갈수록 속력이 점점 줄어들고 1초 후부터는 밑으로 떨어지게 되는 거야.

울리 아하, 그렇군요. 그럼 지구가 당기지 않는다면 위로 던져진 땅콩은 처음 속도를 유지하겠네요?

바리 그렇지. 지구중력이 없으면 위로 던져진 땅콩은 아무 힘도 받고 있지 않아서 계속 같은 빠르기로 올라가겠지? 근데 지구에 사는 우리는 항상 지구중력을 받고 있고, 지구중력은 지구의 중심 쪽으로 작용하니 위로 올라가는 것을 방해하지. 이제 속도와 가속도는 어느 정도 안 것 같으니 거리 얘기를 좀 해볼까?

울리 거리는 속력하고 시간만 알면 구할 수 있는 거잖아요. 그냥 '속력×시간' 하면요.

바리 맞아. 그럼 아까 얘기했듯이 가만히 떨어뜨린 땅콩은 1초 후에 9.8 m/s의 속력을 갖게 되는데, 1초 동안 땅콩은 얼마만큼이나 떨어졌을까?

울리 빠르기가 9.8 m/s란 뜻이니까 9.8m 떨어졌겠죠.

엘리 그건 1초 동안 일정하게 9.8 m/s로 떨어졌을 때 얘기 같은데….

바리 그래~ 1초 후의 속력이 9.8 m/s라는 것이지, 1초 동안 내내

9.8 m/s의 속력으로 떨어진다는 것은 아니잖니. 처음 속력이 0에서 점점 빨라져서 1초 후에 9.8 m/s가 되었다는 뜻이니까 평균속력을 찾아야 해.

울리 아~ 그렇겠네요. 0과 9.8의 평균이니까 평균속력은 4.9 m/s겠네요. 그럼 1초 동안 4.9 m 떨어졌다는 얘기고요.

바리 맞아! 그럼 2초 동안, 또 3초 동안은 얼마만큼 떨어질까?

울리 2초 후에는 속력이 19.6 m/s가 되니까 2초 동안의 평균속력은 9.8 m/s고, 2초 동안 떨어진 거리는 19.6 m가 되네요.

엘리 3초 후의 속력은 29.4 m/s여서 평균속력은 14.7 m/s, 3초 동안 떨어진 거리는 44.1 m고요.

바리 평균속력을 모두 잘 구하네. 속력이 일정하게 증가하기 때문에 평균속력은 산술평균해서 '(처음 속력+나중 속력)÷2'로 구하면 된다는 것을 알고 구한 거겠지?

울리 앗, 그런 거예요? 그냥 반으로 나눴는데요, 헤헤- 그럼 위로 9.8 m/s로 던져진 땅콩은 얼마나 올라갔다 떨어지는 거예요?

바리 지구중력이 없다면 땅콩은 1초 동안 위로 9.8 m를 올라갈 텐데 중력 때문에 1초 동안 아래로 4.9 m를 떨어져야 하니, 결과적으로는 위로 4.9 m 되는 지점에 있게 되는 거지. 즉 위로 9.8 m/s로 던져진 땅콩은 1초 후 4.9 m 되는 지점까지 올라갔다가 떨어지는 거야.

엘리 2초 동안에는 위로 던져진 속력 때문에 19.6 m까지 올라갈 수 있는데, 중력이 19.6 m만큼 떨어지게 하니까 결과적으로 처음

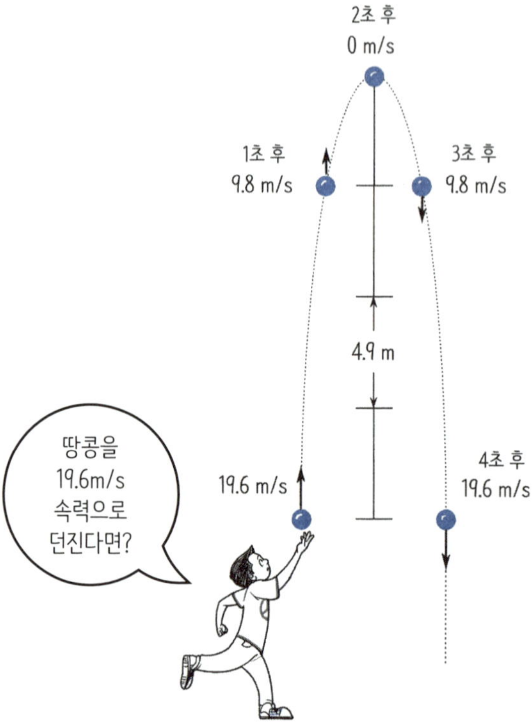

땅콩이 던져진 지점을 지나게 되겠네요?

바리 맞아. 재미있는 것은 꼭대기까지 올라가는 데 걸린 시간과, 같은 거리를 내려오는 데 걸린 시간이 같다는 거야. 올라가든 떨어지든 손을 떠난 땅콩은 자유낙하운동을 하니까~

울리 와- 이제 땅콩을 던져서 받아먹을 때마다 자유낙하운동이 생각날 것 같아요.

바리 그렇게 되면 정말 최고지. 복습으로 땅콩을 19.6 m/s의 속력으로 던진다면 얼마나 높이 올라가는지 계산해볼래?

울리 앗, 바로 테스트를 하시면…. 땅콩은 중력가속도 때문에 2초 후 속력이 0이 되겠죠. 땅콩의 처음 속도는 2초 동안 위로 39.2 m 올라가게 하는데, 중력은 2초 동안 아래로 19.6 m 떨어지게 하니까 결국 19.6 m까지 올라갔다가 떨어지겠네요.

바리 잘했어. 모두 잘 이해한 것 같구나~

바리 교수의 물리노트 4

- 자유낙하운동motion of free fall: 다른 힘의 영향 없이 중력에 의해서만 떨어지는 운동으로, 일정한 가속도를 갖는 등가속도 운동이다.
- 지구 표면 근처에서 자유낙하하는 물체의 (중력)가속도 (gravitational) acceleration는 지구 중심 방향으로 9.8 m/s^{2}다.
- 자유낙하하는 물체의 속도는 매초 9.8 m/s씩 지구의 중심 방향으로 증가한다.
- 자유낙하한 거리 = 평균속력 × 시간

$$= \frac{1}{2}(\text{처음 속력} + \text{나중 속력}) \times \text{시간}$$

05 화살을 조금 높이 던지면 다른 게임에서 이길 수 있다구요?

포물선운동

같은 동네에 사는 울리와 엘리는 집에서 학교를 오갈 때 늘 바리 교수의 집 앞을 지나가는데, 언제부터인가 함께 바리 교수의 집 담장을 기웃거리는 습관이 생겼다. 오늘도 둘이 학교에서 있었던 일들을 이야기하며 하교하는 길에 바리 교수의 집 앞에 당도했다. 둘이 담장 너머에서 살피는데 마침 차 한 대가 들어와 주차를 한다. 그러자 집 안에서 개 짖는 소리가 요란하다.

바리 어머, 너희 여기서 뭐하니?

엘리 안녕하세요~ 학교 끝나서 집에 가는 길이예요. 근데 아줌마, 개 키우세요?

바리 응, 진도견이고 이름은 아린이야~ 잠깐 들어가서 볼래? 좀 사납지만~ 참, 너희 이름이 울리랑 엘리랬지?

울리 네! 우리도 강아지 키웠으면 좋겠는데, 아파트라서 엄마가 안 된다고 하세요.

모두 바리 교수의 집으로 들어갔으나 울리와 엘리는 아린이가 하도 짖어 만져보지도 못하고 거실에서 쳐다만 보고 있었다.

바리 호호, 아린이랑 친해지려면 먹을 것도 주고 여러 번 봐야 해. 이왕 왔는데 좀 놀다 가렴. 다트 게임 한번 할래? 우리 애들이 하던 건데, 어릴 때는 많이 하더니 크면서는 통 안 하더라구~

엘리 전 운동신경이 둔해서 그런 거 잘 못 해요.

바리 그래? 다트 게임은 운동신경도 중요하지만, 화살이 날아갈 때의 운동에 대해 이해하면 좀 더 잘할 수 있어.

울리 (과녁의 정중앙을 맞히며) 저는 이거 많이 해봐서 잘해요. 근데 다트 화살이 날아갈 때의 운동이라는 게 뭐죠?

엘리 포물선운동이겠지.

바리 울리는 과녁 정중앙을 맞추기 위해 어떻게 던지니? 네가 터득한 방법 말이야.

울리 전 화살을 정중앙보다 약간 위를 향해 던져요.

바리 약간 위를 향해 던졌는데 왜 정중앙에 맞을까? 지난번에 얘기했던 자유낙하운동과 연관이 있어 보이지 않니?

울리 아하~ 화살이 제 손을 떠나 날아가는 동안 지구가 화살을 잡아당겨서 조금씩 떨어지니까 약간 위로 던져야 그보다 밑에 있는 정중앙 지점을 맞출 수 있는 거로군요.

바리 그렇지!

엘리 근데 원하는 곳보다 얼마나 위로 던져야 하는 거죠? 저는 약간 위로 던지는데도 정중앙에는 맞질 않고 엉뚱한 곳에 맞거나 아예 다트판을 벗어나거나 그래요.

울리 나는 그냥 많이 해봐서 감각적으로 잘 맞추는 거야. 내가 정확하게 계산할 줄 안다고 생각하진 않겠지? 헤헤-

바리 하하, 몸의 반응이 중요하긴 하지. 일단 다트 화살도 작고 뾰족하니 날아가는 동안 공기저항은 받지 않는다고 가정하고 생각해보자. 화살을 던졌다는 것은 던져진 방향으로 움직일 수 있도록 속도가 주어졌다는 건데, 이 화살이 손에서 떠나는 순간부터 던져진 방향으로는 아무 힘도 받지 않지만 아래쪽 방향, 정확히 지구의 중심 방향으로는 지구중력을 받게 되지.

울리 날아가는 화살에 중력 이외에는 작용하는 힘이 없으니 자유낙하운동이라는 것이군요.

바리 그렇지. 그럼 4.9 m 높이에서 화살을 가만히 떨어뜨리면 바닥까지 닿는 데 시간이 얼마나 걸리지? (1권 4화 참조)

엘리 1초요. 지난번 자유낙하운동 공부할 때 계산해봤잖아요.

바리 그랬지. 그러면 4.9 m 높이에서 화살을 바닥과 수평하게 세게 던지면 이 화살이 바닥에 닿는 데 시간이 얼마나 걸릴까? … 답은 똑같이 1초란다.

울리 정말요? 수평으로 세게 던지면 더 오랫동안 공중에 떠 있어서 바닥에 떨어질 때까지 더 오래 걸리는 것 아닌가요?

바리 화살이 떨어지는 것은 지구중력 때문이지 수평으로 던진 것 때문이 아니잖아.

엘리 그럼 수평으로 던져서 생긴 속력은 수평 방향으로 얼마만큼 가는가만 결정해주는 건가요?

바리 그렇지. 4.9 m 높이에서 화살을 수평 방향으로 10 m/s로 던졌다면 화살은 1초 동안 아래(수직 방향)로 4.9 m, 앞(수평 방향)으로 10 m 이동한다는 뜻이야.

엘리 만일 화살이 20 m 앞에 떨어지게 하려면 수평하게 20 m/s의 속력으로 던져야 한다는 거네요?

바리 그렇지. 4.9 m 높이에서 던진다면 말이야. 30 m 앞에 떨어지게 하려면 수평하게 30 m/s로 던져야 하고.

울리 지난번 땅콩 얘기할 때도 잘 이해하지 못했는데, 손을 떠난 화살이 어떻게 계속 같은 빠르기로 앞으로 갈 수 있어요? 더는 밀어주는 힘도 없잖아요? 던질 때 밀어준 힘이 남아 있는 건가요?

바리 아니. 힘은 없고 속도만 있는 거지. 지난번에 위로 던져진 땅콩에 어떤 힘도 작용하지 않으면 처음 속도를 계속 유지한다고 이야기한 것과 비슷한 상황이야. 움직이고 있는 것에 저항을 포함한 그 어떤 힘도 작용하지 않으면 그 물체는 같은 속도로 영원히 움직일 거란다. 물리에선 이것을 '관성의 법칙'이라고 하는데, 들어봤지?

엘리 갈릴레오가 관성을 얘기했죠?

바리 그렇지. 갈릴레오가 물체의 운동에 관한 여러 실험을 하면서 내린 결론은 운동하는 물체에 어떤 힘도 작용하지 않으면 그 물체는 원래의 운동 상태를 유지한다는 거야. 아리스토텔레스는 움직이는 것은 힘을 받고 있는 것이라고 했지만, 갈릴레오는 힘을 받으면 운동 상태가 변한다고 주장함으로써 2,000년의 믿음을 뒤엎은 거지.

엘리 와~ 그렇군요. 근데 관성이 정확히 뭐예요?

바리 갈릴레오는 운동 상태의 변화를 싫어하는 성질을 '관성inertia'이라고 했는데, 뉴턴이 관성의 크기를 나타내는 물리량을 '질량mass'이라고 정의했어.

울리 지구중력이 작용하긴 하지만 화살이 앞으로 날아가는 것과 지구중력은 관계가 없다는 거군요. 조금 이해가 되는 것 같아요.

바리 그렇지. 나중에 기회가 있으면 더 자세히 알려주겠지만, 속도, 가속도, 힘은 모두 방향이 중요한 물리량들이어서 항상 방향을 잘 생각해야 해. 그럼 질문! 너희가 던진 화살이 과녁에 도달할 때까지 1초가 걸린다면, 던질 때는 원하는 지점보다 몇 m 위를 향해 던져야 할까?

울리 4.9 m 위를 향해 던져야 해요!

바리 하하- 맞아. 하지만 현실감은 좀 없지? 실내에서 하는 다트 게임에서 4.9 m나 위쪽을 향해 던지라니 말이야. 그래도 이런 특별한 값들을 이용하면 쉽게 개념을 이해할 수 있다는 장점을 가지고 있지. 그럼 화살이 날아가며 그리는 경로는 어떤 모양일까?

엘리 포물선이요.

바리 맞아. 그래서 '포물선운동'이라고 하는데, 이것은 일정한 속도의 수평 방향 운동과 수직 방향으로의 자유낙하운동이 합쳐진(중첩superposition된) 결과지.

울리 축구를 보면 골키퍼가 공을 찰 때도 포물선을 그리며 공이 날아가던데, 이것도 비슷한 경우인가요? 그런데 어떨 때는 공을 세게 차면 멀리 가고, 또 어떨 때는 세게 찼는데도 멀리 못 가고 바로 앞에 떨어져 버리는데 그건 왜 그런 거죠?

바리 좋은 질문이야. 공을 멀리 가게 하려면 수평 방향의 속력이 커야 하긴 하는데, 공을 너무 낮게 차면 위에 떠 있는 시간이 짧아서 바로 떨어지니 적당히 높게 차야 해. 근데 너무 높게 차면 위쪽 방향의 속력은 빠르고 수평 방향의 속력은 느려서, 높이 올라갈 수는 있지만 멀리는 못 가게 되지.

울리 바닥과 수평하게 공을 차면 땅에서 굴러가는 꼴이고, 바닥과 수직하게 위로 차면 수평 방향으로는 움직이지 못하고 같은 자리에 떨어지겠군요.

엘리 아하, 그래서 0°와 90°의 중간 각도인 45° 방향으로 공을 차면

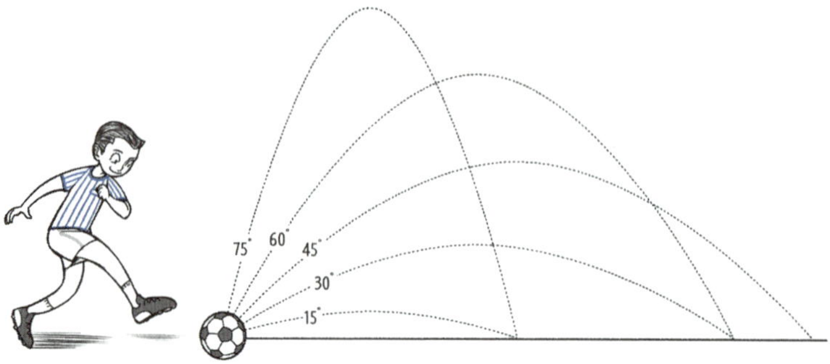

제일 멀리 간다고 하는 거군요. 땅에서 수평하게 찬 것은 바닥과의 사이 각도를 0°로 찬 것이고, 수직하게 위로 찬 것은 90°로 찬 것인데 둘 다 앞으로 움직인 거리는 없는 셈이니까요.

바리 맞아. 0°부터 45°까지는 각도가 커질수록 공이 떨어지는 지점까지의 거리가 점점 늘어나다가, 반대로 45°부터 90°까지는 각도가 커질수록 거리는 점점 줄어들게 되지. 이때 만약 공기저항을 무시하고 공을 모두 같은 세기로 찼다면, 재미있게도 15°와 75°로 찬 공은 같은 지점에 떨어진단다.

울리 합이 90°네요?

바리 그렇지? 실제 두 각도의 합이 90°인 모든 경우에 해당하는 현상이야. 15°로 찬 공은 75°로 찬 공보다 수평 방향의 속력이 빠른 대신 떠 있는 시간이 짧은데, 수평 방향의 속력과 떠 있는 시간을 곱한 값은 같기 때문이지. 계산을 조금 해보면 바로 증명할 수 있지만, 이때 중요한 정보는 시간이란다.

엘리 말씀하신 시간이란 공이 떠 있는 시간이겠죠?

바리 그렇기도 하지만 공이 떠 있는 총 시간은 공이 가장 높은 지점까지 가는 데 걸리는 시간의 2배기 때문에, 가장 높은 지점에 도달하는 데 걸리는 시간을 먼저 구해야 해. 가장 높은 지점에서 공의 수직 방향 속력은 0이라는 사실을 이용해서 말이야.

엘리 집에 가서 계산해봐야겠어요~

울리 전 계산 패스! 그냥 아줌마 말을 믿으니까요. 헤헤-

엘리 참 핑계도 좋다.

바리 하하- 자세한 계산은 나중에 해봐도 돼. 오늘은 관성의 법칙과 포물선운동의 개념을 이해한 것으로 충분하다고 해줄게~

바리 교수의 물리노트 5

- 관성inertia: 운동 상태의 변화에 저항하는 성질.
- 관성의 법칙: 물체에 어떠한 힘도 작용하지 않는 한 그 물체는 자신의 운동 상태를 유지하려 한다는 것으로, 정지한 것은 계속 정지하고, 움직이는 것은 계속 움직이는 걸 말한다.
- 포물선운동: 일정한 속도의 수평 방향 운동과, 수직 방향으로의 자유낙하운동이 중첩superposition된 운동으로, 물체는 포물선을 그리며 운동한다.

06 내가 쏜 화살이 지구를 한 바퀴 돌아서 내 등을 맞힌다구요?

포물선운동

울리는 학교 과학 시간에, "GPS(Global Positioning System)로 위치 측정을 하려면 최소한 4개의 위성이 필요하고, 현재 30여 개의 GPS 위성이 지구 주위를 돌고 있다"는 이야기를 들었다. 이 이야기를 들은 울리는 갑자기 의문이 하나 생겼다. 가벼운 돌멩이도 지구중력에 의해 떨어지는데 그 무거운 위성이 어떻게 떨어지지도 않고 공중에 떠 있을 수 있는 걸까? 그러고 보니, 지구도 떠 있고 달도 떠 있지 않은가! 울리는 혼란스러워졌다. 하교길에 궁금증을 해결하러 바리 교수의 집으로 향했는데, 마침 바리 교수가 마당에서 아린이의 털을 빗겨주고 있었다. 울리는 아린이가 무서워 문밖에서 바리 교수를 불렀다.

울리 아줌마~ 안녕하세요?

바리 오, 울리 오랜만이구나~ 오늘도 학교에서 잘 지냈니?

울리 네~ 근데 바보 같은 질문 하나 해도 돼요?

바리 바보 같은 질문? 하하, 아줌마가 대학에서 강의를 할 때 첫 시간에 항상 하는 말이 있어. "If you ask a stupid question, then you may feel stupid; If you don't ask a stupid question, then you remain stupid." 번역하면, "바보 같은 질문을 하면 네가 바보 같다고 느낄지 모르겠지만, 바보 같은 질문을 하지 않으면 (답을 모르니) 너는 바보로 남는 거다", 뭐 이런 뜻이지. 토니 로스먼Tony Rothman이라는 물리학자가 한 말이야. 더구나 아줌마한테는 어떤 바보 같은 질문이든 해도 돼. 아줌마는 어떤 질문도 바보 같은 건 없다고 생각하니까~

울리 완전 좋아요~ 헤헤, 실은 지구 주변에 GPS 위성들이 잔뜩 떠 있다는데, 그 무거운 것이 어떻게 떨어지지 않고 떠서 계속 돌 수 있는 건지 궁금했거든요.

바리 그렇구나. 울리 너 요즘도 다트 게임 좀 하니? 지난번에 다트 게임으로 포물선운동에 대해 얘기했었는데~

울리 저는 집에 다트 게임 없어요. 엄마가 공부하라고 다 없앴거든요. 근데 인공위성이랑 다트 게임이 어떤 관계가 있나요?

바리 아주 관계가 많지. 나도 질문 하나 할까? 네가 정면을 향해 다트 화살을 아주 세게 던진다면 그 화살이 날아가서 지구를 한 바퀴 돌아와 네 등을 맞힐 수 있을까? 물론 저항을 무시한다고 치고 말이야.

울리 이거 난센스 퀴즈예요? 난센스가 아니면 당연히 불가능하죠.

바리 하하- 이게 바로 인공위성을 이해하는 데 중요한 질문이거든. 다시, 계산하기 편하게 4.9 m의 높이에서 화살을 바닥과 수평하게 던진다고 생각해봐. 수평하게 던졌어도 이 화살은 1초 후엔 바닥에 닿겠지?

울리 그렇겠죠. 손을 떠난 화살은 자유낙하운동을 해서 1초에 4.9 m 떨어지니까요.

바리 잘 기억하고 있구나. 그럼 만일 수평하게 40 m/s로 던졌다면 화살이 어느 지점에 떨어지는지도 알까?

울리 40 m 앞에요. 1초 동안 공중에 떠 있다가 떨어지는 거니까요.

바리 그렇지? 80 m/s로 던지면 1초 후 80 m 앞에 떨어질 거고 말이야. 근데 만일, 네가 화살을 정말 무지 세게 던질 수 있어서, 8 km/s로 수평하게 던졌다면 그 화살은 어디에 떨어질까?

울리 그래도 당연히 8 km 앞에 떨어지는 것 아닌가요?

바리 그럴듯하지만, 실제 화살은 땅에 닿지 않고 여전히 땅으로부터 4.9 m 떨어진 상공을 날아가고 있게 된단다.

울리 어? 왜요?

바리 왜냐하면 지구가 공처럼 둥글기 때문이지. 바닥과 나란한 방향으로 8 km/s로 던져진 화살은 1초에 8 km를 수평 방향을 유지하며 날아가려 하지만, 지구가 이 화살을 당겨서 결국 1초 동안 4.9 m만큼 떨어지게 되겠지? 그런데 그럼에도 지구가 평평하지

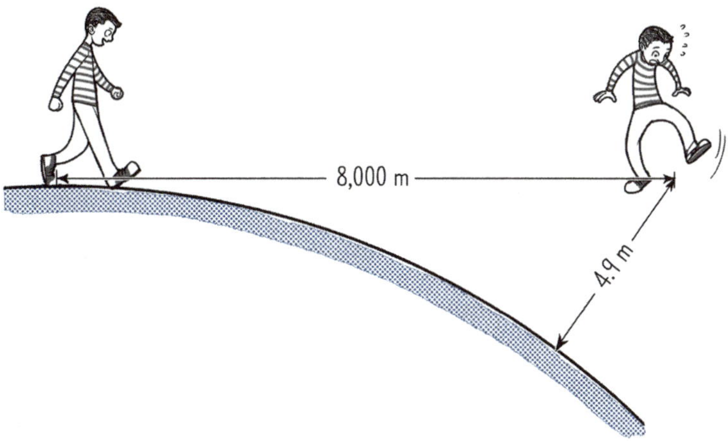

않고 둥글기 때문에 화살은 바닥에 닿지 못하고 바닥으로부터 4.9 m 떨어진 상공을 지나게 된다는 거야.

울리 지구가 둥글어서 땅에 닿지 않는다니 신기해요.

바리 2초 후를 생각해도 화살은 수평 방향으로 16 km를 날아가는 반면, 그와 동시에 2초 동안 19.6 m를 떨어지는데 이 지점 역시 땅에서 4.9 m 올라간 지점이지. 지구가 완벽한 공 모양이라고 가정한다면 말이야.

울리 와~ 그러면 제가 쏜 화살이 정말 지구 주위를 한 바퀴 돌아 제 등에 꽂힐 수 있다는 거네요?

바리 공기저항이 없고 8 km/s의 빠르기로 던질 수 있다면 가능하지.

울리 그래서 인공위성과 관계있다고 하신 거네요~ 그런데 왜 하필 8 km/s인 건가요? 저항은 정말 무시해도 되는 건가요? 저항의 크기는 화살의 속력에 비례할 텐데 8 km/s는 1초에 8 km를 간다는 것이니 엄청 빠른 거잖아요? 28,800 km/h니까요.

바리 왜 하필 8 km/s냐 하는 것은 지구의 반지름이 6,400 km인 것과 관계가 있는데, 마치 부둣가에서 멀리 떨어진 바다에 떠 있는 배의 전체 모습이 보이지 않고 그 돛만 보이는 것과 같은 이치란다.

울리 지구의 반지름을 이용하면 계산이 되는 거군요.

바리 그래. 피타고라스 정리를 이용하면 간단히 구할 수 있지. 근데 계산을 정확히 하는 것보다는 지구가 둥글어서 지구 표면 위의 한 점으로부터 바닥과 수평하게 8 km를 갈 경우, 도달하는 지점이 바닥과 4.9 m 떨어진 상공이라는 것을 이해하는 게 더 중요해.

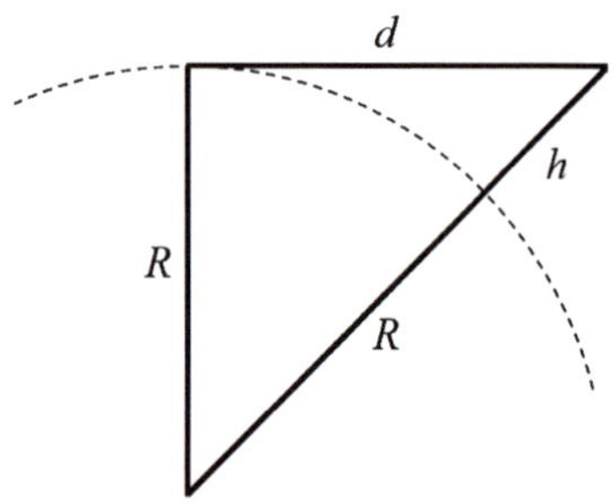

피타고라스 정리:
$(R + h)^2 = R^2 + d^2$

$R = 6{,}400\ km,\ d = 8\ km$
$\rightarrow h = 4.9m$

울리 그럼 공기저항은요?

바리 실제 공기저항은 무시하지 못 할 정도로 크지. 네 말대로 초속 8 km는 시속 28,800 km로 엄청 빠른 속력이라 화살을 그렇게 빠르게 던지기도 불가능하지만, 그런 빠르기로 던질 수 있다고 해도 그 화살은 공기저항으로 얼마 못 가서 부서지고 말 거야. 실제 인공위성을 해발 150 km 정도의 높은 곳으로 쏘아 올리는 이유도 이 때문이란다.

울리 아, 높이 올라가면 공기가 희박하니까 공기저항도 작아지기 때문이군요?

바리 맞아. 지구 주변의 공기 중 약 99%가 해발 30 km 내에 들어 있거든. 이제 인공위성이나 달이 지구를 향해 계속 떨어지고 있다는 사실이 이해가 되겠지?

울리 계속 떨어지는데 땅에 닿지 않는 거네요. 멋진데요?

바리 그렇지? GPS 위성도, 달도 지구중력에 의해 떨어지고 있기 때문에 둥그런 지구 주위를 돌 수 있는 것이고, 지구도 태양의 중력에 의해 떨어지고 있어서 태양 주위를 돌 수 있는 거지. 다트 화살이나 위성이나 모두 떨어지고 있는 것인데, 수평 방향의 속력이 충분히 큰지 작은지의 차이로 포물선을 그리며 바닥에 떨어질 수도 있고, 원궤도를 그리며 돌 수도 있는 거야.

울리 신기해요~ 축구공, 다트 화살, 인공위성, 심지어 지구 주위를 도는 달의 운동까지 모두 같은 현상으로 설명된다니요~

바리 그래서 물리학은 하나를 제대로 배우면 열을 알 수 있는 학문이란다~

울리 그 하나를 제대로 이해하는 것이 너무 어려워서 그렇죠~ 근데 만약 화살을 더 빨리 던지면 어떻게 돼요? 8 km/s보다 빨리요.

바리 8 km/s 때는 화살이 완전 구형이라고 가정한 지구 표면과 나란하게 돌게 되지만, 8 km/s보다 빨라지면 타원형을 그리며 돌게 되지. 그러다 11.2 km/s보다 커지면 지구 근처를 돌지 못하게 된단다.

울리 어? 왜요? 아주 큰 타원을 그리며 돌지 않고요?

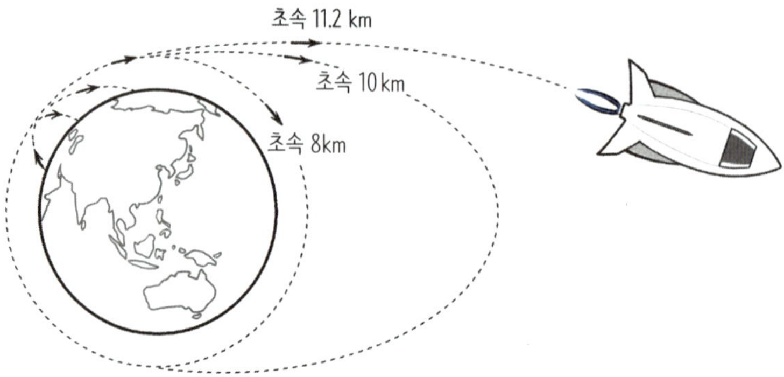

바리 던진 속력이 11.2 km/s보다 커지면 지구중력이 아주 약해지는 곳까지 가게 되어서 화살이 지구를 벗어나게 돼.

울리 지구가 당겨주는 힘이 있어야 돌아오는 건데 그 힘이 없어진다는 거군요.

바리 그렇지. 지구중력을 벗어날 수 있는 속도를 지구'탈출속도 escape velocity'라고 하는데, 지구를 탈출할 수 있는 최소속력이 11.2 km/s인 거야. 화성이나 목성 같은 다른 행성을 탐사하는 우주탐사선은 모두 이 지구탈출속도보다 빠르게 보내져서 다른 행성의 중력권으로 들어가게 되는 거란다.

울리 그럼 행성마다 탈출속도가 다른가요? 화성에 갔다가 지구로 돌아오려면 화성을 탈출해야 하잖아요.

바리 나중에 언젠가 행성들에 대해서도 얘기할 때가 있겠지만(1권 37화 참조), 화성은 지구보다 중력이 약해서 탈출속도가 약 5.0 km/s 정도란다. 심지어 화성보다도 중력이 약한 달은 탈출속도가 약 2.4 km/s야. 반면에 지구보다 중력이 훨씬 큰 목성의 탈출속도는 약 59.5 km/s나 되고 말이야.

울리 와~ 아줌마의 중력이 엄청 세서 탈출하기 힘들지만, 저도 이만 떠나볼게요~ 히히-

바리 하하- 그래. 물리 공부하러 오는 것은 언제든지 환영하니 다음에 또 오렴.

바리 교수의 물리노트 6

- 지구 표면의 한 지점에서 수평 방향으로 8 km/s의 빠르기로 던져진 물체는 지구중력에 의해 떨어지지만, 지구 표면에 닿지 않고 원궤도를 이루며 지구 둘레를 계속 돌 수 있다.
- 탈출속도escape velocity: 중력의 영향권에서 벗어날 수 있는 최소 속도로, 행성마다 다르다.

  (예) 지구: 11.2 km/s

  화성: 5.0 km/s

  달: 2.4 km/s

  목성: 59.5 km/s

07 아침에 잰 키와 저녁에 잰 키가 다르다구요?

관성의 법칙

날씨가 상쾌한 어느 토요일 아침, 울리네 가족이 오랜만에 집 대청소로 분주하다. 울리 아빠는 헐거워진 벽장 손잡이 등을 손보려고 공구함을 들고 나왔다. 장도리를 꺼내든 울리 아빠는 장도리의 쇠 부분이 헐거워졌다며 나무 손잡이를 수직으로 바닥에 여러 번 두들겼다. 그러자 신기하게도 쇠 부분이 나무에 단단히 박혀 움직이지 않게 되었다. 청소가 끝난 후 울리는 슬그머니 집을 나와 바리 교수를 찾아갔다. 오늘도 바리 교수는 화단 정리를 하고 있다.

울리 아줌마, 안녕하세요! 주말마다 화단 정리를 하시나 봐요~

바리 울리구나. 일주일에 한 번씩 정리하면 일이 많지 않은데 한 주를 거르면 잡초도 많이 생기고 잔디도 많이 자라서 힘들더라구~ 그래서 가능하면 매주 정리하려 해. 그나저나 오늘은 무슨 일로 찾아왔니?

울리 아~ 실은 방금 전에 집에서 아빠가 장도리를 쓰시는데, 쇠 부분이 헐거워져 있더라구요. 근데 아빠가 그걸 거꾸로 들고 바닥에 몇 번 두들기니 쇠 부분이 나무 손잡이에 단단히 박히는 걸 봤어요. 나무가 파일 정도로요! 순간 그게 무슨 원리인지 궁금해지더라구요~ 헤헤.

바리 그건 관성의 법칙 때문이야. 지난번에 얘기 나눈 관성의 법칙 기억나니? (1권 5화 참조)

울리 받는 힘이 없으면 원래의 운동 상태를 유지한다는 거요?

바리 그래. 다시 말해 외부에서 강제적으로 변화시키지 않는 한 운동 상태는 변하지 않는다는 건데, 힘이 갑자기 가해질 때 순간적으로 물체는 그 힘을 느끼지 못하고 힘이 가해지기 전의 상태로 있으려고 한단다. 급정거하는 버스에 타고 있는 승객을 예로 들 수 있지.

울리 달리던 버스가 갑자기 멈추면 몸이 앞으로 쏠리는 것 같은 거요?

바리 그래~ 정거장에 서 있던 버스가 갑자기 출발하면 승객의 몸은 뒤로 쏠리게 되고, 달리던 버스가 갑자기 멈추면 승객의 몸이 앞으로 쏠리게 되는 현상 말이야.

울리 그런 경험은 많이 해봤죠. 넘어져서 다칠 뻔한 적도 있고요.

바리 그렇지? 좀 더 자세히 설명하면, 정지해 있던 버스가 갑자기 출발할 경우 버스에 타고 있는 승객은 갑작스런 운동 상태의 변화를 따르는 것이 아니라 정지해 있었던 자기 자신의 상태를 유지하려고 해. 버스는 앞으로 가는데 몸은 안 가니 순간적으로 버스가 움직이는 방향의 반대로 몸이 쏠리는 거고. 달리던 버스가 갑자기 멈추는 경우에도 마찬가지로 승객은 운동 상태의 변화를 싫어하는 관성 때문에 계속 달리고자 하니깐 몸이 앞으로 쏠리게 되는 거고 말이야. 이런 관성의 법칙을 '뉴턴의 제1법칙'이라고 한단다.

울리 그런데 왜 급발진이나 급정거일 때만 몸이 많이 쏠리게 되는 거죠? 그리고 버스에 힘이 작용하니 승객에게도 힘이 작용하는 것 아닌가요? 관성의 법칙은 힘이 작용하지 않을 때 운동 상태를 유지한다는 거잖아요?

바리 아주 좋은 질문이야. 버스가 급발진하거나 급정거할 때는 버스에 작용하는 힘이 승객의 몸 전체에 바로 전달되지 못해. 그래서 승객의 몸은 순간적으로 자신의 운동 상태를 유지하려 하는데, 버스는 급발진했거나 급정거했으니 몸이 반대 방향으로 많이 쏠리게 되는 거지.

울리 버스가 천천히 출발하거나 천천히 멈출 때는 어떻게 설명되는데요?

바리 버스가 천천히 출발하면 승객의 몸도 그 힘을 충분히 느낄 시간이 있어서 버스와 같은 운동을 하게 되어 뒤로 거의 쏠리지 않는 거야.

울리 그래도 장도리의 헐거운 쇠 부분이 나무 손잡이에 꽉 끼게 되는 것은 아직도 이해되질 않아요.

바리 아빠의 행동을 자세히 보지 못해서 그럴 거야. 아마 나무 손잡이 뒤를 계속 바닥에 두드리다가 갑자기 멈추셨을걸!

울리 아하~ 버스가 갑자기 멈출 때 승객의 몸이 앞으로 쏠리는 것처럼 장도리를 갑자기 멈추면 쇠 부분이 아래쪽으로 쏠려서 나무 손잡이에 꽉 끼게 되는 거군요?

바리 그렇지. 더구나 쇠는 무겁잖아. 무거운 것들은 관성도 크거든. 관성이 크니 운동 상태의 변화를 더욱 싫어해서 완전히 나무가 깎이도록 내려앉는 거지. 이것과 비슷한 현상 때문에 우리 키가 저녁에는 좀 작아지기도 한단다.

울리 저녁에 키가 작아진다구요?

바리 우리 인간의 척추는 33개의 뼈로 이루어져 있는데, 위쪽 24개의 척추 뼈들 사이에는 우리가 흔히 '디스크'라고 부르는 부드러운 원판들이 들어 있지. 이 디스크들은 뼈를 연결해주는 역할을 하면서 보호해주는 역할도 하는데, 낮에 하루 종일 서서 활동하면 디스크들이 조금씩 내려앉는 거야. 마치 장도리 쇠 부분이 내려가는 것처럼 말이야. 그러다가 활동을 하지 않는 밤 동안 다시 제자리를 잡는 거지. 그래서 내려앉은 디스크들 때문에 아침보다 저녁에 잰 키가 약간 작게 나오는 거란다.

울리 와~ 재미있네요. 앞으로 키는 아침에 재야겠어요~

바리 다른 예를 들어볼까? 화장실에 걸려 있는 두루마리 휴지를 한 손으로 끊어본 적 있지?

울리 당연히 해봤죠. 재빨리 힘 있게 당겨야 끊어지고요.

바리 휴지 전체에 힘이 전달될 시간이 없도록 재빨리 당기면 위쪽의 휴지는 그냥 있으려 하고 손으로 잡고 있는 부분은 당겨지니, 약한 부분인 점선을 따라 끊어지는 거지. 만일 휴지를 잡아서 서서히 잡아당긴다면 중간에 끊어지지 않고 풀리기만 하는 것도 경험해봤지?

울리 그럼요. 아주 난감하죠. 휴지가 막 흘러내려서 바닥에 닿기도 하니까요.

바리 천천히 잡아당기면 힘이 휴지 전체에 전달되어 운동 상태의 변화를 따르기 때문이야.

울리 그렇군요. 근데, 무거운 것이 관성이 크다고 하신 내용을 좀 더 자세히 설명해주세요. 무게, 관성, 질량…. 무지 헷갈려요.

바리 그러니? 잘됐다. 막 설명하려던 참이었어. 질량은 관성의 크기를 나타내는 물체의 고유 성질이지만, 흔히 우리가 말하는 무게weight는 질량이 아니고 지구가 잡아당기는 힘을 나타내는 거야. 예를 들어 지구에서는 역도 선수나 들 수 있는 무거운 역기를 어떤 중력도 미치지 않는 우주 공간에 가만히 갖다 놓으면 어떻게 될까?

울리 둥둥 떠 있지 않을까요? 영화에서 본 것처럼요.

바리 그래. 그대로 떠 있을 거야. 네가 가만히 가서 그 역기를 받치고 서 있어도 전혀 무겁게 느껴지지 않겠지. 왜냐하면 중력이 없으면 역기의 무게가 0이거든. 근데 무게가 0이라고 해서 역기의 질량이 없는 것은 아니야.

울리 무슨 뜻인지 이해가 잘 안 돼요.

바리 음, 무슨 뜻이냐 하면, 중력이 없는 우주 공간에 있는 역기를 잡고 흔들려 하면 마치 지구에서 흔들려 할 때처럼 힘들다는 뜻이야. 운동 상태의 변화를 싫어하는 성질은 중력이 있든 없든 그대로 있기 때문이지. 그게 관성이고, 질량이야.

울리 아하, 그러니까 무게는 장소에 따라 변할 수 있지만 질량은 변하지 않는다는 거네요?

바리 그렇지. 무게는 '힘'이라는 것을 기억하면 돼. '뉴턴의 제2법칙'을

알려줄 때 좀 더 명확히 설명하겠지만, 무게와 질량은 단위부터 가 달라. 우리가 흔히 몸무게 단위로 'kg(킬로그램)'을 쓰는데 이것은 잘못된 거야. kg은 질량의 단위거든.

울리 그럼 무게의 단위는 뭐예요?

바리 무게는 힘이니까 정확하게는 'N(뉴턴newton)'이 단위이고, N을 쓰지 않으려면 'kg중'이라고 해야 해. 그런데 '중'을 생략하고 kg만 쓰다 보니 두 물리량의 의미가 섞여서 우리가 종종 혼동하는 거란다.

울리 결국 무게의 단위를 잘못 쓰고 있는 거네요.

바리 맞아. 너는 정확하게 쓰렴. 무게의 단위는 N, 질량의 단위는 kg으로 말이야.

울리 네~

바리 무게와 질량을 명확히 이해했나 보기 위해서 문제 하나 낼게.

울리 무슨 문제요? 계산하는 것은 아니죠? 헤헤-

바리 내 설명을 이해했다면 쉽게 맞힐 수 있을 거야. 자, 마찰이 없어서 아주 미끄러운 바닥에 사과 상자가 놓여 있다고 해보자. 네가 이 사과 상자를 들어 올리는 것과 미는 것 중 무게와 직접 관계된 것은 어느 것일까?

울리 지구에서 말이죠? 음…. 들어 올리는 것이 지구의 중력을 극복해야 하는 것이니 무게와 관계되네요. 미는 것은 중력과 관계없이 수평 방향으로의 운동 상태 변화에 관한 것이니 질량과 연결되고요.

바리 맞아, 훌륭해~ 다음에도 궁금한 것이 있으면 또 오렴! 뉴턴의 운동법칙에 대해서 아직 해주고 싶은 얘기가 아주 많거든.

울리 아주 많아요? 지금까지도 많이 배운 것 같은데요.

바리 뉴턴의 운동법칙은 3개나 있는데, 이제 겨우 하나 배웠는 걸. 다음에는 소꿉친구 엘리도 데리고 오렴~

울리 네~ 다음에는 엘리랑 함께 올게요.

바리 교수의 물리노트 7

- 뉴턴의 제1법칙(관성의 법칙): 물체에 어떠한 힘도 작용하지 않는 한 이 물체는 자신의 운동 상태를 유지하려 한다.
- 질량mass: 물질의 고유한 성질인 관성의 척도로, 단위는 kg(킬로그램)이다.
- 무게weight: 중력에 의해 물체에 가해진 힘으로, 질량에 비례하며 단위는 N(뉴턴newton)이다.

08 나도 진기명기를 펼칠 수 있다구요?

관성의 법칙

명절 연휴 동안 TV에서는 세계 각국의 사람들이 펼치는 묘기들이 방영되었다. 음식이 푸짐하게 차려진 식탁에서 음식을 흘리지 않고 식탁보만 빼내는 묘기, 접시 돌리기, 줄 타기, 못이 잔뜩 박혀 있는 판 위에 맨살로 눕기 등 아찔하고 흥미진진한 묘기들이었다. 문득 울리는 직접 묘기를 해보고 싶다는 생각이 들어 엄마 몰래 튀김용 나무젓가락과 접시를 하나 꺼내 엘리네로 갔다.

엘리 웬일이야? 숙제 다 했어?

울리 넌 숙제가 재미있니? 좀 쉬고 나랑 실험이나 해보자.

엘리 숙제가 재미있어서 하냐? 해야 하니까 하는 거지. 가끔 문제가 잘 풀리면 재미있기도 하지만. 근데 무슨 실험을 해?

울리 방금 TV에서 접시 돌리는 묘기를 봤는데 왠지 나도 할 수 있을 것 같아서. (접시를 꺼내며) 짜~잔~ 엄마 몰래 접시 하나 들고 나왔어. (와장창!)

엘리 야~! 처음부터 진짜 접시를 돌리면 어떡해? 깨지지 않는 것으로 연습부터 해야지~ 그러지 말고 우리 바리 아줌마한테 가보지 않을래? 분명 그런 묘기들 속에도 숨어 있는 과학이 있을 것 같아.

울리 좋은 생각! 얼른 가자~

엘리와 울리는 곧장 바리 교수의 집으로 향했다.

엘리 아줌마~ 저희 왔어요~

바리 어머, 너희 왔구나~ 연휴 잘 보냈니?

엘리 학교 안 가서 좋았어요. 히- 오늘은 묘기들 속에 숨어 있는 과학 얘기가 듣고 싶어서 왔어요.

바리 묘기들 속에 숨어 있는 과학을 알고 싶다고?

울리 그냥 연습을 많이 하면 할 수 있는 것 같은데, 얘가 자꾸 묘기 속에도 과학이 있을 거래요.

바리 물론 마술 같은 것은 연습을 아주 많이 해서 손 움직임이 빨라지면 속임수를 써도 관중이 알 수 없어 진짜처럼 보이기도 하지. 하지만 엘리가 예상한대로 많은 묘기가 과학적으로 가능한 기술을 연습하는 거야. 과학적으로 불가능한 것이라면 아무리 연습을 많이 해도 되지 않을 테니까.

울리 아~ 그래요? 그럼 과학과 연관된 묘기들에는 어떤 게 있는지 예 좀 들어주세요. 저도 배워서 해보게요.

바리 이왕이면 그동안 공부했던 것과 관련 있는 묘기부터 얘기해볼까? 음~ 식탁보 위의 그릇을 쓰러뜨리거나 엎지르지 않고 식탁보만 빼내는 묘기는 어떨까?

울리 엥? 제가 그 묘기와 관계된 과학을 배웠어요? 처음 듣는 것 같은데요….

바리 왜~ 관성의 법칙에 대해 우리 한참 얘기했잖아. 그릇이 놓인 식탁에서 식탁보만 빼내는 것은 그릇의 관성만 잘 이용하면 쉽게 할 수 있는 거거든.

울리 아하~ 관성이요. 식탁보를 빨리 잡아 빼면 무거운 그릇들은 관성이 커서 제자리에 그냥 있으려 하니까 쓰러지지 않고 식탁보만 빠지는 게 가능하겠네요.

엘리 넌 언제 혼자 와서 관성의 법칙을 배웠어? 나랑 같이 오지~

울리 넌 맨날 숙제하느라 바쁜데 아무 때나 같이 올 수 있냐? 흥~

바리 하하. 엘리도 이해할 수 있게 오늘 한 번 더 간단히 짚어줄게.

엘리 와~ 고맙습니다! 아, 근데 식탁보를 빼는 묘기는 저도 할 수 있을 것 같아요~

울리 저도요!

바리 물론이지. 주의할 것은 아주 빠르게 주저하지 않고 잡아당겨야 한다는 거야. 물론 식탁보는 가능하면 매끄럽고, 가장자리에 장신구가 달려 있거나 꿰맨 솔기 부분이 있지 않은 것을 사용하고 말이야. 또, 식탁 위에 올릴 그릇은 처음에는 플라스틱 그릇을 사용하는 것이 안전하긴 한데, 관성의 법칙을 믿는다면 무거운 유리그릇이나 사기그릇을 사용하는 것이 더 쉬울 거야. 플라스틱 그릇보다 관성이 더 크거든.

울리 정말요?

바리 자, 식탁 한쪽에 이렇게 매끄러운 보자기를 씌우고 접시를 하나 올리자. 이제 잡아당겨 볼래?

울리 제가 힘껏 빠르게 당겨볼게요~ 얍!

바리 잘했어. 접시가 멀쩡히 제자리에 있지?

엘리 오~ 제법인데~ 제가 지금 관성의 법칙을 이용한 묘기를 검색해봤는데, 꽤 많이 나오네요. 동전을 이용하는 것도 있고….

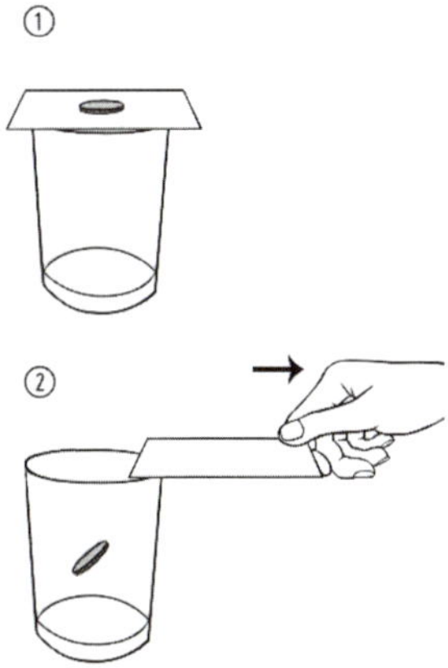

울리 어느새 검색까지 했어?

바리 그렇지? 동전을 이용하는 묘기는 아마 컵 위에 빳빳한 종이를 한 장 깔고 그 위에 동전을 올려놓은 뒤 아주 빠르게 종이를 옆으로 잡아 빼는 실험일걸?

엘리 아, 맞아요! 그거예요.

울리 아~ 종이를 빠르게 빼면 힘을 제대로 전달받지 못한 동전은 그대로 있으려고 해서 컵 속으로 빠지겠네요?

바리 그렇지. 이건 식탁보를 빼는 묘기보다 훨씬 쉬워. 종이를 컵 쪽으로 약간 누르듯이 쥐고 잡아당기면 한 번에도 성공할 수 있거든.

울리 혹시…. 책상 서랍 속의 학용품들이 점점 뒤로 밀려가는 것도 관성의 법칙 때문인가요?

바리 오~ 관찰력 좋은데?

엘리 맞아, 그러고 보니 주방 서랍도 열어보면 수저나 조리용구들이 모두 뒤에 가 있어서 볼 때마다 앞으로 빼놓곤 해요.

바리 그렇지. 이 현상을 울리가 관성의 법칙으로 설명해볼래?

울리 음…. 그러니까…. 서랍은 버스고 서랍 속의 학용품이나 조리용구는 승객인 셈인 것 같아요. 서랍을 여는 것은 버스를 급발진한 것과 비슷해서, 이때 승객이 관성 때문에 뒤로 밀리는 것처럼 학용품이나 조리용구들이 뒤로 밀리는 거고요.

바리 비유도 아주 좋네~

엘리 아하~ 그렇구나. 근데 그러면 서랍을 닫을 때는 서랍 속 물건들이 다시 앞으로 와야 하는 것 아니에요?

바리 앞으로 오지. 그런데 서랍을 열 때와 닫을 때의 운동 상태 변화량이 같지 않으면 제자리로 오진 못할 거야. 서랍 속 물건들이 뒤로 가 있다는 것은 서랍을 빨리 열고, 그에 비해 닫을 땐 상대적으로 천천히 닫는다는 뜻이지. 보통 서랍 속에 약간의 경사가 있어서 닫을 때는 살짝만 밀어도 닫히지만 천천히 닫히잖아.

울리 관성의 법칙은 아주 재미있는 것 같아요. 참, 저 사실 접시 돌리기 묘기를 해보다가 접시를 깨먹고 온 건데요, 접시 돌리기 묘기에는 어떤 과학이 숨어 있나요?

바리 오~ 그것도 관성 때문이라면 믿겠니?

엘리 네? 접시 돌리기도요?

바리 조금 어려운 개념이긴 한데, 그건 '회전관성rotational inertia'과 관계가 있어.

엘리 회전관성이요? 처음 들어봐요.

바리 물체가 회전운동 상태의 변화에 저항하는 성질을 회전관성이라고 해. 가만히 있던 것은 가만히 있으려 하고, 돌고 있는 것들은 계속 돌려고 하는 성질을 의미하지.

울리 지금까지 공부한 관성과는 어떻게 달라요?

바리 회전관성은 관성과 마찬가지로 질량이 클수록 크지만, 동시에 질량이 회전축으로부터 멀리 있을수록 커지는 특성을 갖고 있어. 지금까지 얘기한 관성과 달리, 회전운동을 할 때는 물체의 질량 분포도 중요하다는 뜻이지.

엘리 질량 분포라는 게 무슨 의미예요?

바리 줄 타는 곡예사들이 주로 긴 막대를 들고 타는 것을 본 적 있지? 질량이 같더라도 짧은 것보다 긴 막대를 이용하면 질량 분포가 멀리까지 있게 돼서 회전관성이 아주 커지고, 잘 돌아가지 않게 되거든.

엘리 줄을 타는 것이 회전운동과 관련이 있나요?

바리 줄에서 떨어지지 않고 균형을 잡는 것은 줄을 축으로 해서 몸이 돌아가지 못하게 하는 것과 같다고 할 수 있잖아.

울리 아~ 갑자기 머리가 아파지는 것 같아요.

바리 일단 정확한 정의는 나중에 배우기로 하고(1권 31화 참조), 너희 혹시 길 가다가 약간 높이 올라간 턱 위를 걸어본 적 있지 않니? 아니면 평형대 위를 걸어봤다든지…. 그럴 때 너희가 팔을 어떻게 하고 걸었는지 기억나니?

울리 양팔을 올려 쫙 벌리고 걷게 되죠. 팔을 내리고 걸으면 자꾸 떨어지려 하니까요.

엘리 아하! 양팔을 벌려서 회전관성이 커지고, 따라서 잘 돌지 않게 되는 거군요.

바리 그래. 우리 몸의 질량은 변하지 않지만, 팔을 벌리면 일부 질량이 회전축으로부터 멀어지게 돼서 회전관성이 커지게 되는 거야. 접시 돌리기도 비슷하게 이해할 수 있는데, 울리 너 접시 돌릴 때 막대는 뭘 사용했어?

울리 튀김용 나무젓가락이요.

바리 흠~ 좀 더 긴 막대로 했으면 잘 돌릴 수 있었을 거야. 접시 돌리기 묘기하는 사람들 보면 꽤 긴 막대를 사용하잖아? 보기에는 더 어려워 보여도 사실 회전관성이 커져서 더 안정적이지. 나중에 회전운동에 대해서도 자세히 공부할 기회가 있을 거야~

울리 아하, 긴 막대를 찾아서 다시 시도해봐야겠네요.

엘리 이그~ 접시를 얼마나 더 깨먹으려나.

울리 헤헤. 과학을 믿어야지!

바리 교수의 물리노트 8

- 회전관성rotational inertia: 회전운동 상태의 변화에 저항하는 성질로, 질량이 크고 회전축으로부터 멀리 분포되어 있을수록 회전관성이 크다. (1권 31화 참조)
- 회전관성이 큰 물체가 정지해 있으면 회전시키기 힘들고, 회전하고 있으면 멈추기 힘들다.

09 두 체중계 위에 한 발씩 걸치고 올라서면 몸무게가 나뉜다구요?

뉴턴의 운동법칙/종단속도

어느 날 울리 아빠가 회사에서 전자식 체중계를 선물로 받아오셨는데, 울리네는 이미 체중계가 하나 있어서 새 체중계는 울리의 방에 놓게 되었다. 울리가 올라서보니 몸무게가 많이 나오는 것 같아, 원래 있던 체중계를 갖고 와서 다시 재보았으나 비슷했다. 문득 호기심이 생긴 울리는 체중계 2개를 나란히 놓고 한 발씩 올려 놓아보기도 하고, 왼쪽 발에 체중을 더 실어보기도 했다. 그러다가 체중계에서 보여주는 체중은 무게이고 N이 그 단위라고 한 바리 교수의 이야기가 떠올랐다. 다음날 울리는 하교길에 엘리와 함께 바리 교수를 찾아갔다.

바리 너희가 이 시간에 어쩐 일이야?

울리 오늘은 수업이 일찍 끝나는 날이에요. 근데 아줌마는 이렇게 일찍 퇴근하셨어요?

바리 그렇구나. 나도 오늘은 몸살기가 조금 있는 것 같아서 일찍 들어왔어. 무리하면 몸살이 심해지더라구.

엘리 아, 그러면 쉬세요. 저흰 나중에 올게요.

바리 그 정도는 아니야. 아줌마는 아프다가도 강의 시간에는 아주 쌩쌩해지거든. 하하-

울리 휴~ 다행이네요. 아, 실은 저희 집에 체중계가 하나 더 생겼는데, 체중계 2개를 나란히 놓고 이리저리 실험을 해보다가 궁금한 것이 생겨서 잊기 전에 여쭤보려고 왔어요.

바리 그랬구나. 두 체중계에 한 발씩 올려보기도 했니?

울리 어? 어떻게 아셨어요? 맞아요. 그랬더니 원래 있던 체중계 눈금이 제 몸무게의 반 정도를 나타내던데요?

바리 눈금이라고 하는 것을 보니 수동식 체중계인가 보구나.

울리 원래 있던 것은 수동식이고, 새로 생긴 건 전자식이에요.

바리 아, 그래? 수동식은 스프링이 들어 있어서 스프링이 늘어난 정도로 눈금을 표시하게 되어 있고, 전자식은 보통 힘을 가할 경우 저항이 변하는 반도체 센서가 들어 있지. 편하게 수동식으로만 설명해보면, 수동식 체중계 2개에 동시에 올라섰을 때 각 체중계의 스프링은 체중계 1개에만 올라섰을 때의 경우보다 반밖에 늘어나지 않게 되는 거야. 마치 용수철 저울이 달린 두 개의 줄을 양손으로 하나씩 잡고 만세 자세로 매달려 있는 것처럼 말이야.

엘리 몸무게를 두 줄이 지탱하고 있는 거니, 줄에 연결된 용수철 저울은 각각 몸무게의 절반씩만 나타내는 거군요.

울리 아, 그래서 수동식 체중계 위에 올린 발에 체중을 더 많이 실을수록 체중계 눈금이 올라간 거고요.

바리 그렇게도 해봤어? 탐구심이 좋은데!

울리 근데 줄에 매달려 있다가 두 줄이 모두 끊어져 용수철 저울과 함께 떨어진다면 이때 저울의 눈금은 뭐가 돼요?

바리 아주 좋은 상상이야. 지구가 계속 너와 저울을 지구 쪽으로 잡아당겨서, 줄이 끊어지면 밑으로 떨어지지만 이때 반대쪽인 위쪽에서 잡아주는 힘은 없으니 용수철은 늘어나지 않겠지?

엘리 그럼 용수철 저울의 눈금은 0이겠네요?

울리 그게 바로 지난번에 배운 자유낙하운동인 건가요? (1권 4화 참조)

바리 그렇지. 저울의 눈금은 0이고, 저항력이 없다면 자유낙하운동이지. 오늘은 조금 더 중요한 걸 다뤄볼까?

울리 어려운 거요?

바리 아니~ 중요한 것! 하하- '물체가 힘을 받으면 가속운동을 한다'라는 운동법칙을 알려주려 해. 가만히 있던 것이 떨어진다는 것은 속력이 0에서 0이 아닌 값을 갖게 되는 거고, 따라서 속력이 변하니 속도도 변하는 거고, 이렇게 속도의 변화가 있으니 곧 가속도가 있는 거겠지?

엘리 저는 못 들은 얘기니 다시 정리해주시면 안 될까요?

바리 안 될 리가~ 속도의 정의는 '주어진 시간에 위치가 얼마만큼 변했는가'고, 가속도의 정의는 '주어진 시간에 속도가 얼마만큼 변했는가'야. 속도의 크기는 속력이라고 하고 말이야.

울리 속력은 빠르기만 나타내지만, 속도는 방향도 나타내서 가속도 역시 방향을 갖는 물리량인 거죠. 헤헤-

바리 좋아. 그럼 자유낙하운동일 때는 속력이 어떻게 변하지? 그리고 가속도는?

울리 속력은 1초마다 9.8 m/s씩 일정하게 증가하며 떨어지고, 가속도는 9.8 m/s^{2}로 일정하다고 하셨죠. 방향은 지구의 중심을 향하는 방향이고요.

바리 잘 기억하고 있네. 자유낙하운동의 가속도는 지구가 당기는 힘 때문에 생긴 거야. 좀 더 일반적으로 얘기하면, 물체가 힘을 받으면 가속운동을 한다는 거지.

엘리 $F=ma$(에프는 엠 에이)를 말씀하시는 것 같아요.

바리 바로 그거야. 뉴턴의 제2법칙! 정확히 얘기하면, '물체가 힘을 받으면 가속운동을 하는데, 가속도의 크기(a)는 받은 힘의 크기(F)에 비례하고 질량(m)에 반비례하며 가속도의 방향은 받은 힘의 방향과 같다'는 거야. 나는 $F=ma$보다 $a=\frac{F}{m}$로 기억하라고 하는데, 가속도 a가 힘 F의 결과기 때문이지.

엘리 질량은 운동 상태의 변화를 싫어하는 관성을 나타내는 양이라 가속되는 것을 방해할 테니 가속도의 크기와는 반비례하는 관계군요.

바리 그렇지. 같은 힘을 줬는데 질량이 가령 2배 크다면 가속도는 반으로 줄어든다는 거지. 우리 주변의 모든 운동은 이렇게 뉴턴의 두 번째 법칙으로 기술된단다. 지난번에 무게의 단위가 N(뉴턴)이라고 했는데, 이렇게 중요한 법칙을 발견한 뉴턴의 성을 따서 힘의 단위로 사용한 거야. 힘은 '질량×가속도'니까, $N = kg \cdot m/s^2$인 셈이지.

울리 단위가 복잡하네요.

바리 단위는 물리량이 무엇을 의미하는지를 나타내기 때문에 항상 눈여겨 봐둘 필요가 있어. 그리고 식은 무조건 외우려고만 하지 말고 먼저 의미를 이해하려는 노력을 해야 해. 예를 들어 식 $F = ma$에 대해서는 "가속운동을 하고 있는 물체는 가속도 방향으로 '질량×가속도 크기'만큼의 힘을 받고 있다"라고 말할 수 있어야 해.

울리 아, 그렇군요. 그러고 보면 뉴턴의 제1법칙인 관성의 법칙은 이 제2법칙인 운동법칙의 특별한 경우 같아요. 힘이 작용하지 않으면 가속도가 안 생기고, 가속도가 없다는 것은 속도의 변화가 없다는 것이니 정지해 있던 것은 그대로 정지해 있고, 움직이던 것은 같은 속도로 계속 움직일 테니까요.

엘리 그렇네. 근데 보편적인 원리가 두 번째고, 특별한 경우가 첫 번째 법칙인 것은 조금 이상하지 않나요?

바리 너희 참 대단하구나. 특별한 경우를 첫 번째 법칙으로 한 것은 아니고, 이 법칙이 관성계를 정의해주는 법칙이기 때문에 첫 번째로 꼽는 거야. 관성의 법칙을 만족하는 시스템을 '관성계'라고 하는데, 나중에 좀더 자세히 다룰 기회가 있을 거야. (1권 27화 참조)

울리 역시 물리는 간단하지 않군요. 양파처럼 자꾸 배울 것이 나와요.

바리 맞아. 물리는 알아야 할 기본 개념들이 많은 학문이지. 다시 뉴턴의 두 번째 운동법칙을 좀 더 공부하기 위해 무게가 10N인 책 한 권이 책상에 놓여 있다고 생각해보자. 자, 이 책에 작용하는 힘은 얼마일까?

울리 10N이요. 무게가 힘이니까요.

엘리 책이 책상 위에 놓여 있으면 가속도가 0이어서 힘도 0이어야 하는 것 아닌가?

울리 어? 그렇네? 무게는 지구가 당기는 힘인데…. 어떻게 된 거죠?

바리 책이 가만히 있으니까 책에 작용하는 힘은 방금 얘기한 운동법칙에 따라 0이야. 그렇다고 중력이 없는 것도 아닌데 말이지. 그렇다면 중력이 작용하는데 책이 받는 힘이 0이라는 것은….

엘리 책상이 책을 받쳐주는 힘이 중력과 반대 방향으로 작용해서 상쇄된 거군요.

바리 맞았어. 중력만 있으면 지구의 중심 방향으로 가속운동을 해야 하는데, 책상이 받쳐주는 힘이 있어서 떨어지지 않고 가만히 있는 거지. 이렇게 책상이 받쳐주는 힘을 '수직항력normal force'이라고 하는데, 즉 책상을 수직으로 누르는 힘과 크기가 같고 방향은 반대인 힘을 말해.

울리 그러니까 책상 위에 놓인 책에는 중력과 수직항력이라는 두 가지 힘이 작용하고 있는 거네요. 서로 상쇄되어 없는 것처럼 보이지만요.

바리 그렇지. 뉴턴의 운동법칙에서 가리키는 힘이란 결국 물체가 받는 모든 힘을 합한 것인데, 이 힘을 '알짜힘net force'이라고 불러.

울리 알짜힘이요? 왠지 약간 촌스러우면서도 친밀감을 주는 이름이네요. 히히-

엘리 그럼 공기저항을 무시할 수 없을 때도 알짜힘을 생각하면 풀 수 있겠네요?

바리 풀 수 있느냐는 다른 문제지만, 물체에 작용하는 힘이 여러 가지인 경우에도 알짜힘을 구해서 운동법칙을 적용할 수 있지. 너희 스카이다이버들 본 적 있지?

울리 네~ TV에서 본 적 있는데 진짜 신기했어요. 공중에서 여러 명이 웃는 표정으로 모여 서로 손을 맞잡아 원형도 만들고 그러더라고요. 낙하산도 펴지 않았는데 말이에요.

바리 맞아. 처음부터 낙하산을 펴지 않고 그냥 팔다리만 쭉 펴고 떨어지잖아. 이건 몸을 최대한 펴서 공기저항을 많이 받게 하는 건데, 떨어지면서 속력이 늘어남에 따라 공기저항도 늘어나서 공기저항의 크기가 중력의 크기와 같아지는 순간이 오면, 스카이다이버는 아무 힘도 받지 않는 상태가 돼.

엘리 아, 또 알짜힘이 0이니 가속도도 0인 거군요. 근데 떨어지고 있

었기 때문에 계속 떨어지는 거고요.

바리 그렇지. 가속도가 0이라는 것은 속도의 변화가 없다는 것이니 공기저항과 중력의 크기가 같아진 순간의 속도를 유지하며 떨어지게 되는 거지. 일정한 속도로 떨어지면 정신을 차리고 몸 아래에 펼쳐진 전경을 감상할 여유도 가질 수 있거든. 빠르지만 일정한 속도로 날고 있는 비행기 안의 승객들이 마치 비행기가 정지한 것처럼 느끼는 것과 같은 현상이지. 운동 상태의 변화가 없으니까 말이야.

울리 아하, 운동 상태의 변화가 없으면 정지한 것과 구분할 수 없게 되는군요. 그래도 떨어지는 건 떨어지는 건데 풍경을 구경하며 웃을 수가 있을까요?

엘리 맞아. 저 같으면 눈도 못 뜰 것 같아요.

바리 하하, 아줌마도 안 해봐서 모르겠구나. 어쨌든 중력과 공기저항력의 크기가 같아졌을 때의 속도를 '종단속도terminal velocity'라고 부르는데, 종단속도의 크기는 떨어지는 물체의 무게에 비례한단다.

울리 무거운 물체는 작용하는 중력이 크다는 것인데, 공기저항력이 중력만큼 커졌을 때의 속도가 종단속도니 무거운 물체는 종단속도도 커야 하는 거군요.

바리 그렇지. 공기저항력이 떨어지는 물체의 속력에 비례하기 때문에 종단속도의 크기는 물체의 무게에 비례하는 거란다. 그럼 무거운 사람과 가벼운 사람이 똑같은 낙하산을 펴고 동시에 떨어지면 누가 먼저 종단속도에 도달할까?

엘리 가벼운 사람의 종단속도의 크기가 무거운 사람의 종단속도의 크기보다 작으니까 가벼운 사람이 더 빨리 종단속도에 도달할 것 같아요.

울리 아, 그렇겠네~ 그래서 무거운 사람의 속력이 더 클 테니 가벼운 사람보다 더 먼저 땅에 닿고요.

바리 그렇지. 그럼 공기 중에서 점점 빨리 떨어지는 물체의 가속도는 어떻게 변할까? 공기저항을 무시하지 말고 말이야.

엘리 공기저항을 무시한다면 자유낙하운동이니 가속도는 일정한데, 공기저항이 있을 때는 물체가 빨리 떨어질수록 공기저항도 점점 커지니까….

울리 알짜힘이 점점 줄어서 가속도도 점점 줄어요! 히히-

엘리 헉, 그렇게 가로채다니~ 으이그, 답이 맞아서 내가 한번 봐준다.

울리 네가 너무 잘해서 장난치고 싶었어. 헤헤-

바리 하하- 둘 다 잘했어.

엘리 저흰 그럼 이제 종단속도가 아닌 빛의 속도로 달려서 집에 가볼 게요~ 헤헤.

바리 교수의 물리노트 9

- 뉴턴의 제2법칙: 질량이 m인 물체가 알짜힘 F를 받으면 힘의 방향으로 $\frac{F}{m}$만큼의 가속도 a를 갖는다.

$$a = \frac{F}{m}$$

- 알짜힘net force: 물체에 작용하는 모든 힘의 결과적인 힘.
- 종단속도terminal velocity: 떨어지는 물체에 작용하는 알짜힘이 0일 때의 속도로, 물체의 무게에 비례한다.
- 수직항력nomal force: 물체가 접촉하고 있는 표면에 수직한 방향으로 표면이 물체에 작용하는 힘.

10 원주율과 중력가속도에 공통점이 있다구요?

중력가속도

동네의 한 유명 빵집에서 3월 14일이 파이데이라고 원주율 $\pi = 3.141592\cdots$ 값을 새긴 파이를 만들어 파는 이벤트를 열었다. 이걸 본 엘리가 바리 교수를 위해 하나 사 가자고 하니 울리도 기쁘게 동의했다. 작은 파이를 하나 포장해서 바리 교수의 집으로 가는 길, 엘리가 장난스럽게 원주율 얘기를 시작했다.

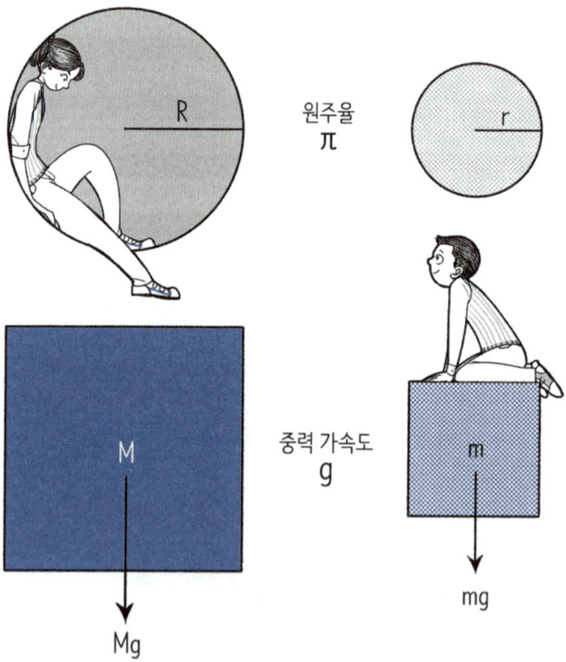

엘리 생각해봤는데 중력가속도와 원주율은 공통점이 있는 것 같아.

울리 엥? 느닷없이 그게 무슨 말이야?

엘리 원의 크기에 따라 지름과 둘레는 변하지만, 원의 둘레를 지름으로 나눈 값은 원의 크기와 관계없이 같잖아. 바로 원주율 π 말이야. '자유낙하하는 모든 물체는 무겁든 가볍든 같은 가속도로 떨어진다'는 중력가속도의 개념과도 뭔가 비슷하지 않아?

울리 아, 그러고 보니 가속도가 힘을 질량으로 나눈 거니까 네 말대로 비슷하네~

엘리 그치?

울리 그것보다도 나는 자유낙하하는 물체가 왜 무겁든 가볍든 같은 가속도를 갖고, 중력가속도는 왜 9.8 m/s^2인지를 모르겠어. 바리 아줌마가 일단 그렇게 알고 시작하자고만 하셨거든.

엘리 그럼 오늘 여쭤보자~ 저기 아줌마 나와 계신다!

울리 아줌마~ 안녕하세요?

엘리 아줌마, 원주율 파이 사왔어요~

바리 어머~ 이 빵집 앞에 늘 지나면서 보기만 했는데, 너희 덕분에 처음 먹어보겠구나. 잘 먹을게! 그동안 뭐 궁금한 건 없었어?

울리 많았죠. 조금 배우니까 더 모르는 것 같아요.

바리 모르는 게 많다는 것은 아는 것이 있다는 뜻이야~ 최소한 뭘 모르는지 알잖아. 그래, 모르는 게 뭐니?

울리 그게요, 무거운 물체는 질량이 큰데 왜 자유낙하할 때 가벼운 물체와 가속도가 같아요? 가속도는 질량에 반비례한다면서요.

바리 아~ 그 개념을 정확하게 이해하려면 뉴턴의 '만유인력의 법칙'을 배워야 하지만, 아직은 때가 아닌 것 같으니 뒤로 미루고(1권 36화 참조) 오늘은 뉴턴의 운동법칙만으로 생각해보자. 너희 어깨높이에서 테니스공 2개를 동시에 떨어뜨린다고 상상해보렴. 겉으로는 두 공이 똑같아 보이지만, 둘 중 하나는 속이 쇠로 된 거라고 가정하고 말이야.

울리 공기저항을 무시한다면 두 공이 동시에 바닥에 닿을 거고, 저항이 있으면 쇠가 든 공이 먼저 떨어질 거라는 것은 이제 알아요~

엘리 너 요즘 복습을 열심히 하는 것 같은데?

울리 열심히는 아니고 가끔~ 히히-

바리 훌륭해. 네 어깨높이 정도에서 떨어뜨리면 공기저항은 매우 작을 테니 두 공은 거의 동시에 떨어지겠지. 공기저항은 없다고 치고, 두 공의 운동을 뉴턴의 운동법칙으로 해석해보자. 자, 쇠가 든 테니스공을 A, 일반 테니스공을 B라고 할게. 먼저 A가 B보다 무겁다는 것은 A에 작용하는 중력이 B에 작용하는 중력보다 크다는 것을 의미하니, A의 가속도는 B의 가속도보다 클 거라고 예측할 수 있지? 가속도는 힘에 비례하니까 말이야.

울리 그렇겠죠.

바리 근데 질량을 생각해보면, 무거운 것은 질량도 크니까 A가 B보다 질량이 크고, 따라서 A의 가속도는 B의 가속도보다 작을 거라고 예측할 수 있을 거야. 가속도는 질량에 반비례하니까.

울리 어라? 아줌마, 두 결과가 다르잖아요? 무거운 A의 가속도가 어떻게 가벼운 B의 가속도보다 클 수도 있고 작을 수도 있어요? 설명은 모두 맞는 것 같지만요.

엘리 저 수학에서 이런 경우에 두 값이 같으면 해결되는 문제를 푼 적 있어요.

바리 맞아. 여기서도 A의 가속도와 B의 가속도가 같아지면 모든 것이 설명돼. 다시 말하면 무거운 A는 센 중력을 받아서 가속도가 클 것 같지만 관성이 커서 속도의 변화가 예상보다 빨리 일어날 수 없고, 가벼운 B는 약한 중력을 받아서 가속도가 작을 것 같지만 관성도 작아서 속도의 변화가 예상보다 빨리 일어날 수 있는 거야. 자유낙하하는 물체가 받는 중력을 질량으로 나눈 값이 무거운 것이나 가벼운 것이나 모두 똑같게 되도록 말이야.

엘리 원의 둘레를 원의 지름으로 나눈 값이 모든 원에 대해 똑같이 π인 것처럼 말이죠?

바리 오~ 재미있는 비유야. 무게를 나타낼 때 단위로 N을 쓰지 않을 거면 최소한 kg중을 쓰라고 했는데, kg중을 질량의 단위 kg으로 나누면 '중'만 남잖아? 이 '중'이 바로 중력가속도를 의미하는 거란다. 지난번에 알려줬듯이 중력가속도(g)의 값은 $9.8\,m/s^2$인데, 이건 만유인력의 법칙을 이용하면 구할 수 있어.

울리 엘리가 여기 오면서 원주율과 중력가속도가 비슷한 것 같다고 했는데 진짜 그렇네요. 암튼 특이한 애라니까요~

엘리 히히. 어? 그럼 공기저항이 있는 곳에서 무거운 테니스공 A와 가벼운 테니스공 B를 떨어뜨리면 가속도가 어떻게 달라지나요?

울리 모양이 완전히 같으면 공기저항도 같은 것 아닌가요?

바리 차근히 생각해봐~ 위험하니 실행으로 옮기지는 말고, 63빌딩처럼 높은 건물에서 A와 B를 동시에 떨어뜨린다고 상상만 해보자.

울리 아, 공기저항은 떨어지는 물체의 속력에도 비례하죠?

바리 그렇지. A와 B를 가만히 떨어뜨리면, 처음에는 둘 다 공기저항을 거의 받지 않아 가속도가 중력가속도 g로 같지만, 점차 공기저항이 커져서 각 공의 무게와 상쇄되기 시작하겠지? 근데 쇠가 든 A가 B보다 훨씬 무거우니 공기저항을 극복하고도 여전히 큰 알짜힘이 아래쪽 방향으로 작용하게 될 테고, 따라서 A의 가속도가 B의 가속도보다 커지게 될 거야.

엘리 공기저항 때문에 두 공 모두 중력가속도 g보다는 작은 가속도로 떨어지지만 무거운 공의 가속도가 더 크다는 뜻이네요?

바리 다시 설명하면, 둘 다 가속도의 크기는 중력가속도 g에서 점점 줄어들어 0이 되는 건 같은데, 무거운 쪽의 가속도가 더 천천히 줄어든다는 뜻이야.

울리 가속도가 0이 되면 종단속도로 일정하게 떨어지고요?

바리 그래~ 지난번에도 잠깐 얘기하긴 했지만(1권 9화 참조), 무거운 물체일수록 가속도가 천천히 줄어들어서 종단속도의 크기가 크고, 종단속도에 이를 때까지 시간도 오래 걸리지. 그래서 높은 곳에서 떨어지는 작은 동물이 큰 동물보다 안전할 수 있는 거고 말이야.

엘리 앗, 갑자기 그건 어떻게 연관돼요?

바리 작은 동물은 종단속도에도 빨리 도달하고, 또 종단속도도 느리니까 상대적으로 안전하다는 거야. 사람이 떨어지면 크게 다칠 높이에서 쥐가 떨어진다면 많이 다치지 않거든.

엘리 오~ 그렇게 적용될 수도 있군요.

울리 근데 스카이다이빙에서요, 종단속도로 떨어지던 스카이다이버가 결국은 나중에 낙하산을 펴고 내려오잖아요? 낙하산을 편 후에도 가속도가 0이에요?

엘리 그건 아닐 것 같아. 낙하산을 펴면 갑자기 무지 큰 공기저항을 받는 것 아닌가?

울리 아, 그렇겠네. 무게와 공기저항이 완전 상쇄되어 힘을 받고 있지 않은 상태에서 위쪽 방향으로 큰 공기저항이 작용하면 다시 올라가려나?

바리 아래로 일정한 속력으로 떨어지고 있던 스카이다이버한테 위쪽 방향의 힘이 작용하면 위쪽 방향의 가속도가 생기겠지? 가속도의 정의가, '주어진 시간'에 일어난 '속도의 변화'잖아? 즉 속도의 변화가 위쪽 방향으로 생긴다는 뜻이니 아래로 떨어지던 스카이다이버는 위쪽으로 가려는 속도 때문에 점점 천천히 떨어지게 되겠지.

울리 아~ 떨어지는 속력이 줄어들면 다시 공기저항이 줄겠네요?

바리 그렇지. 이제 공기저항 도사가 다 된 것 같구나~ 낙하산을 펴고 내려오는 스카이다이버의 속력이 점점 줄어들게 되니 낙하산을 펼쳤을 때 컸던 공기저항력도 점점 줄어서, 스카이다이버의 무게랑 같아지게 되면 다시 알짜힘은 0이 되는 거야.

엘리 그럼 그때 두 번째 종단속도에 이르나요?

바리 맞아. 첫 번째 종단속도는 약 200 km/h인데, 낙하산을 펼친 후 만나는 두 번째 종단속도는 약 20 km/h로 줄어들어 안전하게 착지할 수 있게 되는 거란다. 보통 낙하산을 펴야 하는 안전 높이가 약 800m 상공이라는데, 땅에 도달할 때까지 스카이다이버는 이런 운동들을 경험하는 거지.

울리 우와~ 신기하다! 어른이 되면 스카이다이빙을 꼭 해보고 싶어요.

엘리 그러게. 아줌마, 오늘도 감사합니다.

바리 그럼 우리 이제 원주율 파이를 같이 먹어보자~

바리 교수의 물리노트 10

- 지구중력가속도 $g = \frac{\text{무게}}{\text{질량}} = 9.8\,\mathrm{m/s^2}$

  = 자유낙하하는 물체의 가속도

- 공기저항이 있을 때 떨어지는 물체의 가속도는 중력가속도 g에서 점점 감소하여 0에 이른다. 그동안 공기저항은 점점 커지며, 반면에 물체는 점점 빨리 떨어져 종단속도에 이른다.

11 동쪽과 북쪽을 더할 수 있다구요?

벡터의 합성

과학 공부에 약간 자신감이 생긴 울리는 모처럼 진득하게 책상 앞에 앉아 과학 숙제를 했다. 예전 같으면 조금 생각하다가 포기했을 문제들도 왠지 조금만 더 생각해보면 알 것 같았다. 뉴턴의 운동법칙을 적용하는 것도 나름 할 만했다. 다양한 방향의 힘들이 동시에 작용하는 문제를 만나기 전까지는…. 물체에 작용하는 힘들이 많을 때는 알짜힘을 구해야 하는데, 수학을 잘하지 못하는 울리에게는 이 과정이 무척 어려웠다. 엘리한테 가서 물어볼까 하다가 창피한 마음이 들어 바리 교수를 찾아가기로 했다.

울리 아줌마~ 알짜힘 구하는 방법 좀 알려주세요.

바리 왜, 힘이 복잡하게 작용하는 것을 봤니? 아니면 벡터 개념이 나왔나?

울리 둘 다요. 혼자 책으로 공부하려니 잘 되지도 않고 엘리한테 묻자니 조금 창피하기도 하고요.

바리 하하, 그래. 잘 왔어~ 크기와 방향을 모두 갖고 있는 물리량은 세심하게 다루어야 해. 운동의 기본 개념인 속도, 가속도, 힘은 모두 크기와 방향을 갖고 있는 물리량들이어서 중요하기도 하고 말이야. 음~ 그럼 먼저 간단한 문제를 하나 생각해보자. 어떤 물체에 동쪽으로 3N, 북쪽으로 4N의 힘이 동시에 가해진다면 이 물체가 받는 알짜힘은 얼마일까? N이 힘의 단위 뉴턴이라는 것은 이제 알지?

울리 그럼요. 1N은 질량 1kg이 1m/s^{2}의 가속도를 갖게 하는 힘이잖아요~ 흠…. 동쪽으로 3N, 북쪽으로 4N이라…. 동쪽과 북쪽으로 동시에 힘이 작용하면 북동쪽으로 움직일 것 같긴 한데 힘의 크기는 모르겠어요.

바리 크기와 방향을 동시에 표시하기 좋은 방법이 화살표를 이용하는 거야. 화살표의 축으로 방향을, 화살표의 길이로 크기를 표시해주면 되거든. 천재적 발상이지? 1cm 길이의 화살표가 1N의 힘의 크기를 의미한다고 가정해봐.

울리 아하, 동쪽 방향으로 작용한 3N은 길이 3cm의 화살표를 동쪽을 향해 그리고, 북쪽 방향으로 작용한 4N은 4cm 화살표를 북쪽을 향해 그리라는 거죠?

바리 그렇지. 여기서 중요한 것은 이렇게 그린 화살표가 어느 위치에 있든 같은 크기와 방향을 나타낸다는 거야. 그럼 북쪽 방향의 4cm 화살표 꼬리가 동쪽 방향 3cm 화살표 머리와 이어지도록 이동시켜볼래?

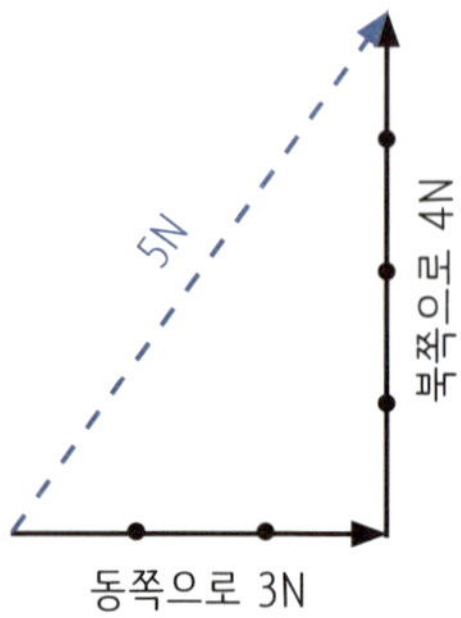

울리 오잉? 빗변이 없는데도 밑변 3cm, 높이 4cm의 직각삼각형처럼 보이네요?

바리 그렇지? 그 빗변에 높이 4cm의 꼭짓점으로 향하는 화살표를 그리면 그 화살표가 알짜힘이야. 여기서 피타고라스 정리 '직각삼각형의 빗변의 제곱은 밑변의 제곱 더하기 높이의 제곱과 같다'를 이용해 빗변의 길이를 구하면 알짜힘의 크기를 구한 거란다.

울리 $3^2+4^2=25=5^2$이니까 알짜힘의 크기는 5N이로군요?

바리 맞았어. 결국 물체에는 빗변 화살표의 방향으로 5N의 힘이 가해졌다는 것을 알 수 있지. 따라서 엄밀하게는 북동쪽보다 조금 더 북쪽으로 치우친 방향이고 말이야.

울리 근데 동쪽이나 북쪽처럼 서로 수직인 방향으로 힘들이 작용하는 것이 아니고, 그냥 아무 방향에서 제멋대로 힘들이 작용할 때는 어떻게 해요?

바리 그때도 피타고라스 정리를 이용해야지.

울리 직각이 아닌데 어떻게 피타고라스 정리를 이용하죠?

바리 임의의 방향으로 가해진 힘이 있을 때, 그 힘의 크기를 빗변으로 하는 직각삼각형을 만들어보는 거지. 그러면 빗변 화살표가 나타내는 힘은 밑변 화살표와 높이 화살표에 해당하는 두 힘의 합과 같을 테고 말이야.

〈벡터 분해〉

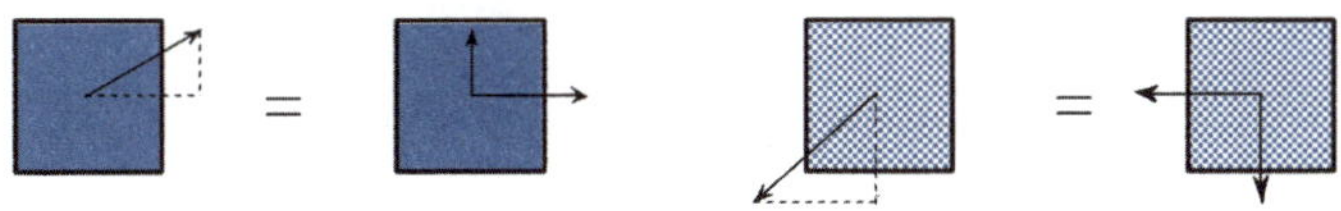

울리 그렇겠네요….

바리 (종이와 연필을 가져오며) 이건 그림을 그리면서 설명하는 것이 좋겠다. 임의의 방향으로 가해진 모든 힘을 이렇게 서로 수직인 두 힘으로 표시한 뒤(아래 그림 (A), (B)) 밑변에 있는 힘들끼리 더하고 높이에 있는 힘들끼리 더하면, 그림 (C)처럼 수직인 두 힘만 남게 되지? 이 수직인 두 힘을 더하면 그게 알짜힘인데, 이

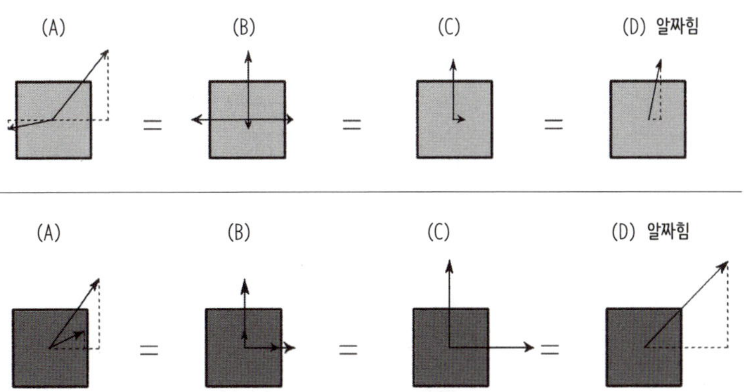

알짜힘은 아까처럼 다시 피타고라스 정리로 빗변을 구하면 알 수 있을 거야.

울리 와아, 신기해요~ 모두 오른쪽, 왼쪽, 위쪽, 아래쪽 방향의 힘들로 바뀌네요. 근데 빗변의 길이만 갖고 어떻게 직각삼각형의 밑변과 높이를 구해요?

바리 물론 못 구하지. 그런데 빗변의 길이만 있는 것이 아니라 방향이 있잖아. 방향이 있다는 것은 빗변이 밑변과 만드는 각을 안다는 거니까 삼각함수를 사용해서 밑변과 높이를 구할 수 있는 거야.

울리 삼각함수요? 익숙하지 않은데 설명해주세요~

바리 빗변과 밑변이 만드는 각을 θ('세타'라고 읽는다)라고 하면, $\sin\theta=\frac{c}{a}$, $\cos\theta=\frac{b}{a}$로 정의되어서 각 θ와 빗변의 길이만 안다면 높이와 밑변의 길이를 계산할 수 있어. 계산기로 사인sine

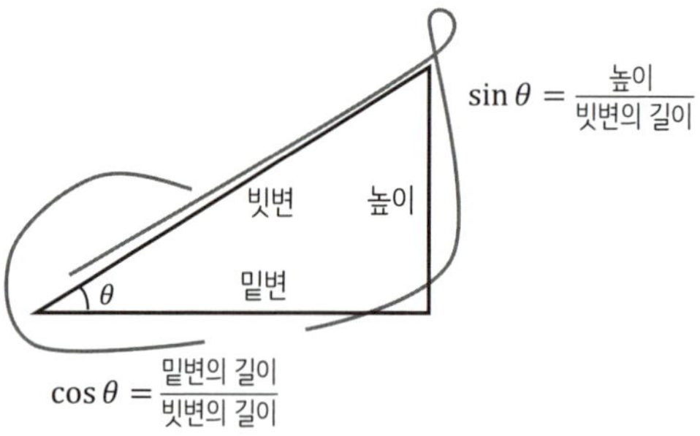

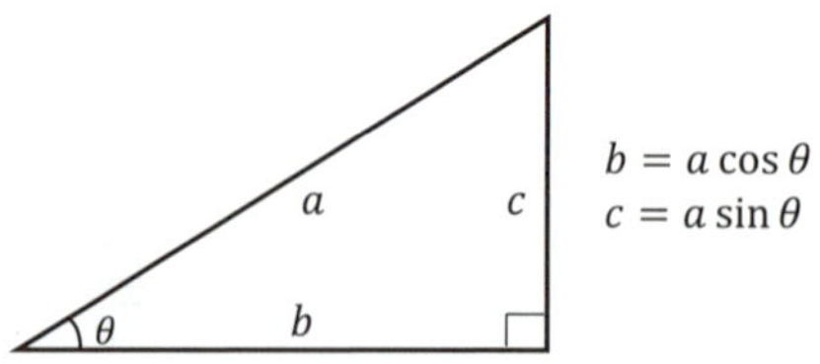

값과 코사인cosine 값을 찾으면 되니까 말이야.

울리 기억났어요. 사인은 직각삼각형에서 필기체 s자를 그리는 삼각비고, 코사인은 c자를 그리는 삼각비라는 거요. 헤헤-

바리 삼각함수는 물리 문제에 빈번히 등장하니 익숙하게 다룰 수 있게 되면 아주 편하단다. 이제 전문적인 표현을 써볼까? 속도, 가속도, 힘처럼 크기와 방향을 동시에 갖고 있는 양을 '벡터vector', 속력, 질량, 에너지처럼 방향은 없고 크기만 갖는 양을 '스칼라scalar'라고 해. 스칼라는 더하고 빼는 것이 간단하지만 벡터는 방향 때문에 더하고 빼는 것이 간단하지 않은 거지. 방금 설명한 방법을 '벡터 분해resolution of vector'라고 하는데, 임의의 방향을 갖는 벡터를 서로 수직한 두 벡터의 합으로 나타내는 것을 의미해. 분해된 벡터들은 서로 수직이니까 같은 직선상에 있는 것들끼리만 마치 스칼라처럼 더하고 뺄 수 있어서 계산하기 편하단다.

울리 벡터, 스칼라…. 용어들이 어렵네요.

바리 자연의 법칙들이 서양 사람들에 의해 발견된 것이다 보니 용어들이 우리한테 생소하고 번역하기 힘든 것들도 있지. 거기다 우리나라는 대부분의 용어가 일본을 통해 들어와서 더 어려운 면이 있고 말이야. 어쩔 수 없이 과학 용어들은 영어를 사용할 수밖에 없단다.

울리 근데 힘을 F로, 질량을 m으로 하는 것처럼 물리량을 기호로 표시하잖아요? 이때 물리량이 스칼라인지 벡터인지는 표시하지 못하나요?

바리 당연히 표시하지. 벡터 표시는 기호 위에 화살표를 그려서 스칼라와 구분한단다. 힘 $\vec{F}$처럼 말이야. 뉴턴의 제2법칙도 $\vec{F}=m\vec{a}$로 써야 하는데, 처음부터 벡터로 표현하면 어려워할까 봐 벡터 표시를 하지 않은 거거든.

울리 아~ 기발한 방법이네요. 화살표가 아주 유용해요.

바리 그렇지? 벡터 A가 벡터 B와 벡터 C의 합인 경우는 $\vec{\mathrm{A}}=\vec{\mathrm{B}}+\vec{\mathrm{C}}$로 나타내고 말이야. 그럼 벡터 A에서 벡터 B를 빼라고 하면, 즉 $\vec{\mathrm{A}}-\vec{\mathrm{B}}$는 어떻게 구할까?

울리 엥? 알짜힘은 모두 더하는 것인데, 빼라고요?

바리 알짜힘을 구하는 문제만 있는 것이 아니니까~ 물리량 중에 벡터가 많으니 벡터 연산을 생각해보라는 거지. 벡터 B를 빼는 것은 벡터 −B를 더하는 것하고 같은 개념이잖아? 그럼 벡터 −B는 무슨 뜻일까?

울리 방향이 반대 방향으로 바뀌었다는 뜻 아닌가요?

바리 그렇지. 그러니까 벡터 A에서 벡터 B를 빼라고 하면 벡터 B의 방향만 바꿔서 더하면 된다는 거야. 벡터 −B는 벡터 B의 화살표 방향만 바꿔서 그리고 말이야.

울리 아하, 그렇게 하면 늘 벡터의 합만 구하는 문제가 되겠네요~

바리 그런 셈이지. 그리고 이건 좀 더 복잡할 수 있지만 그래도 아주 멋진 건데, 바로 임의의 벡터 A를 분해함에 있어서 반드시 직각삼각형의 밑변 벡터와 높이 벡터로만 분해할 수 있는 것이 아

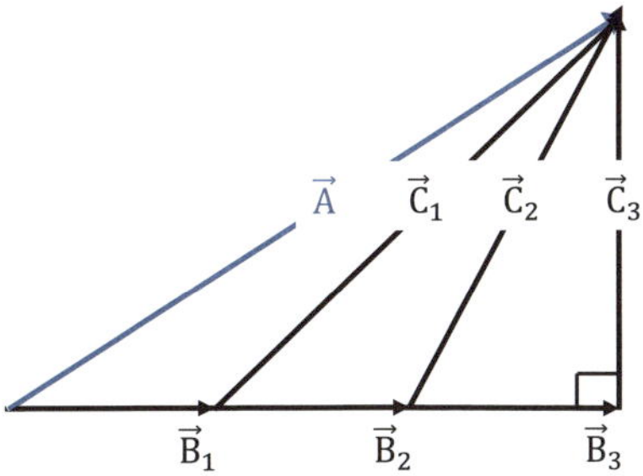

$\vec{A} = \vec{B}_1 + \vec{C}_1 = \vec{B}_2 + \vec{C}_2 = \vec{B}_3 + \vec{C}_3$

니고, 이 벡터 A를 한 변으로 하는 어떤 삼각형의 다른 두 변을 이루는 벡터들로 분해할 수도 있다는 것이란다. (종이에 그림을 그리며) 이렇게 벡터 B의 머리에 벡터 C의 꼬리가 붙게 그리고, 벡터 B의 꼬리와 벡터 C의 머리를 연결한 벡터 A는 항상 벡터 B와 벡터 C의 합이라는 거야.

울리 그림을 보니까 왜 그런 건지 이해돼요. 피타고라스 정리가 벡터에는 참 유용하군요.

바리 그렇지? 그럼 만약에 벡터 6개를 화살표로 그리고 모든 화살표를 꼬리, 머리, 꼬리, 머리 순으로 연결하여 육각형을 만들면, 총 벡터 합은 얼마일까?

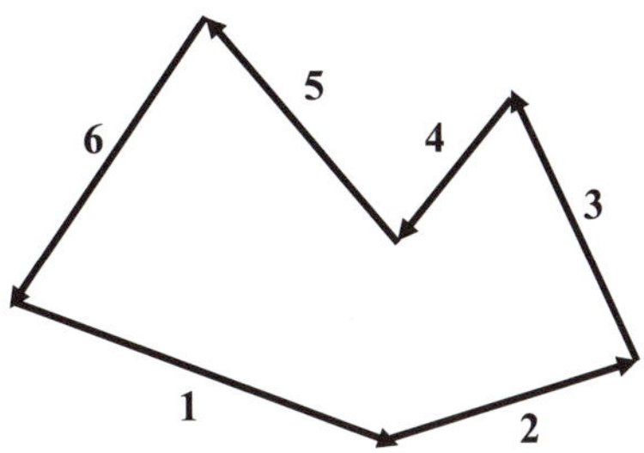

울리 벡터 2개씩 차근차근 더해가면 되지 않을까요? 2개를 더한 결과는 빗변 벡터가 되니까 차례대로 더해가면 마지막에 5개를 더한 벡터가 6번째 벡터와 크기는 같고 반대 방향인 벡터가 되네요? 그럼 결국 6개의 벡터 합은 0이 되는군요?

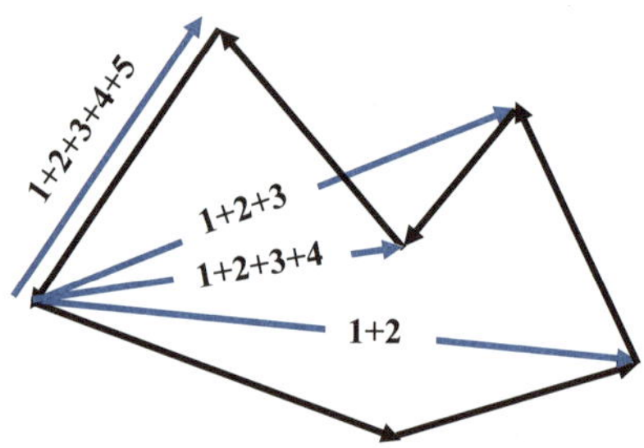

바리 아주 잘했어. 이제 벡터들이 차례로 이어져 다각형을 만들면 그 벡터들의 합은 항상 0이라는 것도 바로 알겠지?

울리 네~ 벡터들이 꼬리, 머리, 꼬리, 머리 순으로 모두 이어지면요~ 근데 엘리는 벡터에 대해서 잘 알겠죠? 저 혼자 아줌마 찾아온 걸 알면 또 뭐라 할 거예요. 히히-

바리 다음에는 엘리랑 같이 오렴. 엘리가 벡터 연산을 잘 모르면 가르쳐주면 되니까 너무 걱정 말고 말이야.

울리 네~ 전 이제 화살표를 보면 길이를 재고 싶을 것 같아요. 헤헤-

바리 교수의 물리노트 11

- 벡터vector: 크기와 방향을 동시에 갖고 있는 양.

  (예) 속도($\vec{v}$), 가속도($\vec{a}$), 힘($\vec{F} = m\vec{a}$),

  운동량($\vec{p} = m\vec{v}$) 등.

- 스칼라scalar: 크기만 갖고 있는 양.

  (예) 속력, 질량, 에너지, 일 등.

- 벡터를 나타내는 화살표는 길이와 방향이 같으면 어디에 있어도 같은 벡터다.

- 벡터 분해resolution of vector: 임의의 벡터를 그 벡터가 빗변인 직각삼각형의 밑변 벡터와 높이 벡터의 합으로 나타내는 것.

12 현수막을 줄과 완벽하게 수평으로 다는 것이 불가능하다구요?

힘의 평형

등굣길, 학교 정문에 현수막이 크게 걸렸다. 몇 학년의 누가 백일장에서 장원을 했고, 누구는 태권도 대회에서 은상을 받았다고 하는 등 학생들의 성과를 자랑하는 현수막이다. 수학경시대회에서 은상을 받은 엘리의 이름도 적혔다. 현수막에 누구의 이름이 적혀 있든 별로 관심을 가진 적이 없던 울리에게는 그저 팽팽히 걸려 있지 않고 아래로 느슨하게 처져 있는 현수막의 모양새가 거슬릴 뿐이다. 수업이 끝나고 집에 가는 길, 저 앞에서 걷고 있는 발걸음도 가벼운 엘리가 보인다.

울리 엘리야, 같이 가~ 너 상 받아서 기분 좋겠구나?

엘리 뭐~ 그렇지. 헤헤-

울리 축하해~ 근데 뜬금없는 질문이지만 현수막들은 왜 항상 아래로 처져 있을까?

엘리 뭐~? 그야 현수막 무게 때문이겠지. 처음에 팽팽하게 묶었어도 무게 때문에 시간이 지날수록 조금씩 처지는 것 아니야? 넌 별게 다 궁금하다. 하하-

울리 처음부터 끈을 좀 단단히 고정하면 안 처질 것 아니야. 처진 현수막을 보면 거슬려서 다시 팽팽하게 매고 싶더라.

엘리 어울리지 않게 웬 깔끔? 히히-

바리 뭐가 그렇게 재미있어?

엘리 어라? 아줌마, 그게요~ 자기 주변은 늘 어수선한 울리가 현수막이 처져 있는 것만 보면 거슬린다고 해서요~

울리 저는 지저분한 것은 괜찮은데 이상하게 줄이 똑바르지 않거나 대칭에서 어긋나면 신경이 쓰이더라구요.

바리 울리가 천재형인가 보다. 천재들이 그런 특성을 보인다는데~

울리 오~ 그런가요? 헤헤-

엘리 엑~ 그럴 리가~ 히히.

바리 근데 현수막을 완벽하게 팽팽히 달기 위해서 필요한 힘이 얼마일 것 같아?

울리 현수막은 얇은 천이니까 그렇게 무겁진 않겠죠? 현수막 무게만큼만 있으면 되는 것 아닌가요?

바리 힘은 벡터니까 크기와 방향을 모두 생각해봐.

울리 아 참, 그렇죠. 무게는 아래쪽으로 작용하니까 위쪽으로 현수막 무게만큼의 힘이 필요하겠네요. 그래서 현수막에 걸리는 알짜힘이 0이 되도록요.

바리 근데 보통 현수막을 걸 때 양끝에서 줄을 수평으로 잡아당겨 나무 기둥 같은 데에 묶잖아? 그럼 수직 방향이 아니라 수평 방향이지 않니?

울리 앗, 그렇네요. 어떻게 된 거죠? 엘리 너는 알아?

엘리 글쎄…. 벡터 개념은 아는데 막상 실생활에 응용해본 적은 없어서….

바리 그럼 현수막은 너무 크니까, 문제를 간단히 하기 위해 줄에 무거운 쇠구슬이 하나 걸려 있다고 생각해봐. 그리고 이 쇠구슬은 무거워서 줄을 V자형으로 처지게 만드는데, 이때 줄의 정중앙인 V자형 골짜기에 이 쇠구슬이 걸려 있다고 가정하고 말이야. 줄에 걸리는 힘을 '장력tension'이라고 하는데, 이 장력을 분해할 수 있을까?

울리 그럼요~ 줄에 걸리는 힘, 즉 장력을 직각삼각형의 빗변으로 생각하면, 이 힘은 밑변의 힘과 높이의 힘으로 분해되죠. 근데 쇠구슬을 중심으로 줄이 오른쪽과 왼쪽으로 나뉘어 있으니 각 줄에 걸리는 힘을 모두 밑변과 높

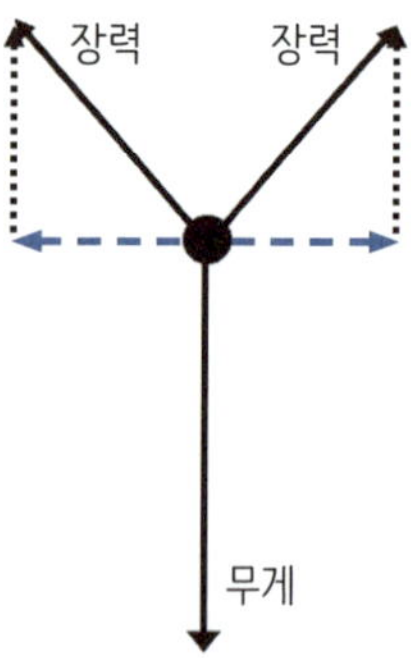

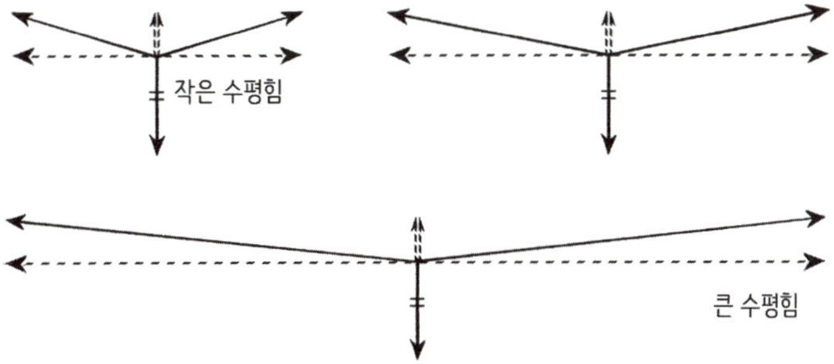

이의 힘으로 분해하면, 밑변의 힘은 오른쪽과 왼쪽의 크기가 같아서 서로 상쇄되고, 높이의 힘은 모두 위쪽 방향이라 상쇄되지 않겠네요.

엘리 쇠구슬은 가만히 있으니까 알짜힘이 0이어야 하니, 이 상쇄되지 않는 위쪽 방향의 힘이 쇠구슬의 무게랑 같아야 하고요.

바리 둘이 함께 푸니 정말 잘하는구나. 그럼, 이번에는 줄이 많이 처진 경우와 조금 처진 경우를 비교해봐. 직각삼각형이 어떻게 다른지 말이야.

울리 줄이 많이 처져 있으면 직각삼각형의 밑변은 짧고 높이는 길어요. 반면에 줄이 조금 처져 있으면 직각삼각형의 밑변은 길고 높이가 짧고요.

엘리 밑변 방향의 힘은 어차피 크든 작든 쇠구슬을 좌우에서 같은 크기로 당기는 힘이니 항상 상쇄되지만, 위쪽 방향의 힘은 줄이 팽팽할수록 줄어들겠네요?

울리 잠깐! 줄이 팽팽할수록 위쪽 방향의 힘이 줄어들면 쇠구슬의 무게를 어떻게 감당하지요?

바리 줄이 팽팽해질수록 직각삼각형의 높이가 짧아지는 것은 맞는데, 그렇다고 위쪽 방향의 힘이 줄어든다고 하면 안 돼. 왜냐하면 쇠구슬은 줄이 많이 처져 있든 조금 처져 있든 알짜힘이 0인 상태니까 말이야. 다시 말하면 직각삼각형의 높이의 2배는 항상 쇠구슬의 무게와 같아야 하는 거지.

엘리 아하, 그렇군요. 하마터면 생각이 꼬일 뻔했어요.

울리 아~ 그럼 줄이 팽팽하려면 직각삼각형의 짧은 높이의 힘이 매우 커야 쇠구슬의 무게를 지탱할 수 있다는 거네요?

바리 그렇지. 줄은 팽팽하면서 위쪽 방향의 힘이 충분히 크려면 밑변 방향의 힘은….

엘리 밑변이 아주 길어야 원하는 높이가 나오니 밑변 방향의 힘이 아주 커야겠어요.

바리 바로 그거야.

울리 어? 그러면 줄이 완전히 수평한 일직선이면 어떻게 되는 거예요? 직각삼각형은 나오지 않잖아요? 높이가 0이니까요.

바리 그게 바로 오늘 내가 너희들에게 알려주고 싶은 핵심이란다. 줄을 완벽하게 일직선으로 만드는 것은 이론적으로 불가능하다는 것 말이야. 마찬가지로 현수막이 아무리 가벼워도 무게가 있으니 이 무게를 상쇄하려면 위쪽 방향의 힘이 있어야 하는데, 줄이 완벽하게 일직선이면 위쪽 방향의 힘이 0이 되어 이런 경우는 불가능하다는 것이지.

엘리 하지만 현수막을 처음 걸었을 때는 완벽하게 일직선으로 보이던데요?

바리 보이는 것이 전부는 아니야. 우리 눈에 일직선으로 보인다고 해서 과학적으로 일직선인 것은 아니란 뜻이지. 방금 살펴본 것처럼 아무리 가벼운 현수막이라도 완벽한 일직선을 만들 수 없잖아.

엘리 그러게요. 현수막의 무게를 상쇄하려면 아주 조금이라도 위쪽 높이가 있어야 하는 것은 알겠는데 말이죠….

바리 이해해. 눈에 보이는 것을 부인하기는 쉽지 않지. 쇠구슬이나 현수막의 무게를 상쇄하면서 높이가 점점 줄어들어 0이 된다는 것은 밑변의 길이가 점점 길어져 무한대가 된다는 의미기도 해서, 현수막 줄을 완전히 수평하게 만들려면 무한대의 힘으로 당기고 있어야 한다는 뜻이기도 해.

울리 현수막이 아무리 가벼워도 무한대의 힘이 필요하다니 말이 안 되는 것 같은데, 또 말이 되네요.

바리 우리 눈으로 보기에 충분히 일직선으로 보이게 만드는 것은, 한편으로 아주 큰 힘이 필요하다는 뜻이기도 하지. 줄을 나무나 기둥에 묶어 건 현수막은 시간이 지나면 현수막 무게 때문에 줄이 조금씩 풀려서 점점 더 처지게 되는 거고 말이야.

울리 핵심은 힘이 벡터라는 거죠?

바리 그렇지. 혹시 얼마나 큰 힘인지 경험하고 싶으면 집에 가서 실험을 해보렴. 줄하고 스프링노트 몇 권만 있으면 되거든.

울리 아하, 줄이 스프링노트의 양 끝 스프링을 관통하도록 끼우고 줄을 팽팽히 당겨보라는 거죠?

바리 그래~ 줄을 팽팽히 할수록 얼마나 힘든지 몸으로 직접 체험할 수 있으니 꼭 해봐.

울리 노트 몇 권은 전혀 무겁지 않은데 정말 힘들까요? 힘들어야 하는 거죠?

바리 해보면 알 거야. 실험해보고 결과를 문자로 보고하렴~ 하하-

울리 집에 가자마자 바로 엘리랑 해볼게요.

엘리 나랑? 난 상 받은 기념으로 엄마가 저녁 외식하자고 하셨는데…. 너 혼자 해보고 나한테도 문자로 결과를 알려주면 안 될까? 히히-

울리 싫어~ 힘은 니가 직접 느껴봐야 하니까. 헤헤- 근데 현수막을 일직선으로 매달기가 그렇게 힘들다면 현수막 다는 방법을 바꾸는 것이 좋겠어요.

엘리 학교 행사할 때 강당 위에 친 현수막은 수직으로 걸었던 것 같아~ 현수막 위쪽에 일정한 간격으로 뚫린 여러 구멍에다가 줄을 끼워서 말이야.

바리 천장이 있는 실내에서는 수직으로 현수막을 거는 경우가 많지. 스크린처럼 오르락내리락하며 위치를 마음대로 정할 수 있는 장치들도 이용하고 말이야. 이제 울리도 처진 현수막을 보면 과학적으로 당연한 현상이라는 생각이 먼저 나서 불편한 마음은 좀 가시지 않겠니?

엘리 과연 그럴까요? 히히-

울리 이젠 처진 현수막만 보면 자꾸 직각삼각형이 그려질 것 같아요.

바리 벡터 분해 공부를 자주 할 수 있게 처진 현수막이 많이 보이면 좋겠구나. 하하-

바리 교수의 물리노트 12

- 장력tension: 줄이 물체와 연결되어 팽팽하게 당겨졌을 때 줄의 방향으로 물체에 작용하는 힘.
- 물체가 줄에 매달려 정지해 있으면 물체에 작용하는 알짜힘은 0이다.
- 물체가 매달려 있는 줄이 완벽하게 일직선이 되게 하려면 이론적으로 무한대의 수평 힘이 필요하다.

13 트럭과 승용차가 충돌할 때 서로 가한 힘의 세기는 같다구요?

작용·반작용의 법칙

지난 일요일 저녁 뉴스에는 유난히 추돌사고며 중앙선 침범 충돌사고 등 다양한 교통사고 보도가 많았다. 사고 영상을 보니 트럭과 충돌한 승용차는 완전히 찌그러졌고, 아나운서가 안전벨트를 하지 않은 사람이 치명상을 입었다고 이야기하며 안전벨트 착용의 중요성을 강조했다. 다음날 울리는 학교 수업이 끝나고 운동장에서 친구들과 신나게 축구를 하다가 해가 질 녘에 집으로 향했는데, 바리 교수의 집 앞을 지나던 중 문득 댁에 계신가 하여 담장 너머를 기웃거렸다.

바리 울리야, 나 찾니?

울리 어? 왜 그쪽에서 걸어오세요?

바리 오늘은 날이 좋아서 버스를 타고 출근했어. 요즘은 길도 많이 막히고, 사고도 많고 해서 가방이 무겁지 않거나 날이 좋으면 대중교통을 이용하려고 하거든~

울리 맞아요~ 어제도 사고가 많이 나서 오늘 아침에 엄마가 아빠한테 운전 조심하시라고 여러 번 당부하셨어요.

바리 그러게, 늘 조심해야지. 오늘은 왜 혼자 이렇게 늦게 가니?

울리 엘리는 학교 끝나자마자 바로 집에 갔고, 저는 친구들과 오랜만에 축구 좀 하느라 늦었어요. 저도 날이 좋아서요~ 헤헤.

바리 오늘은 운동하기도 좋은 날이었지. 근데 너 큰 차와 작은 차가 충돌하면 왜 작은 차에 탄 사람이 더 많이 다치는지 아니?

울리 큰 차는 더 무거우니까 더 큰 힘을 가하기 때문인 것 아닌가요?

바리 그렇게 쉽게 추측이 가능한 답이라면 내가 묻지 않았겠지?

울리 오잉? 그럼 거기에도 심오한 물리학 법칙이 있는 거예요?

바리 심오한? 하하- 내가 이 질문을 한 것은 뉴턴의 세 번째 운동법칙을 얘기하려고 한 거야. '작용·반작용의 법칙', 들어봤지?

울리 들어는 봤죠~ 들어봤다고 아는 건 아니지만요.

바리 하하- 지금부터 알면 되지 뭐~ 작용·반작용의 법칙은 '물체 A가 물체 B에 힘을 가하면, 물체 B 역시 물체 A에 크기는 같고 방향이 반대인 힘을 가한다'라는 거야. 이 경우 물체 A가 물체 B에 가한 힘을 '작용'이라 하고, 물체 B가 물체 A에 가한 힘은

'반작용'이라고 부른단다.

울리 제가 친구를 때리면, 친구도 저를 때린 거라는 말씀인가요?

바리 그런 비유는 바로 나오네? 하하- 맞아, 그래서 네 손도 아픈 거지. 그렇다고 친구를 때리는 게 정당하다고 생각해선 안 되겠지?

울리 전 폭력을 싫어해요. 오히려 엘리가 저를 가끔 때리죠. 히히-

바리 그래? 다음에 엘리 오면 확인해봐야겠는데~

울리 진짜예요~ 참, 근데 작용·반작용의 법칙을 들을 때마다 궁금한 것이 있었어요. 제 몸무게는 지구가 저를 당기는 힘이잖아요? 그럼 저도 지구를 잡아당기고 있는 거란 얘기죠? 제 몸무게만큼의 힘으로요.

바리 그렇지. 지구가 너를 당기는 힘을 작용이라고 하면 네가 지구를 당기는 힘은 반작용이 되는 거고 말이야. 작용이든 반작용이든

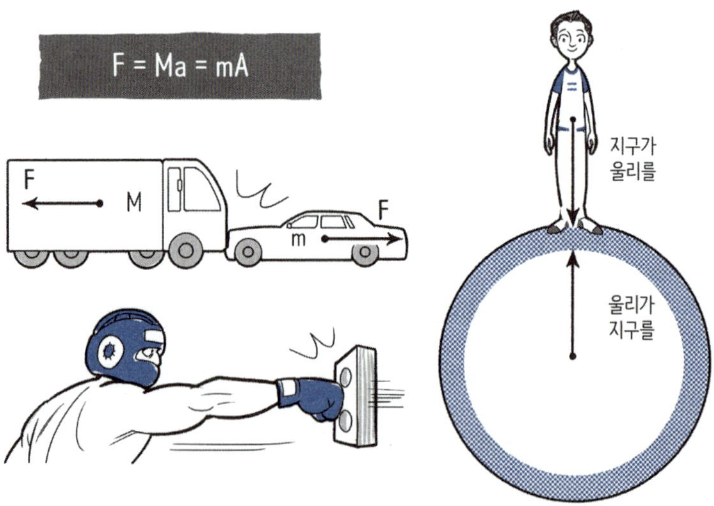

크기는 네 몸무게와 같고, 방향은 서로 반대지.

울리 그럼 지구는 가속운동을 해야 하는 것 아닌가요? 힘을 받으면 가속운동을 한다는 뉴턴의 두 번째 법칙에 의해서요.

바리 배운 것을 이렇게 활용하니 아주 기쁘네~ 근데 힘이 가속운동을 하게 하는 것은 맞지만, 뉴턴의 두 번째 법칙에는 중요한 요소가 하나 더 등장하잖아?

울리 질량을 말씀하시는 거죠?

바리 그래~ 뉴턴의 두 번째 법칙은 그냥 '뉴턴의 운동법칙', '뉴턴의 운동방정식'이라고도 하는데, 물체가 힘을 받을 경우, 힘에는 비례하고 물체의 질량엔 반비례하는 가속도가 생긴다는 거야.

울리 $F=ma$. 아, 아니다. $a=\frac{F}{m}$로 기억하라 하셨죠.

바리 맞아. 힘이 원인이고 가속도는 결과라는 것을 기억하라는 거였지. 그럼 네가 당긴 힘 때문에 지구는 얼마나 큰 가속도를 갖는지 구해볼까? 지구 질량은 약 6×10^{24}kg이야.

울리 제 몸무게가 60kg중이니까 60kg중을 지구 질량으로 나누면….

바리 무게 단위에 들어 있는 '중'은 중력가속도 $g=9.8\,\mathrm{m/s^2}$라고 했는데, 그냥 계산하기 편하게 약 $10\,\mathrm{m/s^2}$로 쓰기도 한단다. 그럼 네 몸무게는 600N이 되어 지구 질량으로 나누면, 지구는 $10^{-22}\,\mathrm{m/s^2}$의 가속도를 얻게 되니 거의 0인 셈이겠지.

울리 아, 지구중력가속도를 $10\,\mathrm{m/s^2}$로 반올림하면 계산이 아주 편해지네요. 그럼 지구가 저 때문에 가속되지는 않겠군요. 근데 지구상에 저 혼자만 있는 것이 아니잖아요? 사람도 엄청 많고, 고층

빌딩, 산, 바다 등 지구중력을 받는 것들이 아주 많잖아요.

바리 아주 마음에 들어. 그렇게 자꾸 생각을 이어가며 질문하는 것이 과학을 공부하는 데 있어서 진짜 중요하단다! 그 논리가 틀려도 괜찮아. 아니, 틀리면 더 좋아. 틀린 논리를 바로잡으면 진짜 이해를 하게 될 테니까 말이야.

울리 틀리면 더 좋다는 소리는 처음 듣는 것 같아요. 틀린다고 야단은 맞아봤지만요.

바리 그래? 하하, 암튼 네 말대로 지구상의 모든 물질에는 지구중력이 작용하고, 그 물질들은 반작용으로 지구를 당기고 있지. 그러면 지구는 여러 물질에 의한 힘들을 받고 있는 거고 말이야. 여러 힘을 받는 지구의 운동을 이해하려면 알짜힘을 구해야겠지?

울리 맞아요! 알짜힘을 구해야 하네요. 힘은 벡터라서 그냥 크기를 더하는 것이 아니고 방향이 중요하다고 지난번에 공부했는데…. 그래도 알짜힘이 꽤 크지 않을까요?

바리 정확히 계산하긴 힘들지만, 그래도 지구가 둥그니 대체로 모두 상쇄된다고 가정해도 큰 문제가 없어. 북극의 얼음이 지구를 당기는 힘과 남극의 얼음이 지구를 당기는 힘은 서로 반대 방향이라서 대부분 상쇄되는 것처럼 말이야. 만약 어느 한 쪽의 알짜힘이 조금 남더라도 엄청 큰 지구 질량으로 나누면 여전히 지구의 가속도는 무시해도 되거든.

울리 아하, 그렇군요.

바리 그럼 다시 큰 차와 작은 차가 충돌하는 경우를 생각해볼까? 트럭과 승용차가 충돌한 경우처럼.

울리 트럭과 승용차가 충돌하면, 일단 작용·반작용의 법칙에 따라 트럭이 승용차에 가한 힘과 승용차가 트럭에 가한 힘은 크기가 같겠네요. 제가 처음 생각했던 것과 달리요.

바리 그렇지? 힘의 크기는 같을 거야. 하지만 가속도는 다르겠지.

울리 충돌로 받은 힘 때문에 생긴 트럭의 가속도는 질량이 커서 작고, 승용차의 가속도는 질량이 작아서 크겠네요. 근데 가속도가 크다는 것과 위험한 것은 어떻게 연결되지요?

바리 가속도가 크다는 것은 속도의 변화가 크다는 것이잖아. 트럭과 정면충돌한 승용차는 급작스럽게 멈추려 하고, 승용차에 타고 있던 사람들은 충돌 전의 운동 상태를 유지하려 하니 앞자리의 의자나 유리에 부딪칠 거야.

울리 거기에도 관성의 법칙이 있네요?

바리 그렇지. 뒤에서 오던 차가 앞차를 들이받는 추돌사고를 일으킨다면 사고 순간 앞차에 탄 사람의 목은 갑자기 뒤로 젖혀지고, 뒤차에 탄 사람의 목은 갑자기 앞으로 숙여지게 되는 것도 관성의 법칙으로 이해할 수 있단다.

울리 뉴턴의 운동법칙을 모두 알아야 제대로 이해할 수 있군요.

바리 그런 셈이지. 또 작용·반작용의 법칙은 차와 그 차 안에 탄 사람 사이에도 적용되어, 승용차가 트럭과 충돌해서 큰 가속운동을 하면 승용차 안에 있는 사람은 관성에 의해 차와 부딪치게 될 거야. 그런데 사람의 질량이 차의 질량보다 작으니 사람은 차보다 큰 가속운동을 하게 될 거고. 만일 안전벨트를 하고 있으면 벨트가 이 가속운동을 저지시킬 수 있지만, 안전벨트를 하지 않은 경우에는 사람이 큰 가속도를 갖게 되어 차 밖으로 튕겨져 나올 수도 있으니 참 위험하지.

울리 안전벨트를 생명벨트라고 하는 것이 과학적인 말이었네요.

바리 우리 일상이 모두 과학이지. 아줌마가 강의할 때 학생들에게 작용·반작용의 법칙을 명확하게 이해시키기 위해 늘 소개하는 실험이 하나 있는데 너도 해볼래?

울리 실험은 항상 좋아요~

바리 직접 하는 것은 아니고 상상으로 할 거야. 종이 한 장을 떨어뜨리고 종이가 바닥에 닿기 전에 주먹으로 힘껏 종이를 내리쳤을 때와, 벽돌 한 장을 떨어뜨리고 같은 세기로 힘껏 벽돌을 내리쳤을 때를 비교하는 거야. 종이와 벽돌에 가한 힘은 같을까?

울리 같은 세기로 힘껏 쳤다고 했으니 같은 것 아닌가요? 근데 이상하긴 해요. 종이는 아무리 세게 쳐도 안 아프지만, 벽돌을 세게 치면 아프고 피도 날 텐데요.

바리 그래서 아줌마도 강의실에서 종이를 힘껏 치는 시범은 보이지만 벽돌은 상상만 하라고 한단다. 하하- 이 실험에 작용·반작용의 법칙의 핵심이 들어 있는데, 바로 반작용의 크기보다 더 큰 작용을 가할 수는 없다는 거야.

울리 무슨 뜻인지 잘 모르겠어요.

바리 작용의 크기는 반작용의 크기와 같아야 하는데, 종이를 쳤을 때 아프지 않은 것은 반작용이 작다는 뜻이고, 벽돌을 쳤을 때 아프다는 것은 반작용이 크다는 뜻이잖아. 그럼 종이에 가한 작용이 벽돌에 가한 작용보다 작아야 한다는 뜻이고 말이야. 모두 같은 세기로 주먹을 날렸다는 점 때문에 헷갈리는 건데, 힘껏 날렸어도 종이에는 작은 힘밖에 주지 못했다는 거지.

울리 음~ 알 것 같으면서도 아리송해요. 일단 오늘은 배가 고파서 그만 가고 다음에 또 와서 여쭤봐야겠어요.

바리 좋은 생각이야. 힘껏 주먹을 날려도 종이에는 왜 작은 힘만 전달되는지, 다음에 알려줄 테니(1권 15화 참조) 그동안 너도 한번 고민해보렴~

바리 교수의 물리노트 13

- 뉴턴의 제3법칙(작용·반작용의 법칙): 물체 A가 다른 물체 B에 힘(작용)을 가하면 물체 B도 물체 A에 크기는 같지만 방향은 반대인 힘(반작용)을 가한다.
- 작용과 반작용의 크기가 같다는 것은 반작용보다 큰 작용은 있을 수 없다는 것을 의미한다.

14 지구를 더 세게 밀어야 줄다리기에서 이길 수 있다구요?

작용·반작용의 법칙

바리 교수에게 작용·반작용의 법칙에 대해 배운 뒤로 울리는 자기도 모르게 주변에서 일어나는 현상들에서 작용과 반작용을 찾아보고 있었다. 걸을 때는 '내가 지구를 미는 것은 작용, 지구가 나를 미는 것은 반작용', 공을 찰 때는 '내가 공을 차는 것은 작용, 공이 나를 차는 것은 반작용'. 그러다 예전에 운동회에서 했던 줄다리기가 생각났다. '우리 편이 줄을 당기는 것은 작용, 줄이 우리를 당기는 것은 반작용'….

엘리 무슨 생각을 그렇게 하며 걷고 있어?

울리 오, 엘리야! 너 잘 만났다. 지금 시간 있으면 가는 길에 바리 아줌마네 들리자.

엘리 왜? 또 궁금한 것이 생겼어? 요즘 너 공부를 너무 열심히 하는 것 아니야? 히히-

울리 에이~ 그건 아니고, 사실 지난번에 바리 아줌마가 작용·반작용의 법칙에 대해 설명해주셨는데 갑자기 줄다리기가 생각나서 말이야. 줄다리기에서 이긴 팀과 진 팀 중 줄을 더 세게 당긴 쪽은 어느 팀일까?

엘리 당연히 이긴 팀 아냐? 더 세게 당겼으니 이겼겠지?

울리 그렇겠지? 근데 아닌 것 같은 느낌도 든단 말이야. 작용·반작용의 법칙에 의하면 줄에 가한 힘만큼 줄도 사람을 당길 거 아냐? 이긴 팀이 더 세게 줄을 당겼다면, 줄이 받는 알짜힘은 0이 아닌 거잖아?

엘리 흠…. 나도 잘 모르겠는데…. 아, 마침 저기 바리 아줌마가 오시는 게 보이네~

바리 (울리와 엘리의 질문을 듣고) 그러니까 너희가 궁금한 게, 줄다리기를 할 때, 줄에 더 큰 힘을 가하는 팀은 줄다리기에서 이기고 있는 팀과 지고 있는 팀 중 어느 쪽인가 하는 거지? 아주 좋은 질문이야. 그럼 이런 경우를 한번 생각해봐. 같은 인원의 남학생 팀과 여학생 팀이 복도에서 줄다리기를 하는 경우 말이야.

울리 해보나마나 남학생 팀이 이기죠.

엘리 평균적인 신체조건이라면 여학생들의 힘이 모자라긴 하죠.

바리 단 조건이 있어. 남학생들은 양말만 신었고, 여학생들은 고무 밑창을 댄 신발을 신었다고 하자. 또 복도는 꽤 매끄럽다고 가정하고 말이야. 그럼 누가 이길까?

엘리 질문하신 의도를 생각해본다면 여학생이 이기나 보네요? 고무 밑창 신발 때문에요.

울리 그러게요~ 줄다리기에서 이기는 비결은 손에 있는 것이 아니라 발에 있는 거예요?

바리 그래~ 일단 줄을 양끝에서 당겨, 팽팽해진 줄이 가만히 있을 때를 생각해보자. 줄의 양끝에 걸리는 힘(장력)은 크기는 같고 반대 방향이어서 줄에 걸리는 알짜힘은 0이야. 즉 줄이 끊어지거나 줄을 놓치지 않는 한, 작용·반작용의 법칙에 의해 남학생 팀과 여학생 팀은 같은 크기와 반대 방향의 힘으로 각자 줄을 당기고 있는 것이지. 그런데 양말만 신고 있는 남학생들은 발과 매끄러운 바닥 사이에 마찰력이 별로 없어서 바닥을 잘 밀지 못하고 오히려 미끄러지지만, 고무 밑창 신발을 신은 여학생들은 발로 바닥을 세게 밀 수 있겠지?

울리 그러면 다시 작용·반작용의 법칙에 의해 바닥은 남학생들을 밀어주지 못하고, 여학생들은 세게 밀어주니까 결국 대결에서 여학생 팀이 이길 수 있다는 거군요?

바리 그렇지. 여학생—줄—남학생이 모두 연결되어 있는데, 바닥을 빼고 생각해본다면 남학생과 줄에 걸린 알짜힘이 0이고, 줄과 여학생에 걸린 알짜힘도 0이겠지. 이제 바닥에서의 힘을 생각해보면, 바닥이 여학생에게 가한 반작용이 남학생에게 가한 반작용보다 크기는 크고 방향은 반대 방향이니 연결된 여학생—줄—남학생은 여학생 쪽으로 움직인다는 것을 알 수 있겠지?

엘리 잠깐, 정리 좀 해야겠어요. 줄다리기 문제에서 남학생, 여학생, 줄, 바닥이 있는데 각각에 작용하는 힘들을 한번 정리해볼게요!

바리 그래. 먼저 남학생한테 작용하는 모든 힘을 얘기해보렴.

울리 남학생한테는 줄이 당기는 힘과 바닥이 밀어주는 힘이 작용하죠.

엘리 여학생한테도 줄이 당기는 힘과 바닥이 밀어주는 힘이 작용하고요.

울리 줄에는 남학생이 당기는 힘과 여학생이 당기는 힘이 작용하는데, 이 두 힘이 크기는 같고 방향은 반대이니 줄에 걸리는 알짜힘은 0이고요.

엘리 그리고 바닥에 작용하는 힘은 남학생이 미는 힘과 여학생이 미는 힘이 있어요.

바리 아주 잘했어. 그럼 이제 여학생—줄—남학생이 받는 알짜힘을 구해보면, 줄이 남학생을 당기는 힘과 여학생을 당기는 힘이 크기는 같고 방향은 반대기 때문에 바닥이 밀어주는 힘들만 남게 된다는 것을 알 수 있지? 따라서 만일 바닥이 남학생을 더 세게 밀어주면 남학생이 이기는 거고, 여학생을 더 세게 밀어주면 여학생이 이기는 거고 말이야.

울리 바닥이 받은 힘은 건물이 지탱해주니 바닥이 가속운동할 일은 없을 거고요! 아줌마, 또 재미있는 작용·반작용 얘기 없어요? 제가 요즘 생활 속에서 작용·반작용의 원리를 찾는 재미에 푹 빠졌거든요. 헤헤-

바리 재미있는 거? 흠…. '물리를 아는 사형수와 물리를 모르는 사형 집행관' 얘기를 해줄까?

울리 그게 무슨 얘기에요?

바리 너희, 우선 총을 쏠 때 총과 총알에 작용하는 힘을 생각해볼래?

울리 총알이 받는 힘을 작용이라고 하면 총이 받는 힘은 반작용이겠죠.

엘리 그래서 총 쏘는 모습을 보면 총알이 나갈 때 총도 뒤로 움찔움직이는 것이 보이잖아요? 그건, 총의 질량이 총알의 질량보다 훨씬 크니까 반작용에 의해서 생기는 총의 가속도가 총알의 가속도보다 훨씬 작기 때문이겠죠?

바리 맞아, 잘 알고 있구나.

엘리 근데 '물리를 아는 사형수'가 뭐예요?

바리 그건 말이지, 물리를 잘 아는 사형수가 있었는데, 이 사람이 처형되기 전에 마지막 소원이 있다고 한 거야.

엘리 무슨 소원이요?

울리 "저를 살려주세요~" 아니면 "사형을 집행할 때 눈을 가리지 말아주세요~" 했나요?

바리 하하- 그게 아니고, 자신의 죄가 너무너무 무거우니 자기 같은 죄인은 아주 무거운 총알을 써서 죽여달라는 거였어. 총보다, 심지어 총을 쏠 집행관의 몸무게보다 훨씬 무거운 총알로 말이지.

울리 어휴~ 죽는 마당에 뭐 그렇게까지…. 그래서 들어줬대요?

바리 들어보니 그럴 듯하기도 하고, 또 마지막 소원이라는데 못 들어 줄 것도 없겠다 싶어 들어주기로 했대. 그리고 드디어 사형을 집행하는 날에 작지만 아주 무거운 총알이 준비되었고, 예정대로 집행관이 총을 쐈지. 어떻게 되었을까?

엘리 아, 잠깐요! 총알의 질량이 엄청 크다면 큰 가속도를 얻기가 아주 힘들겠네요.

바리 그렇지. 가속도의 정의를 다시 생각해보면, '주어진 시간에 일어난 속도의 변화'인데, 가속도의 크기가 작다는 것은 총구를 떠나는 총알의 속력도 느리다는 것을 의미하겠지.

울리 총알이 아주 느리게 날아와서 사형수를 맞히기 전에 바닥에 떨어질 수도 있는 거네요? 사형수를 바로 코앞에 세워놓고 총을

쏘진 않을 테니까요.

엘리 아하~ 사형을 집행했는데 죽지 않게 되는 상황을 노린 거네요.

바리 맞아~ 그럼 집행관은 어떻게 될까? 무사할까?

울리 집행관이 받는 반작용의 효과를 생각해봐야겠네요.

엘리 총은 질량이 상대적으로 아주 작다고 했으니, 반작용에 의한 가속도는 무지 크겠죠.

울리 그럼 총과 집행관은 뒤로 순식간에 슝~ 날아간 거 아니에요?

바리 그렇지. 그게 바로 물리를 아는 사형수와 물리를 모르는 집행관의 운명이겠지?

울리 하하- 작용·반작용의 법칙을 알았다면 사형수의 요구를 들어주지 않았을 텐데 말이죠.

바리 웃자고 한 얘기기도 하지만, 이렇게 자연의 법칙을 잘 이해하면 좀 더 효율적이고 안전하게 살 수도 있다는 거야. 그 외에 많이 드는 예로는 어릴 때 가지고 놀던 풍선로켓이나 비행기가 있어. 풍선을 불어서 끝을 묶지 않은 채로 손을 놓으면 풍선 안의 공기가 밖으로 나오면서 그 반작용으로 풍선이 날아가는 모습 본 적 있지? 이처럼 비행기도 연료를 태워 가스를 내뿜고 그 반작용으로 추진되는 거잖아. 아, 물론 비행기가 뜨는 원리도 작용·반작용의 법칙으로 설명할 수 있지.

엘리 비행기가 뜨는 원리는 '베르누이 원리'라고 들었는데, 아닌가요?

바리 베르누이 원리(2권 12화 참조)도 부분적으로는 도움이 되지만 작용·반작용의 법칙으로 더 잘 이해할 수 있어. 비행기 날개 위의 공기 흐름이 날개 앞부분은 위쪽 방향인데 뒷부분은 아래쪽 방향이라서, 결과적으로 공기는 비행기로부터 아래쪽 방향의 힘(작용)을 받게 되거든. 그럼 공기는 비행기에 대해 위쪽 방향의 반작용을 가하게 되는데, 이것을 '양력lift'이라고 해.

울리 정확히는 모르겠지만 작용·반작용의 법칙도 잘만 이해하면 많은 것을 설명할 수 있다는 것은 알겠어요.

바리 비행기의 양력에 관해서는 다음에 자세히 설명할 기회가 있을 거야. (2권 13화 참조)

바리 교수의 물리노트 14

- 줄다리기에서 이긴 팀은 진 팀보다 줄에 더 큰 힘을 가한 것이 아니라 바닥을 더 세게 민 것이다.
- 비행기가 뜨는 원리도 작용·반작용의 법칙으로 설명할 수 있다. 공기는 비행기로부터 아래쪽 방향의 힘(작용)을 받고, 비행기는 공기로부터 위쪽 방향의 힘(반작용)을 받아 비행기가 공기 중에 떠 있을 수 있게 된다. (2권 13화 참조)

15 크루즈선이 엔진을 끈 채 항구로 들어온다구요?

운동량

크루즈 여행이 한동안 유행하다가, 코로나19의 세계적인 확산으로 해외여행이 거의 불가능한 시기를 모두 경험하게 되었다. 덕분인지 여기저기서 온라인으로 세계 각국 명소들의 풍경이나 다큐를 접할 기회는 많아졌다. 여행을 좋아하는 울리 엄마는 특히 이런 TV 프로그램들을 즐겨 봐서 울리도 가끔 함께 보곤 한다. 그런데 한번은 크루즈 여행 관련 다큐를 보던 중, 크루즈선이 항구에 들어올 때 너무 조용하게 들어온다는 생각이 들었다. 다음날 울리는 오랜만에 엘리와 시간이 맞아 바리 교수를 찾아갔다.

엘리 아줌마~ 안 계신가? 아린이만 짖네.

울리 연락해보고 올 걸 그랬나? 곧 오실 것 같기도 한데…. 일단 저기 앉아서 잠깐 기다려보자.

바리 어머, 너희 나 기다리고 있었구나. 미리 문자로 확인하고 오지.

울리 괜찮아요. 저희도 방금 왔어요.

엘리 아린이가 아줌마 오신 지 아나 봐요. 아까 우리가 벨 눌렀을 때 짖었던 소리와 지금 짖는 소리가 완전히 다른데요. 지금은 무지 반가운 소리로 들려요.

바리 아린이는 주인만 좋아하거든. 하하- 오늘은 뭐가 궁금할까?

울리 제가 어제 여행 다큐를 보는데, 항구에 들어오는 크루즈선들의 엔진 소리가 생각보다 작게 들리더라구요. 떠나는 배들은 무척 시끄럽게 엔진 소리가 나는데 말이죠. TV에서 본 것이긴 하지만 분명 차이가 심했어요.

바리 TV를 보면서 그 차이를 느꼈다고? 정말 대단하네.

엘리 울리가 가끔 정말 예민할 때가 있어요.

바리 그렇구나. 들어오는 배가 조용한 이유는 실제로 엔진을 끄고 들어오기 때문이야.

울리 네? 정말요? 왜 엔진을 끄고 들어와요?

바리 일단 엔진을 끄더라도 엔진을 끄는 순간의 속력 때문에 끈 이후 한동안은 계속 움직일 수 있겠지?

엘리 하지만 물의 마찰력이 꽤 크지 않나요?

바리 물의 마찰력이 크기 때문에 그나마 항구로부터 25km 정도 밖에서 엔진을 끄는 거야. 만일 물의 마찰력이 크지 않다면 훨씬 더 떨어진 곳부터 엔진을 꺼야 하겠지.

울리 25m가 아니고 25km요?

바리 그래. 놀랍지? 25km면 거의 경기도 일산에서 서울 신촌까지의 거리니까 말이야. 엔진을 껐을 때의 배의 속력이 물과의 마찰력으로 인해 점점 느려져서, 항구에 도착했을 때 정지할 정도가 되려면 그렇게 멀리 떨어진 곳에서 엔진을 꺼야 한다는 거지.

엘리 항구 가까이에서 엔진을 끄면 배가 육지로 올라오게 되나요?

바리 그렇지. 큰 배일수록 항구로부터 더 멀리 떨어진 곳에서 엔진을 꺼야 부두 위로 올라오지 않고 안전히 정박할 수 있는 거란다.

울리 크루즈선처럼 큰 배들이 그렇게 빨리 움직여요? 보기에는 천천히 항해하는 것 같던데요.

바리 실제 큰 배들은 그렇게 빨리 달리지는 않아. 배의 속도를 나타낼 때는 'kn(노트knot)'라는 단위를 사용하는데, 큰 배들은 한 20kn 정도로 다니거든. 1kn가 1.852km/h니까 20kn면 약 37km/h 정도지. 실제 중요한 요인은 배의 관성, 즉 질량이야. 큰 배들의 질량은 수만 톤에 이르거든.

울리 여기서도 관성이 나오네요.

바리 지겹지? 그럼 새로운 물리량을 하나 배워볼까? 운동량이라고….

엘리 운동량이요? 질량에 속도를 곱한 것이요?

바리 엘리는 알고 있구나. 엘리 말대로 물리에서 '운동량momentum'은 '질량×속도'로 정의되고, 여기서 알 수 있듯이 속도에 비례하니까 운동량도 벡터에 해당해.

울리 왜 이런 양을 따로 정의해야 해요? 움직이는 물체는 항상 질량과 속도가 있는 거잖아요? 물리는 알아야 할 용어가 너무 많아요~

바리 정의가 많지? 그래도 꼭 필요한 물리량들을 정의하는 거라서 피할 수가 없어. 뉴턴의 두 번째 운동법칙을 기억하지? '물체에 힘이 작용하면 그 물체는 가속운동을 한다'라는 거 말이야.

울리 그럼요~ 그동안 여러 번 나왔는데요. 가속운동이란 시간이 지남에 따라 물체의 속도가 변하는 것이고, 가속도는 힘에 비례하고 질량에 반비례하죠.

바리 잘 알고 있구나. 그럼 익숙한 식 $F=ma$에 기호 의미를 넣어보면 '힘=질량×가속도'고 다시 이 식에 가속도의 정의를 넣어보면 '$\text{힘}=\text{질량}\times\dfrac{\text{속도의 변화}}{\text{시간}}$'가 되지? 운동량의 정의를 이용하면 '질량×속도의 변화=운동량의 변화'니, '$\text{힘}=\dfrac{\text{운동량의 변화}}{\text{시간}}$'라고 할 수 있고 말이야.

엘리 힘을 받으면 운동량이 변한다는 의미네요.

울리 가속운동이나 운동량이 변하는 거나 같은 의미라는 거죠? 힘을 받으면 운동량의 변화가 생기고, 운동량의 변화가 생기려면 힘을 받아야 하는 거고요?

바리 그렇지. 운동량의 변화가 많이 일어나려면 큰 힘을 받아야 한다는 의미기도 하고 말이야. 예를 들어 같은 속도로 가고 있는 크루즈선과 모터보트가 멈추려면 크루즈선에 훨씬 큰 힘이 작용해야 하지. 속도는 같더라도 크루즈선은 큰 질량 때문에 운동량이 모터보트보다 훨씬 크니까 말이야.

울리 저와 엘리가 같은 빠르기로 달리다가 멈추려 한다면, 엘리가 더 힘들겠군요. 히히-

엘리 으~~ 내가 너보다 더 무거운지 어떻게 알았어?

바리 하하- 곧 울리가 더 무거워질지도 모르지~ 뉴턴의 두 번째 법칙이 가속도에서 운동량의 변화로 표현된 식, '힘$=\frac{\text{운동량의 변화}}{\text{시간}}$'를 '힘×시간=운동량의 변화'라고 쓰면 또 다양한 해석이 가능하단다.

울리 같은 식인데요?

바리 같은 식이지만 저렇게 써놓으니, 같은 크기의 힘이 오래 작용하면 운동량의 변화가 크다는 해석이 더 쉽게 가능하잖아.

엘리 힘을 계속 주면 무거운 것도 움직일 수 있다는 뜻인가요? 전 아무리 힘을 줘도 무거운 것들은 꼼짝도 안 하던데요.

바리 아주 무거워 마찰력이 큰 경우는 그럴 수 있지. 근데 아파트 주차장에 차가 많은 경우를 생각해볼까? 주차구역에 주차한 차 앞을 가로막고 주차한 차들 본 적 있지?

울리 본 적 있어요. 그럼 아빠가 그런 차들을 밀어내서 우리 차가 나갈 수 있게 공간을 만들던데요.

바리 맞아. 그때 차가 곧바로 쉽게 밀리지 않고 한참 밀어야 비로소 움직이기 시작하는 걸 봤을 거야. 그런 경우가 바로 힘을 오래 가해서 운동량의 변화가 생긴 경우지.

울리 아, 맞아요. 저도 밀어본 적 있는데 아주 한참 동안 힘을 줬더니 결국 움직이더라고요. 일단 움직이면 힘을 안 줘도 슬슬 가고요.

엘리 관성!

바리 그렇지. 여기서 다시 새로운 용어 하나! 운동량의 변화를 '충격량impulse'이라고도 해.

울리 또 새 용어라니요~ 운동량의 변화라고 해도 충분한데 왜 충격량이라고 불러요?

바리 그냥 운동량의 변화라고 불러도 의미는 명확하지만, 물체들이 충돌할 때의 충격량을 운동량의 변화로 정의한 거야. 그럼 '힘×시간=충격량'이라는 식이 되겠지?

엘리 $F = ma$라는 식이 자꾸 변신하네요.

바리 그래서 물리는 하나를 제대로 이해하면 아주 많은 현상을 이해할 수 있다고 하는 거지. 아까 설명한, 자동차를 미는 경우는 같은 힘을 가하는 시간을 길게 해서 운동량의 변화를 크게 한 것인데, 그럼 이번에는 충격량이 일정한 경우를 생각해보자.

울리 충격량을 어떻게 일정하게 해요?

바리 너희 집 주방 바닥은 재질이 뭐로 되어 있어?

울리 타일인데 그 위에 카펫이 깔려 있어요. 카펫이 없을 때는 접시라도 떨어뜨리면 바로 와장창~ 이었는데, 이제는 떨어뜨려도 잘 깨지지 않아 좋아요. 근데 왜 갑자기 주방 바닥 재질을 물으세요?

바리 너희 집 주방이 충격량으로 표현된 식을 이해하는 데 최적이네. 접시가 떨어져서 바닥에 충돌하는 것을 충돌 직전의 운동량이 충돌 순간 0이 되는 것으로 볼 수 있거든. 즉 타일에의 충돌에

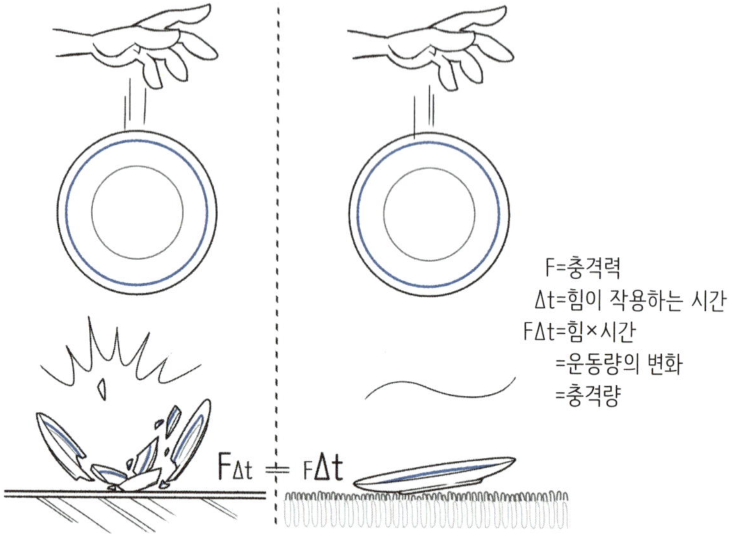

의한 충격량과 카펫에의 충돌에 의한 충격량은 같아야 하지.

엘리 음…. 운동량의 변화는 같은데 타일과 충돌하면 깨지고 카펫과 충돌하면 깨지지 않는 것을 어떻게 설명할 수 있나요?

바리 타일에 떨어졌을 때는 충돌 시간이 짧아서 큰 힘이 작용한 것이고, 카펫에 떨어졌을 때는 충돌 시간이 길어서 작은 힘이 작용한 거지. 두 경우 모두 '힘×시간'의 값은 같으니까 말이야. 여기서 힘은 충격력, 시간은 충돌 시간을 의미한단다.

엘리 아~ 이해됐어요~ 그럼 권투 선수들이 빠른 손동작을 연습하는 건 충돌 시간을 짧게 해서 가하는 힘을 크게 하려는 거겠네요?

바리 맞아. 엘리는 권투에도 관심이 있나 보구나. 우리가 높은 곳에서 뛰어내릴 때 자기도 모르게 무릎을 접으며 뛰어내리게 되는 것도 바닥과의 충돌 시간을 길게 해서 몸에 작은 충격력이 가해지도록 하기 위함이야.

울리 그럼 자동차 에어백도 같은 원리로 설명되겠네요? 충돌 시간을 길게 해서 충격을 줄이는 원리요~

바리 그렇지! 지난번 작용·반작용의 법칙의 예로 종이를 세게 치는 것과 벽돌을 같은 세기로 세게 치는 것을 비교했는데(1권 13화 참조), 이 경우 종이를 칠 때는 충돌 시간이 길어서 실제 종이에 가해진 힘의 크기가 크지 않았던 거야.

엘리 너 또 혼자 왔었구나? 난 무슨 얘기인지 모르잖아.

울리 이따 가면서 얘기해줄게~

바리 교수의 물리노트 15

- 운동량momentum = 질량 × 속도
- 힘 = 질량 × 가속도 = $\frac{\text{운동량의 변화}}{\text{시간}}$
- 충격량impulse = 운동량의 변화 = 힘 × 시간
- 물체에 힘이 오래 작용하면 운동량의 변화가 커진다.
- 충격량(운동량의 변화)이 일정할 때는 충돌 시간이 짧을수록 충격력impulse force(힘)이 크다.

16 공을 받을 때보다 받아칠 때 더 아프다구요?

충격량

울리와 엘리는 학교에서 오랜만에 배구를 했다. 특히 울리는 서브를 얼마나 세게 했는지 손등이며 엄지 부분이 퍼렇게 멍들었고, 토스할 때 손가락도 약간 꺾였는지 욱신거려서 결국 양호실에 들러 약을 발라야 했다. 그래도 간만의 야외 운동에 기분만은 하루 종일 상쾌했다.

바리 울리야~ 엘리야~

울리 안녕하세요? 오늘도 잡초 뽑으세요?

바리 오늘은 꽃씨를 좀 뿌렸어~

엘리 바쁘신 것 같던데 아줌마는 별별 걸 다 하시네요?

바리 바쁠수록 이런 여유를 가져야 스트레스를 덜 받는단다. 몸과 마음 모두 말이야.

엘리 맞는 말씀! 꽃이 피면 예쁘겠어요~ 히히.

바리 얼마나 피려는지 모르겠네…. 근데 울리한테서 파스 냄새가 나는데?

엘리 얘 오늘 배구를 너무 열심히 해서 손에 멍들고 손가락도 삐고 그랬어요. 전 살살 해서 손은 멀쩡한데 공을 받아치려다 미끄러져서 무릎을 좀 다쳤고요.

바리 충격량 실험을 제대로들 했구나~

울리 충격량 실험이요?

엘리 앗, 그런 건가요? 히히-

바리 운동량의 변화가 충격량이니까, 배구는 충격량 실험이라고 할 수 있지. 지난번에 한 얘기를 다시 복습하면, 뉴턴의 두 번째 법칙인 $F=ma$를 '힘×시간=운동량의 변화'라고 쓸 수 있다고 했지? 그럼 우선 상대방이 던진 공을 네 손으로 받는 경우의 충격량을 생각해볼래?

엘리 공을 받기 전후의 운동량 변화를 보자는 거죠? 공을 받으면 운동량이 0인 거고요.

바리 그래. 공을 받기 직전의 공의 운동량은 0이 아니지만, 공을 받은 직후에는 공의 운동량이 0이지.

울리 공의 운동량이 줄었으니 운동량의 변화가 있는 거고요.

바리 그래. 이때 운동량의 변화를 일으킨 힘은 공을 잡은 네 손이고, 네가 공에 준 힘의 반작용으로 공은 네 손에 힘을 가하지. 근데 공이 딱딱할수록 힘이 가해지는 시간(또는 충돌 시간)이 짧아져서 너는 공에 더 큰 힘을 가한 것이 돼. 따라서 공도 네 손에 더 큰 반작용을 가하게 되지.

엘리 공이 딱딱하든 물렁하든 날아오던 공이 멈춘다는 것은 운동량의 변화가 같다는 거죠? 물론 날아오는 공의 운동량이 같은 경우에요.

바리 그렇지.

울리 공을 받을 땐 날아오던 공이 멈추게 되니까 운동량이 줄어들지만, 공을 받아칠 때는 다시 날아가니 운동량의 변화가 없는 것 아닌가요? 같은 속력으로 가도록 받아치면요.

바리 울리 말대로 운동량의 변화가 없다면 가해진 힘도 없는 것일 텐데 왜 손이 아플까?

울리 아, 뭔가 잘못된 것 같아요. 뭘까요?

엘리 잠깐만요, 공을 받아치면 공의 방향이 바뀌는 거잖아요? 운동량은 '질량×속도'고, 속도는 방향이 중요한 벡터니까 운동량도 벡터고요.

바리 맞아. 그게 핵심이야. 운동량도 '방향이 중요한 벡터'라는 것 말이야. 날아온 공을 받아쳐서 공이 들어올 때와 같은 빠르기로 날아가게 했다면 운동량의 크기 변화는 없더라도 운동량의 변화 자체는 오히려 그냥 잡았을 때보다 2배나 크게 되지.

울리 2배나요? 어떻게요?

바리 변화는 '나중 상태에서 처음 상태를 빼는 것'으로 정의한다는 것을 기억하고, 공이 나를 향해서 들어오는 방향을 마이너스(−)로, 나로부터 나가는 방향을 플러스(+)로 나타내보자. 그러면 공을 받는 경우에 운동량의 변화는 '0−질량×(−속력)', 정리하면 '질량×속력'이 되겠지?

울리 날아오는 공의 속도를 '−속력'이라고 한 거네요.

바리 그래. 받아친 후 상대방 쪽으로 날아가는 공의 속도는 '+속력'이라고 하면 방향이 명확히 구분되겠지?

엘리 아, 그러면 공을 받아칠 때는 나중 운동량이 '질량×(+속력)'이 되니까 공의 운동량 변화는 '질량×(+속력)−질량×(−속력)', 곧

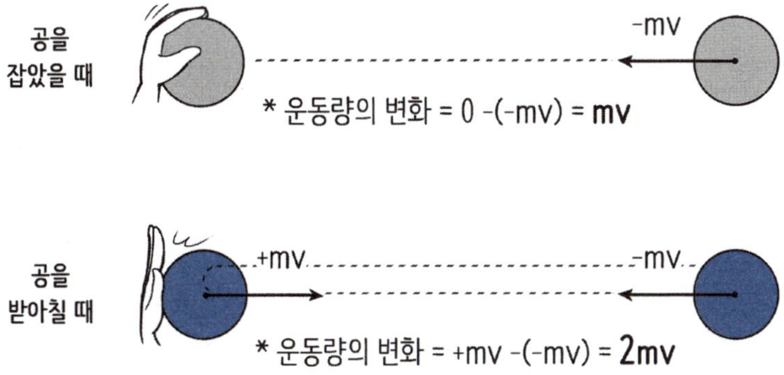

'2(질량×속력)'이 되어 운동량의 변화는 공을 받는 경우보다 2배 커지겠군요.

울리 아하, 그래서 공을 받을 때는 손가락이 별로 꺾이지 않는데 받아칠 때는 쉽게 꺾이는 거군요. 충격량이 2배 크니 충격력도 2배 클 테니까요.

엘리 그럼 이 원리를 이용해서 권투 선수들이 상대에게 강타를 먹일 수도 있는 것 아니에요?

바리 권투뿐 아니라 벽돌 격파를 할 때도 유용하겠지? 하지만 쉽지는 않을 거야. 자신의 손이 되튈 정도로 세게 주먹을 날릴 수 있어야 할 테니까 말이야. 하지만 이 원리를 이용해서 돈을 아주 많이 번 사람은 있단다.

울리 돈을 많이 벌어요? 운동량이 벡터라는 것을 이용해서요?

바리 후후, 무슨 말인가 싶지? 바로 레스터 앨런 펠턴Lester Allan Pelton이라는 발명가인데, 이 사람이 1870년대에 물의 되튐 현상을 이용해서 '펠턴 휠Pelton Wheel'이라고 부르는 물레방아를 고안했어. '방아'긴 하지만 곡식을 찧는 데 이용한 것은 아니고, 일종의 수력발전기라고 할 수 있지.

울리 물의 힘으로 물레가 돌아가는 것은 우리나라도 오래전부터 알고 사용했던 원리인데 되튐과 어떻게 연관되지요? 무엇을 발명한 건데요?

바리 물이 떨어져서 닿는 물레방아 판의 모양을 바꾼 거야. 당시에는 미국에서도 이미 평평한 판으로 되어 있는 물레방아의 구조가

널리 알려져 있었는데, 펠턴은 그 평평한 판을 움푹한 U자형으로 만든 거지.

엘리 와~ 천재네요~

바리 바로 알아챘구나~

울리 아하~ 저도 알았어요! 방아 위로 떨어진 물이 판의 U자형으로 파인 곳에 튕겨서 순간적으로 위로 올라가니 운동량의 변화가 커졌을 테고, 운동량의 변화가 크니까 판에 더 큰 힘을 가하게 되어 방아는 더 빨리 돌아갈 거고요. 와아~

바리 맞아. 대단하지? 간단한 물리 법칙이지만 이렇게 응용을 잘하면 그 파급 효과는 아주 크단다. 지금도 수력발전기에 기본적으로 이 펠턴 휠이 사용되고 있고, 이 발명으로 인해 펠턴은 '수력발전의 아버지'라고 불린단다.

엘리 근데 물리 법칙을 배우고 이런 얘기도 듣고 하면 별 게 아닌 것 같은데, 막상 저 스스로는 그런 응용을 못할 것 같아요.

울리 너는 문제라도 잘 풀어서 시험이라도 잘 보잖아. 난 아는 것 같은데 막상 문제를 풀려고 하면 하나도 기억이 안 난단 말이야.

바리 하하, 대부분의 사람이 그래. 그래도 실력은 노력에 어느 정도 비례하니 울리는 공부하는 시간을 조금 더 늘리고, 엘리는 일상에서 일어나는 현상에 대해 깊이 관찰하고 사고하는 시간을 늘려보는 게 도움이 될 수 있을 거야. 위대한 발명가들도 하루아침에 갑자기 발명을 하는 것이 아니라 같은 문제를 아주 오래 관찰하고 생각한 끝에 획기적인 발명으로 이어지는 것이거든. 이

때 기본적인 물리 법칙을 잘 알고 있으면 큰 도움이 될 테고 말이야.

울리 전 책상에만 앉으면 졸려요….

바리 그래? 그럼 책상에 앉지 말고 서서 공부해~

울리 윽! 사실 책만 보면 졸린 거죠. 헤헤-

엘리 그럼 방에서 걸으면서 책을 봐. 걸으면서 졸진 않을 것 아니야. 히히-

바리 좋은 생각이네. 소리 내서 읽으면 더 좋고~ 되튐을 이용한 재미있는 발명이 또 있는데, '고무총알'이라고, 경찰들이 실제 사용하기도 하지.

울리 경찰이 고무총알을 사용한다고요?

바리 그래~ 고무총알은 영국 정부에서 폭도 진압용으로 사용하려고 의도적으로 발명한 거란다. 실제 1970년 영국에서 처음 사용되었고 말이야. 이 고무총알은 살을 뚫고 들어가는 대신 되튕겨 나가서 큰 충격을 가하되 안전하기 때문에 진압에 아주 유용하게 쓰인다고 해.

울리 경찰이 쏜 총에 맞아서 죽거나 크게 다치지 않도록 하기 위한 거군요.

엘리 그러면서도 범죄자를 쓰러뜨릴 수는 있어서 정말 효율적이겠어요.

바리 그렇지?

울리 물리 법칙들이 점점 좋아지려 해요~

엘리 우리 주변에 물리 법칙으로 간단히 설명할 수 있는 것이 이렇게 많은 줄 몰랐어요.

바리 아직도 아주 많이 남았단다~

바리 교수의 물리노트 16

- 운동량은 방향이 중요한 벡터다.
- 충돌 시간이 같다면 운동량의 변화가 클수록 충격력도 커진다.
- 충돌에 의해 물체가 되튀는 것이 그냥 정지하는 것보다 운동량의 변화가 커서 상대 물체에 더 큰 충격력을 가한다.

17 우주에서 생명줄이 끊어져도 살아날 길이 있다구요?

운동량 보존법칙

엘리는 엄마가 야근으로 퇴근이 늦어지는 날이면 종종 울리네 집에서 저녁 시간을 보내곤 한다. 오늘도 그런 날이었다. 엘리와 울리는 저녁을 다 먹은 후 어린 시절 추억 얘기를 나누다가 영화를 한 편 보기로 했다. 유난히 SF(공상과학)영화를 좋아하는 엘리가 우주탐사 영화를 골랐는데, 둘은 재미있게 보면서도 어떤 궁금증이 생겼다. 다음날 엘리와 울리는 바리 교수를 찾아갔다.

바리 엘리가 공상과학영화를 좋아한다고?

엘리 네~ 근데 공상과학영화의 배경은 꼭 우주에 어마어마한 우주선을 보낼 수 있는 최첨단 미래시대인데, 우주선이 고장 나고 누군가는 우주선을 고치러 나갔다가 생명줄인 우주선과의 연결선이 끊어져서 우주미아가 되고 그러더라구요.

바리 하하, 그렇네~ 우주에 나가보지 않았으니 예측할 수 없는 일들이 생길 수도 있겠지. 또 그래야 영화의 스토리가 이어질 거고 말이야.

엘리 근데 진짜 저 상황이 되면 얼마나 무서울까요? 완전 우주미아가 되어서 굶어 죽는 거잖아요. 생각만 해도 끔찍해요.

울리 굶어 죽기 전에 산소가 떨어질 것 같아요. 저런 상황에서 뭔가 해볼 수 있는 방법은 없을까요?

바리 음…. 너희, 아주 미끄러워서 도저히 걸을 수 없는 빙판의 한가운데에 있는 사람이 빙판 밖으로 나올 수 있는 방법은 뭐가 있을 것 같니? 갖고 있는 물건은 아무것도 없다고 가정하고 말이야.

엘리 아, 저 이 문제 본 적 있어요! '나가고 싶은 방향의 반대 방향으로 옷을 던진다'가 답 아닌가요?

울리 뭐? 그러다 나오기 전에 얼어 죽는 거 아니야? 히히- 하긴 대책없이 가만히 앉아서 얼어 죽는 것보다는 낫겠네. 아, 옷을 벗어 던지지 말고 호흡을 이용하는 것은 어떨까요? 나가고 싶은 방향의 반대 방향으로 숨을 확~ 내쉬는 거죠.

바리 오~ 좋은 생각이야. 하하-

울리 그럼 영화의 상황에서도 어차피 우주미아가 될 거라면 산소통이라도 던져봐야 하지 않을까요?

엘리 근데 산소통을 던지면 얼마만큼이나 갈 수 있는지 어떻게 알아요? 산소통이 없으면 숨을 참아야 하는 건데, 기껏 우주선 가까이 왔는데 질식사하면 억울하잖아요?

바리 마찰이 없는 곳에서 들고 있던 물건을 던질 때의 운동을 차근히 생각해봐야지. 지금 너희들은 마찰이 없는 곳에서 물건을 던지면 사람은 물건을 던진 반대 방향으로 운동할 거라는 것은 알고 있는 거잖아.

울리 작용·반작용의 법칙을 배웠으니 알아야죠, 에헴. 물건에 힘을 가한 만큼 물건도 사람한테 힘을 가할 거잖아요. 반대 방향으로 말이죠. 힘을 받으면 가속운동을 해야 하고요.

바리 좋아, 그럼 물건을 던지기 전에 사람과 물건 전체에 작용한 알짜힘은 얼마고, 물건을 던진 후의 알짜힘은 또 얼마일까?

울리 물건을 던지기 전에는 가만히 물건을 들고만 있는 상태여서 사람과 물건의 운동 상태에 변화가 없으니 전체에 작용한 알짜힘은 0이겠죠.

엘리 물건을 던진 후에도 물건과 사람에 작용한 알짜힘은 0이네요. 물건에 작용한 힘과 사람에 작용한 힘은 크기가 같고 방향은 반대니 더해주면 0이니까요.

울리 아~ 물건과 사람 각각에는 힘이 작용하지만, 물건과 사람을 묶어서 생각하면 작용하는 힘이 없는 거구나!

바리 그렇지. 물건에는 작용(F), 사람에는 반작용($-F$), 사람과 물건에는 작용과 반작용이 함께 작용하고 있으니 알짜힘이 0이지.

울리 근데 작용하는 힘이 없으면 원래의 운동 상태를 유지해야 하잖아요? 하지만 던져진 물건도 움직이고, 이때 사람도 움직이니까 원래의 운동 상태를 유지하는 게 아니지 않나요?

바리 '힘이 작용하지 않으면 운동 상태가 유지된다'가 '운동량의 변화가 없다'와 같은 의미라는 걸 생각해보렴.

울리 물건이 던져지기 전에는 운동량이 0이었다가 던져진 후에는 운동량이 생겼으니 운동량의 변화는 있잖아요.

바리 물건 하나만 생각하면 운동량이 변했다는 울리 말에는 아무 문제가 없어. 사람과 물건 전체에 작용한 힘이 없는 거지, 물건에 작용한 힘이 없는 것은 아니니까 말이야. 물건을 던짐으로써 물건의 운동량이 생겼고 사람의 운동량도 생겼지. 이때 물건의 운동량과 사람의 운동량은 크기는 같고 방향은 반대고 말이야.

울리 아하, 물건을 던진 후에 사람과 물건의 총 운동량이 0이어서 결과적으로 운동량의 변화가 없다는 뜻이군요.

엘리 그래서 물건에 작용하는 힘, 사람에 작용하는 힘, 물건과 사람 전체에 작용하는 힘으로 나눠서 설명하신 거고요.

바리 맞아. 이런 경우를 '운동량 보존법칙'이라고 하는데, '외부에서 가하는 힘이 없으면 운동량은 보존된다'는 것을 의미하지.

엘리 '외부'를 강조하는 이유가 있나요?

바리 물리학에서는 외부에서 작용하는 힘을 '외력external force'이라고 부르는데, 사람과 물건을 하나로 봤을 때 사람에 작용하는 힘과 물건에 작용하는 힘은 늘 작용과 반작용의 관계에 있어서 상쇄되니까, 운동량을 계산할 때는 사람과 물건의 외부에서 작용한 힘만 고려하면 되기 때문이지.

울리 사람과 물건 사이에 작용하는 힘은 내부 힘, 즉 '내력internal force'이라는 거군요.

엘리 그럼 마찰이 없는 빙판에서 물건을 던질 경우에 사람과 물건은 중력을 받고 있으니 외력이 있는 거 아닌가요?

울리 바닥이 받쳐주는 수직항력도 있고요.

바리 지구중력이나 수직항력은 외력이긴 한데 서로 상쇄되니까 역시 외부에서 가하는 알짜힘은 없는 거란다.

울리 아~ 근데 운동량 보존법칙은 관성의 법칙하고 비슷하네요? 관성의 법칙도 '힘을 받지 않으면 운동 상태가 변하지 않는다'는 거잖아요?

바리 예리한데? 기본은 같은 거야. 관성의 법칙을 설명할 때도 잠깐 얘기했지만, 관성의 법칙은 관성계를 정의하기 위한 법칙이라는 것을 기억해두면 좋아. 관성계, 비관성계에 대해서는 나중에 다시 알려줄게! (1권 27화 참조)

엘리 운동량이 보존된다는 것을 이용하면 문제 풀기는 쉬울 것 같아요.

바리 그래~ 작용·반작용의 관계에 있는 여러 개의 물체가 있다고 할 때, 전체에 작용하는 알짜힘은 0이지만 각 물체는 운동하고 있는 경우 등에 운동량 보존법칙이 특히 유용하게 적용될 수 있지.

울리 우주미아가 될 처지에 놓인 경우로 자세히 설명해주세요.

바리 우주인이 실제 산소통을 메고 있지는 않지만 산소통을 메고 있다고 가정하고, 그 산소통을 던지기 전후의 운동량을 생각해보자. 우주인과 산소통 사이에 작용·반작용은 있지만 외력은 없는 상황이라면 말이야.

엘리 산소통을 던지기 전에는 우주인이 산소통을 메고 가만히 떠 있으니 속도가 0이어서 운동량도 0이었을 거예요. 또, 운동량은 보존되어야 하니 산소통을 던지고 난 후에도 운동량은 0이어야 하겠죠.

울리 다시 말하면 산소통을 던지고 난 후 우주인의 운동량과 산소통의 운동량의 합이 0이 돼야 해요.

바리 그래. 더 구체적으로 계산해보기 위해 우주인의 질량은 60kg,

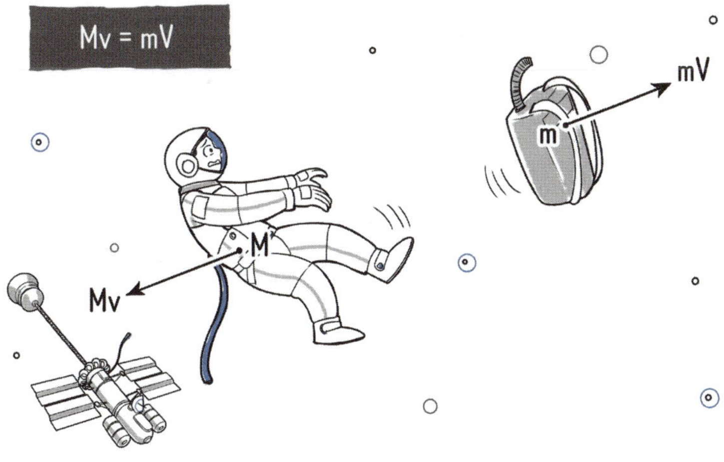

산소통의 질량은 10kg, 그리고 우주인이 산소통을 12m/s 속력으로 우주선 반대 방향을 향해 던졌다고 가정해보자. 산소통을 던진 후 우주인의 속도는 어떻게 될까?

울리 운동량은 '질량×속도'니까, 산소통의 운동량은 우주선이 있는 방향의 반대 방향으로 120kg·m/s가 될 테고, 우주인의 운동량은 우주선이 있는 방향으로 역시 120kg·m/s가 되어야 하겠네요.

엘리 그리고 우주인의 속도를 구하기 위해선 운동량(120kg·m/s)을 우주인의 질량(60kg)으로 나눠야 하니, 우주인의 속도는 우주선이 있는 방향으로 2m/s가 되는 거고요.

바리 잘했어~ 이제 문제는 시간이지. 숨을 참을 수 있는 시간 말이야. 이 우주인이 2분간 숨을 참을 수 있다고 하면, 곧 120초니까 만약 이 사람이 우주선과 240m 정도 떨어진 곳에서 생명줄이 끊어졌을 경우라면 산소통을 던져 움직이는 것이 생존을 위해 해볼 만한 시도가 될 수 있을 거야.

울리 근데 실제로 우주인들이 산소통을 등에 메고 있지 않으면 산소는 어떻게 공급받아요?

바리 산소는 보통 우주복 안에 채워져 있는데, 그 양이 우주선 밖에서 10시간은 버틸 수 있는 정도라고 하는구나. 요즘 영화를 보면 마치 의자에 앉듯이 추진 장치에 앉아서 우주를 유영하는 우주인들의 모습도 나오던데, 그건 질소를 내뿜을 수 있는 장치라고 해. 질소를 내뿜으면서 그 반작용을 이용해 원하는 위치로 이동하는 원리지. 이 추진 장치로 25m/s의 속력을 낼 수 있다니, 대단하지?

엘리 상상만 해도 무서운데, 한편으로는 멋있기도 해요~

바리 하하, 나도 그래~ 참, 그리고 아까 외력이 작용하지 않으면 운동량은 항상 보존된다고 했는데, 이는 두 물체가 충돌할 때도 적용된단다. 충돌은 두 물체 사이의 작용과 반작용만 있고 외력은 없는 상황이거든. 그래서 운동량 보존법칙은 충돌 문제를 풀 때 아주 유용하지.

바리 교수의 물리노트 17

- 운동량 보존법칙: 외력external force이 작용하지 않으면 운동량은 항상 보존된다.
- 물체들 간의 작용·반작용은 서로 상쇄되어, 외력이 없는 한 물체들 전체에 작용하는 알짜힘은 항상 0이다.
- 물체들이 충돌할 때 이 물체들의 총 운동량은 보존된다.

18 이렇게 힘든데 일을 한 게 아니라구요?

일

울리 부모님이 아침 일찍 함께 나가야 할 일이 생겼다며 울리를 새벽같이 깨우셨다. 얼결에 일어나 아침을 먹고 해도 뜨지 않은 시간에 등교 준비를 마쳐버린 울리는, 한 시간 남짓 생긴 여유 시간 동안 뭘 할까 고민에 빠졌다. 그때 소파 옆 구석에 놓인 아령이 눈에 들어왔다. 며칠 전 엄마가 처진 팔뚝 살을 뺀다며 사두신 것인데, 울리는 이 아령을 들고 만세 자세도 해보고 비행기 자세도 조금 해보다가 힘이 들어 그냥 학교나 일찍 가야겠다고 생각하며 집을 나섰다.

바리 울리야~ 오늘은 왜 이렇게 일찍 학교에 가니?

울리 어? 아줌마는 새벽부터 화단에 물을 주고 계시네요~ 오늘은 엄마, 아빠가 모두 아침에 일찍 나가셔야 한다고 저를 새벽부터 깨워 아침을 먹이셨어요. 일찍 학교 가도 할 일은 없지만 집에 혼자 있다가 또 잠들기라도 하면 지각할 것 같아서요. (바리 교수의 팔을 보며) 근데 아줌마는 팔뚝에 살이 없으시네요? 매일 화단 일을 하셔서 그런가요?

바리 뭐~어? 하하하. 갑자기 웬 팔뚝 살 얘기니? 나도 있지 왜 없어. 가끔 실내 암벽을 타면서 관리하긴 하지~

울리 실내 암벽이요? 와우~ 멋있는데요? 힘들지 않으세요? 그거 하면 팔뚝 살 없어져요?

바리 힘들지. 그래서 팔뚝 살은 없어지고 알통 근육이 생겨~ 다리에도 근육이 많이 붙어서 각선미도 좀 망치고 말이야. 하하- 울리 너 나랑 악수 한번 해볼래?

울리 갑자기 왜 악수를요?

바리 일단 해봐~ (악수를 하며) 느낌이 어때?

울리 헉! 아줌마 손바닥이 무슨 공사장에서 일하시는 분들 손 같아요.

바리 그렇지? 암벽을 맨손으로 타거든. 그래서 굳은살이 많이 생기지. 가끔 사포로 밀어주는데도 세수할 때 이 굳은살에 얼굴이 긁히기도 한단다.

울리 으아~ 보이는 것처럼 험한 운동이군요. 저희 엄마는 처진 팔뚝 살 없애신다고 매일 아령으로 운동하시더라고요. 그래서 저도 해봤더니 처음에는 쉬운데 오래 하니까 팔이 부들부들 떨리며 힘들던데요.

바리 아령을 이용해도 효과가 있겠지. 같은 동작을 여러 번 반복해야 해서 재미는 없지만 말이야. 아령 얘기하니 '일'에 관해서 얘기하고 싶어지네. 시간 좀 있지?

울리 아직 시간 많이 남았어요. 저한테 시키실 일이 있으세요?

바리 아, 그게 아니고, 물리학에서 일은 어떻게 정의되는가를 알려주고 싶어서.

울리 물리학에서의 '일'이요? 우리가 일상에서 쓰는 일과 의미가 다른가요?

바리 가령 실내 암벽은 거기에 가만히 매달려만 있어도 무지 힘든데, 사실 이런 경우 과학적으로는 일을 한 것이 아니야. 역도 선수가 역기를 들고 서 있기만 하는 경우도 일을 한 것이 아니고, 벽을 열심히 밀어서 온몸에 힘이 다 빠졌을지라도 그 벽이 움직이지 않았다면 이 역시 일을 한 게 아니거든.

울리 일의 정의가 뭐기에 그렇죠?

바리 어떤 물체가 일정한 힘을 받아서 움직였다면, 이때의 일은 '움직인 방향과 나란한 방향으로 작용한 힘 × 움직인 거리'야. 암벽에 매달려 있거나 역기를 들고 서 있거나 미동 없는 벽을 미는 것은, 힘은 들어도 움직인 거리가 없어서 아무 일도 하지 않은 거란 뜻이지.

울리 그럼 아령을 들고 서 있는 것도 일을 하지 않은 거네요? 아령을 들고 걸어다녀야 일을 한 건가요?

바리 아~니. 그것도 '아령을 들고 있는 힘'은 일을 하지 않은 거야.

울리 힘도 있고 움직인 거리도 있는데요?

바리 일의 정의를 충족하기 위해서는 '움직이는 방향과 나란한 방향으로 작용하는 힘'이 있어야 하거든. 아령을 들고 차렷 자세로 걷는 경우 아령을 들고 있는 데 필요한 힘은, 아령의 무게와 크기는 같지만 방향은 위쪽이니 걷는 방향과는 직각인 거잖아? 다시 말하면 아령을 들고 걷느라 팔은 아플지라도 아령을 들고 있는 힘 자체는 일을 하지 않은 거지.

울리 아, 걷는 방향으로 작용하고 있는 힘은 지구가 밀어주는 힘인데, 그건 아령을 들고 있는 힘과는 아무 관계가 없는 거네요.

바리 그렇지. 그럼 만일 아령을 바닥에 놓고 수평으로 밀어서 아령이 앞으로 움직였다면 어떨까?

울리 일을 한 거죠. 아령에 힘을 가해서, 힘이 가해진 방향으로 아령이 움직인 거니까요.

바리 맞아. 그럼 아령이나 역기를 들어 올렸다면?

울리 그것도 일을 한 거네요. 움직이는 방향으로 작용한 힘도 있고, 움직인 거리도 있으니까요.

바리 잘했어. 과학적 일이라고 하면 그렇게 항상 움직이는 방향과 나란한 방향으로 작용한 힘, 그리고 움직인 거리를 생각하렴. 이제 조금 더 정밀하게 일을 다루어볼까?

울리 정밀하게요? 지금까지는 대충한 것이었어요?

바리 지금까지의 설명만 들으면 마치 움직이는 방향으로만 힘이 작용해야 일이 있는 것이라고 오해할 수도 있거든. 예를 들어 진공청소기로 청소를 하는 경우, 과학적 일이 있을까, 없을까?

울리 청소기가 움직이는 방향과 직각이 되게 청소기를 미는 것은 아니니까 일이 없지는 않을 것 같아요.

바리 아주 좋은 논리야. 청소기가 움직이는 방향과 수직한 방향으로 힘을 가하는 것이 아니니 분명 일을 하는 건데, 그렇다고 움직이는 방향과 나란한 방향으로 힘을 가하는 것도 아니잖아? 문제는 이런 경우에 일은 얼마만큼 한 것인가 하는 거지.

울리 움직인 방향과 나란한 방향으로 작용한 힘, 그리고 움직인 거리를 알아야 일을 구할 수 있는데, 이런 경우에는 정보가 부족한 것 같아요. 일단 청소기에 가한 힘의 크기와 방향을 정확히 알아야 하잖아요.

바리 힘을 분해할 수 있다는 뜻이겠지? 수평 방향과 수직 방향으로 말이야.

울리 그럼요~ 청소기에 가해진 힘을 빗변으로 하는 직각삼각형을 만들면 밑변 벡터와 높이 벡터로 분해할 수 있으니까요~ 헤헤-
(1권 11화 참조)

바리 배운 것을 잘 기억하는 것을 보니 머지않아 과학 성적이 올라갈 것 같구나~ 하하.

울리 그렇게 되면 정말 좋겠어요~

바리 청소기에 작용하는 힘을 정확히 표현하기 위해, 일정한 힘의

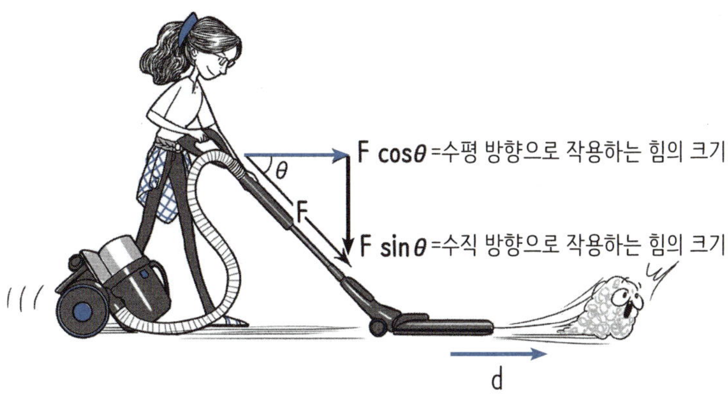

크기를 F, 힘과 바닥이 이루는 각을 θ(세타), 그리고 수평 방향으로 움직인 거리를 d라고 하자. 네 말대로 힘 F를 빗변으로 하는 직각삼각형을 그림처럼 그리면, 수평 방향으로 작용하는 힘의 크기는 $F\cos\theta$, 수직 방향으로 작용하는 힘의 크기는 $F\sin\theta$가 되지.

울리 여기서 '수평 방향으로 작용한 힘($F\cos\theta$)×움직인 거리(d)'를 하면, 일은 $Fd\cos\theta$가 되네요.

바리 맞아. 지금까지 설명한 일을 수학적으로 표현하니 아주 간단하지? 그리고 또 새로운 개념을 공부해야 하는데, 흠…. 괜찮을까? 알려주기가 망설여지네.

울리 제가 한 번에 모두 이해할 거라고 생각하지 않으실 테니 그냥 식 구경이라도 시켜주세요. 헤헤-

바리 아주 긍정적인 태도구나. 하하- 좋아! 힘과 움직인 거리는 모두 벡터여서 물리적 일은 두 벡터를 곱한 것이 돼. 이때 방향을 갖고

<삼각비값>

θ	30°	45°	60°
$\sin\theta$	$\frac{1}{2}$	$\frac{\sqrt{2}}{2}$	$\frac{\sqrt{3}}{2}$
$\cos\theta$	$\frac{\sqrt{3}}{2}$	$\frac{\sqrt{2}}{2}$	$\frac{1}{2}$
$\tan\theta$	$\frac{1}{\sqrt{3}}$	1	$\sqrt{3}$

있는 벡터를 곱하는 방법 중 일의 정의에 쓰이는 것을 '스칼라곱scalar product' 또는 '내적inner product'이라고 한단다. 벡터 2개가 곱해진 결과가 스칼라기 때문이지. 스칼라는 온도나 길이 등 크기만으로 결정되는 양을 의미하고, 벡터는 알다시피 크기와 방향으로 결정되는 양을 의미한다고 했잖아. (1권 11화 참조)

울리 아, 일은 '방향이 없는 스칼라'라는 거군요.

바리 맞아. 그래서 일정한 힘($\vec{F}$)이 작용하여 위치의 변화(변위 $\vec{d}$)가 생겼을 때 한 일(W)은 수학적으로 두 벡터 $\vec{F}$와 $\vec{d}$의 스칼라곱인 $W=\vec{F}\cdot\vec{d}$로 정의해. 여기서 가운뎃점은 그냥 '닷dot'라고 읽는데, 스칼라곱이라는 뜻이야. 생소하지?

울리 네~ 아주 많이요.

바리 그냥 기호의 약속이라고 생각하면 돼. 두 벡터 사이에 가운뎃점이 있으면 스칼라곱을 의미하는 거라고 말이야. 기호들은 자꾸 보고 사용하면 익숙해지니 걱정하지 않아도 돼~ 그리고 이미 구해본 것처럼 $W=\vec{F}\cdot\vec{d}=Fd\cos\theta$인데, 여기서의 θ는 힘과 변위의 사잇각이야. 지금 잘 모르겠으면 그냥 넘어가버려도 돼.

울리 네~ 모르는 건 넘어갈게요~ 히히- 근데 일의 단위는 뭐예요?

바리 아 참, 중요한 것을 빼먹었구나. 먼저 청소기로 청소할 때 한 일을 수치를 넣어서 한번 계산해보자. 계산하기 쉽도록, $F=50\text{N}$, $\theta=60°$, $d=2\text{m}$라고 하면 $\cos 60°=\frac{1}{2}$이니 일은 $Fd\cos\theta=50\,\text{N}\cdot\text{m}$이 되겠지?

울리 아~ 일의 단위는 N·m군요. 힘과 거리를 곱한 거니까 생각해보면 당연하네요.

바리 그렇지? 이 N·m라는 단위를 부르는 명칭이 J(줄joule)인데, 19세기 영국 물리학자 제임스 줄James Joule의 이름에서 따온 거야. 제임스 줄은 일과 열량의 관계를 찾는 데 일생을 바친 학자인데, 그 공을 기리기 위한 명명인 거지. (2권 26화 참조)

울리 마치 힘의 단위를 N(뉴턴)이라고 부르는 것처럼요?

바리 그렇지. J은 에너지 단위기도 해서, 1J=1N·m라는 것은 물체를 1N의 힘으로 1m 이동시키는 데 필요한 에너지가 1J이라는 것을 의미하기도 한단다.

울리 아, 일의 단위와 에너지의 단위가 같군요~

바리 여기서 중요한 점을 하나 더 얘기해야 하는데…. 일이 음수(−)로 나타날 수도 있다는 거야.

울리 일은 에너지인데 음수라는 것은 또 뭐예요? 뭔가 갈수록 어려워지는 것 같아요….

바리 예를 들어 경사를 내려가는 자동차는 브레이크를 밟은 채 내려가는 것인데, 브레이크는 자동차가 내려가는 방향의 반대 방향으로 힘이 작용하는 거잖아? 이것을 앞에서 설명한 식으로 표현하자면, $\theta = 180°$고, $\cos 180° = -1$이니까 결과적으로 일은 음(−)의 값을 갖게 되지.

울리 음…. 그래도 음(−)인 일이라니, 여전히 이상해요~

바리 그건, '작용하는 힘'이 '움직이는 방향'과 만드는 각이 $0 \leq \theta < 90°$일 때는 일이 양(+)의 값을 갖지만, $90° < \theta \leq 180°$일 때는 일이 음(−)의 값을 갖게 되기 때문이야.

울리 오늘은 아침부터 공부를 너무 많이 했어요. 학교 가서 좀 쉬어야겠어요. 히히-

바리 작용하는 힘이 일정하지 않은 경우의 일을 구하려면 적분을 해야 하는데…. 그럼 그건 다음 기회에 공부해보도록 하자!

바리 교수의 물리노트 18

- 물체에 일정한 힘이 작용하여 움직였다면, '일'은 '물체가 움직인 방향과 나란한 방향으로 가해진 힘의 성분 × 움직인 거리'로 정의된다.
- 물체가 움직이는 방향의 반대 방향으로 힘이 작용하면, 이때의 일은 음(−)의 값을 갖는다.
- 스칼라곱scalar product(내적inner product): 두 벡터의 곱(•, 닷dot)으로 그 결과는 스칼라다.

  $\vec{\mathrm{A}} \cdot \vec{\mathrm{B}} = \mathrm{AB} \cos\theta$ (θ: $\vec{\mathrm{A}}$와 $\vec{\mathrm{B}}$의 사잇각)

- 일(W)은 작용한 힘($\vec{F}$)과 변위벡터($\vec{d}$)의 내적으로 정의된다.

  $W = \vec{F} \cdot \vec{d} = Fd\cos\theta$

19 맥주잔 슬라이딩 쇼에도 물리 법칙이 숨어 있다구요?

일-에너지 정리

친구 생일파티에 초대받은 울리와 엘리는 신나게 피자 레스토랑으로 향했다. 이미 도착한 친구 여럿이 큰 테이블을 차지하고 있어서 둘은 그 옆의 작은 테이블에 따로 자리를 잡고 앉았다. 인원이 모두 모이자 생일을 맞은 친구가 인기 피자 메뉴와 음료수들을 주문했다. 음료수가 먼저 생맥주잔처럼 생긴 큰 머그에 담겨 나왔는데, 멋지게 차려입은 웨이터가 테이블 한쪽 끝에 서더니 잔들을 하나씩 멋지게 슬라이딩시켜 먼 곳부터 차례로 정확하게 서브하는 것이 아닌가! 모두 놀라서 손뼉을 치며 환호했다. 그때 다른 테이블에서 쳐다보는 시선이 느껴졌다. 울리와 엘리는 소리가 너무 컸나 하는 뜨끔한 마음에 슬그머니 시선이 느껴지는 쪽을 돌아봤는데, 뜻밖에도 바리 교수가 미소를 띤 채 다가오고 있었다.

바리 울리야~ 엘리야~ 이렇게도 만나네?

울리 와! 아줌마도 피자 드시러 오셨어요?

바리 응~ 피자랑 맥주 한잔~

엘리 우린 친구 생일파티에 왔어요. 근데 아줌마, 웨이터가 음료수 잔들을 정확히 슬라이딩하는 거 보셨어요?

바리 그래~ 봤지. 슬라이딩이 그렇게 정확하고 멋질 수가 없더라~

울리 어떻게 그렇게 정확하게 원하는 위치까지 슬라이딩시킬 수 있을까요? 저것도 운동이니까 설명 가능한 거겠죠?

바리 정확하게 힘을 조절하는 것은 웨이터의 능력이지만, 전반적인 운동은 설명할 수 있지. 지난번에 일에 대한 정의는 얘기했으니까, 마찰력과 운동에너지에 대해서만 설명하면 가능한데….

엘리 에엑~ 울리가 또 혼자 아줌마네 갔었어요? 전 아줌마한테 일의 정의에 대해서 못 들었잖아요~

울리 아, 어쩔 수 없었어. 미안~

바리 후후. 친구 생일파티에 방해되지 않게 잠깐 내 테이블로 갈까?

엘리 네~ 걔넨 우리가 빠지면 더 많이 먹을 수 있다고 좋아할 거예요.

울리 이미 생일 축하도 하고 선물도 줬으니 잠시 없어져도 괜찮아요~

바리 (자리를 옮겨 앉으며) 자, 그럼 엘리가 없을 때 일의 정의에 대해 얘기했으니 울리가 일의 정의를 설명해보렴.

울리 물리학적으로 일은 물체가 움직이는 방향과 나란한 방향으로 작용한 힘과 움직인 거리를 곱한 것으로 정의한다고 하셨어요. 방향이 있는 물리량(벡터) 2개가 곱해져서 방향이 없어진다는 얘기도 하셨고요.

바리 좋았어. 그럼 마찰력을 생각해보자. 잔이 테이블 위를 미끄러져 가다가 멈추는 것은 잔이 움직이는 방향과 반대 방향으로 마찰력이 작용하기 때문인데, 이 마찰력의 크기는 물체가 받는 수직항력의 크기에 마찰계수를 곱한 것이란다.

엘리 그럼 테이블 표면과 잔 사이의 마찰계수를 알아야 하네요.

울리 잔이 받는 수직항력의 크기는 잔의 무게와 같은 거죠?

바리 그렇지. 그럼 이제 '운동에너지kinetic energy'를 생각해볼까? 운동에너지를 얻기 위해 오늘은 식이 좀 많이 나올 테니 가장 간단한 경우를 가정할게. 즉 힘을 준 방향과 움직이는 방향이 같아서 방향을 특별히 신경 쓰지 않아도 되는 경우 말이야.

엘리 일직선상에서 움직이는 것을 생각하면 되겠네요?

바리 그래. 그러면 속도나 가속도를 크기만 얘기해도 돼서 계산하기가 한결 수월하거든. 자, 일정한 힘 F가 가해져서 같은 방향으로 d만큼 이동했으면, 일 $W=Fd$지? 근데 힘 F는 질량 m인 물체가 가속도 a를 갖게 하니까, 여기에 $F=ma$를 넣어봐.

울리 하하하- $W=mad$! 일이 미쳤어요?

바리 하하- 그렇게 유머러스하게라도 기억할 수 있으면 나쁠 것 없지. 다시 본론으로 돌아가서, 일정한 힘이 작용한다는 것은 가속도가 일정하다는 것인데, 그럼 속도는 어떻게 되지?

울리 가속도 a가 일정하면 주어진 시간에 속도 변화가 일정하게 일어난다는 것이니, 속도는 가속도 a에 시간 t를 곱한 것과 같겠죠.

이는 곧 t초 후 물체의 속력이 at만큼 늘어난다는 의미고요.

바리 잊지 않았네. 그럼 움직인 거리는? 자유낙하운동에 대해 공부할 때 떨어진 거리를 구했던 것도 기억나지? 평균속력을 구해서 계산한 것 말이야. (1권 4화 참조)

엘리 아~ 땅콩 받아먹기 연습할 때라 기억나요. 움직인 거리는 평균속력(가속도×시간÷2 $=\frac{1}{2}at$)에 시간을 곱한 것과 같아서 $\frac{1}{2}at^2$이 되겠네요.

바리 그럼, 일정한 속력 v_0로 움직이고 있던 물체에 일정한 힘 F가 t초 동안 가해졌다면 물체의 속력 v와 움직인 거리 d는 어떻게 될까? 포물선운동을 생각해보면 되는데.

울리 일정한 힘 F에 의해 t초 후 속력이 at만큼 늘어나니까 '물체의 속력=일정한 속력+t초 후 속력', 즉 $v=v_0+at$가 되겠죠.

엘리 그리고 거리는 속력에 시간을 곱해서 구할 수 있으니, 힘이 작용하지 않았으면 t초 동안 v_0t만큼 갔을 거리를, 일정한 힘이 작용해서 $\frac{1}{2}at^2$만큼 더 가게 되는 거니까 $d=v_0t+\frac{1}{2}at^2$이 돼야 해요.

바리 아주 잘하네! 이제 '미친' 일 공식에 거리 d와 $at=v-v_0$를 넣어 정리해볼까? 식이 여러 줄 나오니까 이 냅킨을 이용하자.

$$W=mad=ma(v_0t+\frac{1}{2}at^2)$$
$$=mv_0(at)+\frac{1}{2}m(at)^2$$
$$=mv_0(v-v_0)+\frac{1}{2}m(v-v_0)^2$$
$$=\frac{1}{2}mv^2-\frac{1}{2}mv_0^2$$

울리 완전 새로운 식이 되어버렸네요.

바리 아주 깔끔하고 멋지지 않니?

울리 미친 일이 이제 제정신을 차린 건가요?

엘리 이그~ 근데 이 식은 무슨 의미예요?

바리 후후, 운동에너지를 얻으려고 복잡한 계산을 한 건데, $\frac{1}{2}mv^2$은 속력 v로 움직이고 있는 질량 m의 운동에너지를 가리킨단다.

울리 움직이는 물체는 속력의 제곱에 비례하는 운동에너지를 갖고 있다는 거군요.

바리 그래. 그리고 식을 잘 보면, 물체가 힘을 받아 한 일이 물체의 운동에너지 변화와 같다는 것을 알 수 있지. $\frac{1}{2}mv_0^2$은 물체가 힘을 받기 전의 운동에너지고, $\frac{1}{2}mv^2$은 힘을 받은 후의 운동에너지니까 말이야.

엘리 아, 그렇네요. 나중 운동에너지에서 처음 운동에너지를 뺀 게 운동에너지의 변화를 보여주는 거니까요.

바리 지금 우리는 한 가지 힘이 작용하는 경우에 대해서 구했지만, 만일 여러 가지 힘이 작용하는 경우라면 알짜힘을 구해서 넣으면 돼. 이 식은 '물체에 작용하는 알짜힘이 한 일은 물체의 운동에너지 변화와 같다'라는 '일-에너지 정리'가 된단다.

울리 힘의 방향과 같은 방향으로 움직이는 물체는 일에 의해 받은 에너지만큼 운동에너지가 증가한다고 생각하면 될까요?

바리 그렇지. 만일 일이 음(−)이라면, 물체는 에너지를 잃어서 운동에너지는 감소하게 될 것이고, 따라서 속력이 줄어들겠지.

엘리 일이 음(−)일 수도 있어요?

울리 지난번에 나 혼자 배운 게 다시 미안해지네. 움직이는 방향과 반대 방향으로 힘이 작용하면 일은 음(−)이 될 수 있대.

엘리 아~ 그래서 처음에 마찰력 얘기를 하신 거구나~ 그럼 이제 웨이터의 슬라이딩 묘기에 감춰진 물리학 원리에 대해 다룰 준비가 다 된 거죠?

바리 그런 셈이네. 늘 그렇듯이 숫자를 넣어가며 분석해보자. 웨이터가 정지해 있던 질량 1.5kg 잔을 12N의 힘으로 1m까지 가속시켰다고 가정하고, 테이블과 잔 사이의 마찰계수는 0.68이라고 하자. 문제는 이 잔이 어디에 가서 멈출 것인가 하는 거야.

엘리 1m 이후부터는 웨이터가 가한 힘이 없다는 뜻이죠?

바리 그래~ 이 문제는 두 구간으로 나눠서 봐야 해. ① 웨이터가 가한 힘과 마찰력이 작용하는 첫 1m 구간, ② 마찰력만 작용해서 결국 멈추는 첫 1m 이후 구간으로 말이야. 일단 마찰력의 크기부터 구해보렴.

울리 마찰력의 크기는 마찰계수와 잔의 무게를 곱하면 구할 수 있으니까, $0.68 \times 1.5\text{kg} \times 9.8\,\text{m/s}^2 \approx 10\text{N}$이네요.

엘리 웨이터가 가한 힘이 12N이니, 첫 1m 동안은 잔이 움직이는 방향으로 알짜힘 2N이 작용한 거네요. 마찰력은 움직이는 방향과 반대 방향으로 작용할 테니까요.

바리 그렇지. 결국 2N의 힘으로 1m를 간 것이니 한 일은 2J이고, 1m 지점에서 잔의 운동에너지도 바로 2J이야.

엘리 잔이 정지해 있었기 때문에 처음 운동에너지가 0이라 그런 거죠?

울리 알짜힘이 한 일은 운동에너지의 변화와 같은데, 처음 운동에너지가 0이니 나중 운동에너지가 바로 일인 셈이고요.

바리 어려워할 줄 알았는데 잘하네? 그럼 이제 마찰력만 작용하는 첫 1m 이후 구간의 운동을 생각해봐. 1m가 끝난 지점에서의 운동에너지는 2J인데, 이 에너지를 소모해서 마찰력을 극복하고 갈 수 있는 거리를 구하는 거야.

울리 10N의 힘으로 0.2m를 움직였을 때의 한 일이 2J이니까, 10N의 마찰력을 극복하면서는 0.2m밖에 못 갈 것 같은데요?

바리 일-에너지 정리를 이용해서 설명하면, ① 첫 1m 지점에서의 운동에너지는 2J인데, ② 잔이 손님 앞에 멈춘 순간의 운동에너지는 0이니까, ① 구간에서 ② 구간으로 이동하는 동안의 운동에너지의 변화는 -2J이 되지. 10N의 마찰력은 잔이 움직이는 방향의 반대 방향으로 작용하니 이때 마찰력이 한 일은 예상대로 음(−)이 되고 말이야. 따라서 마찰력이 한 일과 운동에너지의 변화가 같아야 하니, 결국 첫 1m 이후 구간에서 잔은 0.2m만

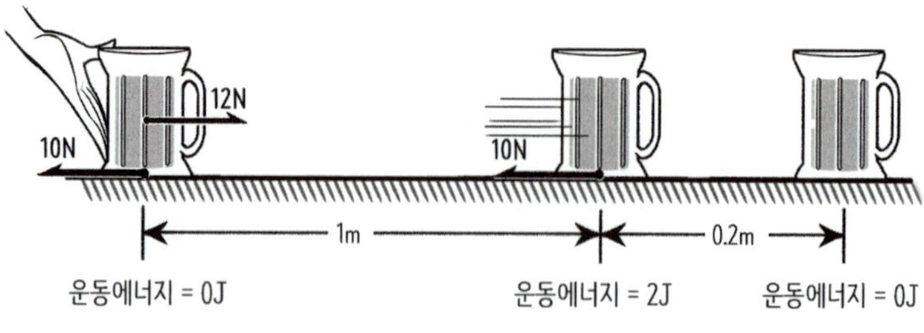

진행할 수 있다는 결론이 나오지.

울리 와~ 웨이터는 연습을 얼마나 했을까요? 어느 정도의 힘으로 밀면 어느 정도 거리에서 멈춘다는 것을 감각적으로 터득했다는 건데…. 대단한 것 같아요.

엘리 너 또 집에 가서 연습한다며 유리잔 좀 깨먹을 것 같다~

울리 어떻게 알았어? 넌 나에 대해 너무 많이 아는 것 같아!

바리 하하~ 하여튼 잊지 마~ 일-에너지 정리, '알짜힘이 한 일은 운동에너지의 변화와 같다.' 나중에 '역학적 에너지 보존법칙'이라는 개념을 공부할 때 꼭 필요한 정리니까~

울리 네~ 잊지 않도록 노력할게요.

엘리 우리 이제 애들한테 가보자. 아줌마, 다음에 또 봐요~

바리 교수의 물리노트 19

- 일-에너지 정리: 물체에 작용하는 알짜힘이 한 일은 그 물체의 운동에너지 변화와 같다.
- 알짜힘이 한 일 = 나중 운동에너지 − 처음 운동에너지
  = 운동에너지 변화
- 속도 v로 움직이는 질량 m의 운동에너지 $= \frac{1}{2}mv^2$
- 마찰력의 크기 = 물체에 작용하는 수직항력의 크기×마찰계수

20 줄에 매달려 날아오는 쇠공에 맞지 않으려면 움직이지 말라구요?

역학적 에너지 보존법칙

요즘 학교 친구들 사이에서 화제인 흥미로운 유튜브 영상이 하나 있는데, 내용은 이렇다. 한 선생님과 한 학생이 교단에 서 있고, 둘 사이 중앙 지점에는 천장에 고정되어 매인 줄 하나가 아래에 쇠공을 단 채 팽팽히 늘어져 있다. 영상 속 선생님이 학생에게 쇠공을 들었다가 놓아보라고 하며, 둘 다 이 공에 맞지 않을 것이라 설명한다. 설명을 들은 학생은 줄이 팽팽한 상태로 쇠공을 자신의 얼굴 부분까지 들어 올렸다가 놓는다. 그러자 반대편으로 스윙해서 간 쇠공은 선생님의 몸에 닿지 않고 돌아오는데, 아뿔싸! 그대로 학생의 턱에 충돌하는 것이 아닌가…. 영상 링크를 올린 사람은 이 실험에서 어떤 부분이 과학적으로 잘못되었는지 찾아보라고 했다. 아리송한 울리와 엘리는 바리 교수를 찾았다.

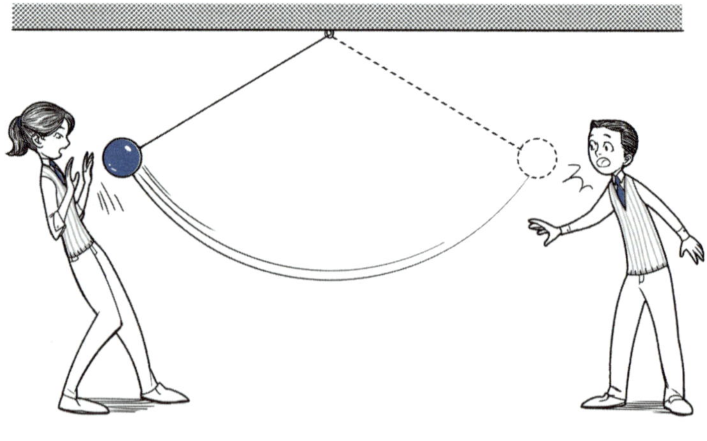

바리 (영상을 보며) 에쿠쿠-

엘리 이 학생 병원에 실려 갔을 것 같아요.

울리 근데 여기서 뭐가 잘못된 건가요? 몇 번을 봐도 잘 모르겠어요.

엘리 분명 중요한 과학 법칙이 들어 있는 것 같은데 말이죠.

바리 학생이 이렇게 쇠공에 맞게 된 이유로는 두 가지 가능성이 있는데, 하나는 학생이 처음에 쇠공을 그냥 놓지 않고 살짝이라도 밀었든지, 다른 하나는 학생이 공을 놓은 후 약간 앞으로 나왔든지일 거야. 영상을 자세히 보면 학생 얼굴이 앞으로 조금 나와 있는 것 같지 않니? 이 학생 아파서 고생 좀 했겠는데….

엘리 어? 그래요? 앞으로 움직였어요? (울리와 다시 영상을 확인한다.)

울리 정말 얼굴이 공을 던지기 전보다 약간 앞으로 나온 것 같기도 해요. 근데 과학적으로는 이 상황을 어떻게 이해해야 하죠?

바리 저 현상을 이해하려면, 지난번에 공부한 운동에너지 개념도 필요하고 새로 '위치에너지'라는 개념을 알아야 해.

울리 위치에너지가 뭔데요?

바리 영어로는 '퍼텐셜에너지potential energy'라고 해서 그냥 퍼텐셜이라고 부르기도 하는데, 힘이 작용하면 가속운동을 해서 위치가 변하잖아? 이런 경우 관여하는 에너지를 위치에너지라고 해. 힘이 작용하는 효과를 에너지로 표현하는 것이라고 할 수 있지. 지구중력에 의해서 떨어지는 물체는 높은 곳에서 지구 가까이로 위치를 바꾸는 거잖아? 이때 높은 곳은 중력위치에너지가 크고, 낮은 곳은 중력위치에너지가 작다고 정의하고 싶은 거야.

엘리 물체가 위치에너지가 큰 곳에서 작은 곳으로 움직인다고 하려고요?

바리 그런 셈이지. 지구중력 때문에 떨어지는 물체를 예로 들면, 떨어지는 물체는 점점 빨리 떨어지잖아? 가속운동을 하니까 말이야. 그럼 떨어지는 동안 운동에너지는 어떻게 변할까?

엘리 운동에너지는 속력의 제곱에 비례하니까 점점 커지겠죠.

바리 맞아. 다시 말해 떨어지는 물체의 위치에너지는 줄어들고, 딱 그만큼 운동에너지가 증가한단다.

울리 그럼 위치에너지와 운동에너지의 합이 항상 같나요?

바리 운동에너지와 위치에너지의 합을 '역학적 에너지mechanical energy'라고 부르는데, 마찰력이나 공기저항 같은 힘들이 없다면 역학적 에너지는 항상 일정하지. 이것을 '역학적 에너지 보존법칙'이라고 해.

울리 무슨 보존법칙이 그렇게 많아요? 운동량 보존법칙도 있잖아요?

바리 하하- 아직도 여러 가지 보존법칙을 더 배워야 하는데…. 중요한 것은 조건들이야. 언제 운동량이 보존되고, 언제 역학적 에너지가 보존되는지 하는 조건들 말이야. 오늘은 역학적 에너지에만 집중하자. 아직 중력위치에너지 설명도 다 못 했거든.

엘리 지난번에 일은 운동에너지의 변화와 같다고 하셨죠? 그럼 중력위치에너지는 중력이 한 일과 관계가 있을 것 같아요.

바리 맞아. 중력과 중력에 의해 떨어지는 물체의 위치 변화가 나란한 방향이니 일을 한 거지. 지구중력과 떨어진 거리 h를 곱한 값만큼 일을 했다는 거야. 물체에 작용하는 중력은 질량 m에 중력 가속도 g를 곱한 것과 같으니, 기호로 표현하면 중력은 mg, 중력이 한 일은 mgh가 되지.

울리 여기서 $g = 9.8\,\mathrm{m/s^2}$이고요~

바리 그렇지. 이렇게 중력이 한 일을 중력위치에너지의 변화로 표현하는데, 이 경우 물체가 떨어지면서 위치에너지가 줄어드는 것을 나타내기 위해 음(−)으로 정의한단다. 중력위치에너지의 변화가 $-mgh$라고 말이야.

울리 중력위치에너지의 변화는 여전히 나중 위치에너지에서 처음 위치에너지를 뺀 거죠?

바리 그렇지. 변화량은 항상 나중 값에서 처음 값을 뺀 것으로 정의하니까 말이야. 그러니까 높이 h에서 물체가 떨어져 바닥에 닿았을 때 위치에너지의 변화가 $-mgh$라는 것은 높이 h에서의 위치에너지가 바닥에서보다 mgh만큼 크다는 것을 의미하지.

엘리 바닥에서의 위치에너지는 0이고 높이 h에서의 위치에너지는 mgh라는 뜻인가요?

바리 그건 아니야. 위치에너지의 '변화'라는 것은 두 지점 간의 위치에너지 차이만을 알려준단다. 물론 지구 표면의 위치에너지를 0으로 잡을 수는 있어. 그러면 높이 h에서의 위치에너지도 mgh라고 할 수는 있지만, 이 역시 지구 표면보다 mgh만큼 크다는 것을 의미할 뿐이란다. (3권 7화 참조)

엘리 아~ 기준점이 꼭 지구 표면일 필요는 없는 거군요?

바리 응, 문제에 따라 편하게 기준점을 정하면 돼. 중요한 것은 '변화'거든. 예를 들어 다이빙하는 사람의 위치에너지를 다루고 싶을 때는 물 표면을 기준점으로 해서 표면으로부터 다이빙대까지의 높이를 표현하면 되는 거지.

울리 근데 중력위치에너지가 줄어든 딱 그만큼 운동에너지가 늘어난 것을 어떻게 알아요?

바리 이제 그 얘기를 해볼게. 방금 '중력이 한 일＝−중력위치에너지의 변화'라고 했는데, 지난번에 알려준 '일-에너지 정리'는 '알짜힘이 한 일＝운동에너지의 변화'였잖아? 둘을 잘 연결해보면 답이 있어.

엘리 음…. 알짜힘은 물체에 작용하는 모든 힘을 합한 건데, 지금은 공기저항은 무시하고 중력만 있는 상황인 거죠?

울리 그럼, 자유낙하운동을 하는 거니까 알짜힘이 그냥 중력이네요.

바리 그렇지. 이 경우 알짜힘이 한 일은 중력이 한 일과 같아서 '운동에너지의 변화＝−중력위치에너지의 변화'란 뜻이 되겠지.

울리 아~ 정말 위치에너지가 줄어든 만큼 운동에너지가 늘어나네요.

바리 '운동에너지의 변화＝−중력위치에너지의 변화'라는 것은 달리 말하면 '중력위치에너지의 변화＋운동에너지의 변화＝0'이라는 것이니, 위치에너지와 운동에너지의 합으로 정의되는 역학적 에너지는 변하지 않는다는 걸 알 수 있겠지?

엘리 네~ 그래서 역학적 에너지가 보존되는 거군요. 위치나 속력에 관계없이 역학적 에너지는 항상 같으니까요.

바리 그래. 단 저항이 없는 상황을 가정했다는 것을 잊으면 안 되고 말이야. 역학적 에너지가 보존되면 줄어든 위치에너지만큼 운동에너지가 늘어날 수 있고, 마찬가지로 줄어든 운동에너지만큼 위치에너지가 늘어날 수도 있는 거지.

엘리 그러면 아까의 영상에서처럼 줄에 매단 쇠공을 얼굴 높이까지 들었다 놓는 것도 비슷하게 설명할 수 있겠네요.

바리 맞아. 그 영상에 대해 설명하려고 역학적 에너지 보존법칙까지 설명한 거란다. 일단 위치의 기준을 쇠공이 가장 낮은 지점에 왔을 때로 잡고, 이 지점에서의 위치에너지를 0이라고 해보렴.

엘리 그럼 쇠공을 얼굴 높이에서 들고 있을 때는 중력위치에너지만 있고 운동에너지는 없는데, 손을 놓는 순간 위치에너지는 줄어들고 운동에너지는 늘어날 테고, 다시 제일 낮은 지점에 가서는 위치에너지는 없고 운동에너지만 있게 된다고 볼 수 있네요.

울리 근데 쇠공은 다시 올라가니까 또 위치에너지는 늘어나고, 대신

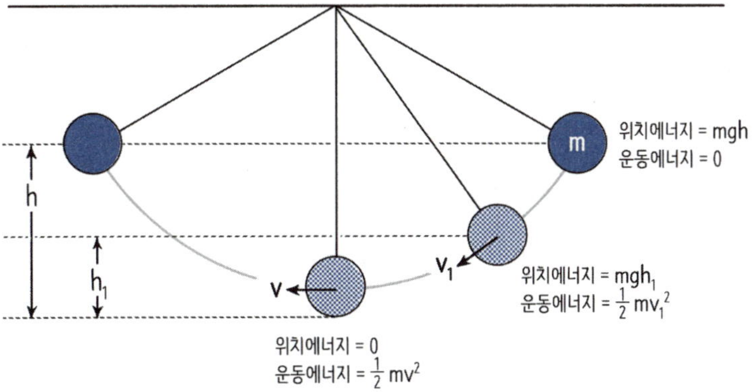

운동에너지는 줄어들고요.

바리 바로 그거야. 그럼 다시 올라간 쇠공은 얼마나 높이 올라갈 수 있을까?

울리 처음 높이까지밖에 못 가겠죠. 에너지가 그만큼밖에 없잖아요.

바리 맞아. 얼굴 높이에서 쇠공을 밀지 않고 그냥 가만히 놓으면, 절대로 처음 높이보다 더 높이 올라갈 수 없지. 처음에 쇠공이 갖고 있던 에너지는 얼굴 높이에서의 중력위치에너지가 전부니까 말이야.

엘리 공기저항을 무시하면 정확하게 얼굴 높이까지 왔다 갔다 하고, 실제 저항을 생각한다면 얼굴 높이까지 오지도 못하겠네요. 한편 처음에 공을 밀어서 보냈다면 운동에너지 때문에 역학적 에너지가 커져서 얼굴 높이보다 더 높은 지점까지 올라갈 수 있을 거고요.

울리 아하, 그래서 영상 속의 학생은 쇠공을 그냥 놓지 않고 밀었든지, 아니면 쇠공이 되돌아올 때 학생의 얼굴이 처음 위치에 있지 않고 앞으로 나와 있었든지 한 거라고 말씀하신 거군요.

바리 보통 단진자운동이라고 부르는, 줄에 매단 공을 흔드는 운동 실험은 역학적 에너지 보존법칙을 설명할 때 등장하는 단골 메뉴지. 근데 방금 얘기한 것처럼 실험할 때 주의할 것이, 절대 공을 밀면서 놓으면 안 된다는 것과, 실험자가 처음 위치보다 앞으로 나가 있으면 안 된다는 거야. 그래서 보통은 벽에 머리와 몸을 바짝 기대어 서 있고, 공은 정말로 조심해서 가만히 놓거든.

그렇게 하면 절대 다치지 않는 것이 물리 법칙이야. 똑같은 실험을 아주 극적이면서도 정확하게 한 물리학자가 계시지. MIT의 월터 르윈Walter Lewin 교수님인데, 유튜브에서 'mechanical energy conservation' 실험을 찾아보렴!(https://www.youtube.com/watch?v=mhIOylZMg6Q)

엘리 찾았어요~

울리 와~ 처음에는 유리 박스가 완전 박살나는 것을 보여주네요?

바리 극적 효과를 노리신 거지~ 그러곤 교수님이 그 자리에 서서 직접 멋지게 실험하시지? 물리 법칙을 알면 이렇게 절대 다치지 않을 거라는 확신을 가지고 실험을 할 수 있는 거란다.

바리 교수의 물리노트 20

- 지구 표면으로부터 높이 h인 곳에서의 중력위치에너지는 지구 표면의 중력위치에너지보다 mgh만큼 크다. (3권 7화 참조)
- 중력이 한 일 = −중력위치에너지의 변화
- 역학적 에너지mechanical energy = 위치에너지 + 운동에너지
- 역학적 에너지 보존법칙: 마찰력이나 저항력이 없을 때 역학적 에너지는 변하지 않는다.

21 번지점프 줄은 고무줄이라구요?

복원력/탄성위치에너지

아무리 아침에 깨워도 늦잠을 자기 일쑤인 울리가 어쩌다 일찍 학교에 가는 날이면 어김없이 집 앞에서 엘리를 만난다. 엘리는 출근하는 엄마와 항상 같은 시간에 집을 나서서 등교하기 때문이다. 오늘도 오랜만에 일찍 집을 나선 울리는 등굣길에 엘리를 만났다. 둘은 어젯밤 인기 TV 오락 프로에서 방영한 연예인들의 번지점프 게임에 대해 이야기하기 시작했다. 대화가 길어지면서 둘은 문득 '번지점프도 물리와 관계가 있을까?' 하는 궁금증이 들었다. 울리와 엘리는 그 날 방과 후에 함께 만나서 바리 교수의 집으로 향했다.

엘리 아줌마~ 아줌마는 번지점프 해보셨어요? 전 못할 것 같아요. 보기만 해도 무서워요.

바리 하하, 아줌마도 그래. 원리는 알아도 직접 해보진 못하겠구나. 생각만 해도 울렁거리는데~

울리 예전에 저희 삼촌이랑 숙모가 번지점프를 했다는데, 숙모는 멀쩡하고 삼촌은 토하고 난리였대요.

엘리 어? 정말? 숙모가 강심장이신가 보다.

울리 정말~ 근데 번지점프 줄이 고무줄처럼 출렁거렸대. 그래서 삼촌은 속이 울렁거렸다더라고. 아줌마, 정말 고무줄을 쓰나요? 단단한 줄을 쓰지 않고요?

바리 후후, 이 경우도 우리가 배운 물리 법칙과 관계가 있는 것 같구나.

엘리 흠…. 혹시 충격량인가요?

울리 시간! 시간을 늘려서 충격을 작게 하려는 것 같아요.

바리 아니, 잊지 않고 기억하다니! 만일 줄이 잘 늘어나지 않는다면, 줄이 떨어지다가 팽팽해지는 지점에 왔을 때 갑자기 멈출 테니까 발목과 몸에 큰 충격이 가해질 거야. 따라서 충격이 적으려면 운동량의 변화가 천천히 일어나야 하겠지? (1권 15화·16화 참조) 이 원리 때문에 실제 번지점프 줄은 탄성이 아주 좋은 고무 재질로 만든다고 해.

엘리 그래도 충격이 크고 속도 울렁거릴 것 같아요~

바리 원리를 아는 것과 몸이 받아들이는 것은 다른 문제니까~ 나도 번지점프하면 아마 토할 것 같은 걸? 후후. 이왕 번지점프 얘기가 나왔으니 오늘은 그럼 번지점프 줄의 탄성계수를 구해볼까?

울리 탄성계수요? 얼마나 탄력이 좋은가를 알려주는 개념인가요?

바리 그렇다고 볼 수 있지. 탄성계수는 '용수철상수' 또는 '힘상수'라고도 해.

엘리 용수철상수는 들어봤어요.

바리 그래? 못 들어봤어도 상관없는 것 알지? 지금 들어서 알면 되니까~ 먼저 용수철의 한쪽 끝을 왼손으로 고정하고 다른 쪽 끝을 오른손으로 잡은 채 오른쪽으로 잡아당기는 상황을 생각해봐. 오른손은 용수철이 왼쪽으로 당기는 힘을 느낄 거고, 이렇게 한참 당기다가 가만히 오른손을 놓으면 용수철은 바로 제자리로 돌아가려 하겠지? 이렇게 원래 자리로 돌아가려는 힘을 용수철의 '복원력'이라고 해.

울리 아~ 어릴 때 고무새총을 자주 갖고 놀았는데, 줄을 잡아당겼다가 잘못 놓치면 손이 엄청 아팠던 기억이 있어요. 제가 복원력을 경험한 건가요?

바리 하하- 그렇네. 고무줄이나 용수철처럼 탄성이 좋은 물질들은 가해진 힘이 아주 크지 않으면 가해진 힘에 비례해서 길이가 변하는데(이것을 '훅의 법칙Hooke's law'이라고 한다), 이때 가해진 힘과 길이 변화 사이의 비례상수를 '용수철상수spring constant'라고 해. 그리고 가해진 힘은 용수철의 '탄성력'이라고 부르기도 하고 말이야.

울리 그럼 용수철상수는 물질마다 다르겠네요?

바리 그렇지. 물질이 얼마나 탄력적인가를 나타내는 것이니 물질마다 다른 값을 갖지. 기호를 사용해서 표현하면, 힘 F를 가해 용수철의 길이가 x만큼 늘어난 경우, $F=kx$라고 쓸 수 있고, 여기서 k가 용수철상수야. 오른손으로 잡아당겨 x만큼 늘어난 용수철을 가만히 놓으면 용수철은 복원력 $-kx$에 의해 제자리로 돌아가게 되고 말이야.

엘리 음(−)으로 표현한 것은 왼쪽으로 간다는 뜻이겠죠?

바리 맞아. 힘은 방향이 중요한데, 직선 운동을 하니까 오른쪽 방향을 양(+)으로, 왼쪽 방향을 음(−)으로 잡은 거지.

엘리 결국 손이 용수철을 당기는 힘인 탄성력(kx)과 용수철이 손을 당기는 힘인 복원력($-kx$)은 작용·반작용이군요.

울리 아~ 스프링 익스펜더로 운동할 때 손잡이를 몸 바깥으로 세게 당길 수 없는 이유가 바로 이 복원력 때문이군요. 어찌나 양손을 안쪽으로 세게 당기는지 정말 힘들거든요.

바리 맞아. 울리는 복원력을 많이 체험해봤구나. 그럼 이 복원력이 제자리로 돌아가면서 한 일은 얼마일까?

울리 힘의 방향과 용수철이 움직인 방향이 같으니, 일은 힘과 움직인 거리를 곱해서 kx^2이죠!

바리 그럴까? 힘은 일정하지 않고 늘어난 길이에 따라 변하는데? 자유낙하운동 문제에서 떨어진 거리를 구할 때도 비슷한 상황이었지. 속력이 시간에 비례해서 변했잖아.

울리 아하~ 평균을 내야 하는군요. 그럼 $\frac{1}{2}kx^2$이 되겠네요~

바리 맞았어. 그럼 위치에너지의 변화는 얼마가 되지?

울리 이럴 때도 위치에너지란 말을 써요?

바리 지난번에 얘기했듯이 위치에너지는 중력이 있을 때만 사용하는 것이 아니고, 탄성력·전기력 같은 힘이 일을 할 때도 위치에너지를 정의할 수 있어. 탄성력이 한 일에 대해서는 탄성위치에너지, 전기력이 한 일에 대해서는 전기위치에너지라고 하지.

엘리 그럼 '중력이 한 일 = −중력위치에너지의 변화'니까, '탄성력이 한 일 = −탄성위치에너지의 변화' 아닌가요?

울리 오~ 그럴듯하다. 그럼 진짜 탄성위치에너지의 변화가 $-\frac{1}{2}kx^2$인가요?

바리 맞아. 나중 탄성위치에너지에서 처음 탄성위치에너지를 뺀 것이 $-\frac{1}{2}kx^2$인데, 나중 위치는 용수철이 제자리로 돌아온 위치니까 x만큼 늘어났을 때의 탄성위치에너지는 늘어나기 전보다 $\frac{1}{2}kx^2$만큼 크다는 뜻이겠지.

엘리 여기서도 용수철이 늘어나지 않았을 때의 위치를 기준점으로 잡고, 탄성위치에너지를 0이라고 하면, x만큼 늘어난 용수철의 탄성위치에너지는 $\frac{1}{2}kx^2$이라고 해도 되는 거고요~

울리 헉! 넌 아예 아줌마 조교를 해라~

바리 하하- 엘리가 정리를 잘했네. 이제 탄성위치에너지를 구했으니 역학적 에너지 보존법칙을 복습해볼까?

울리 운동에너지와 위치에너지의 합은 변하지 않는다!

엘리 단 마찰력이나 공기저항이 없을 때요~ 히히.

바리 잘했어. 이제, 늘 그렇듯 문제를 간단하게 하기 위해 공기저항이 없다고 가정하고 번지점프 문제에 역학적 에너지 보존법칙을 적용해보자. 수치도 넣어서 말이야. 좀 크긴 하지만 키 2m에 질량 90kg인 사람이 길이 18m의 번지점프용 줄을 발목에 묶은 채 50m 높이에서 뛰어내렸다고 해보자. 이 사람의 머리가 수면에 닿을락 말락 한 상태로 정지했다면, 이 번지점프용 줄의 용수철 상수는 얼마일까?

울리 너무 복잡해요~

엘리 복잡할 때는 그림으로 상황을 표현하면 좀 더 명확해지는데⋯. (공책을 꺼내 쓱쓱 그리며) 이렇게 되나요?

바리 맞아. 그려보니 간단하지? 처음 상태에서는 중력위치에너지 mgh만 있고, 최종 상태에서는 탄성위치에너지 $\frac{1}{2}kx^2$만 있다고

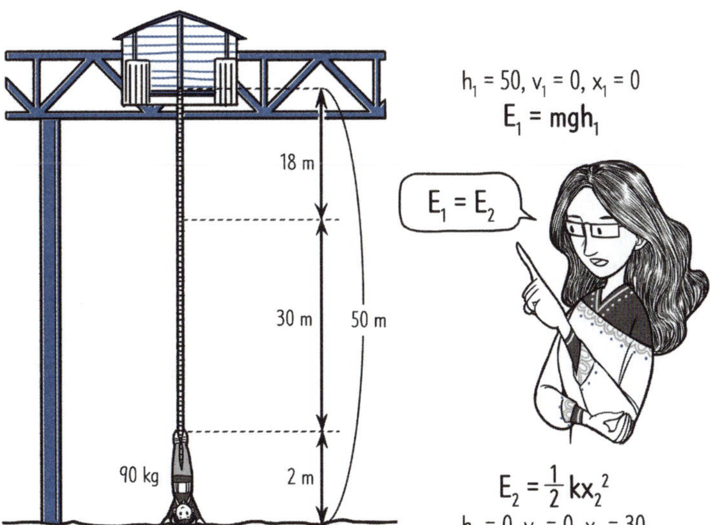

볼 수 있잖아. 중간 상태에서는 운동에너지, 중력위치에너지, 탄성에너지 등이 모두 있겠지만 줄의 용수철상수를 구하는 데는 필요하지 않지. 역학적 에너지는 매 순간 항상 보존되니까 가장 간단한 처음 상태와 최종 상태만 생각해봐도 문제를 해결하기에 충분하거든.

울리 그렇군요. 중력위치에너지도 있고 탄성위치에너지도 있어서 머리가 복잡했는데….

바리 그래. 줄의 용수철상수, 즉 탄성계수를 구하기 위해서는 $mgh = \frac{1}{2}kx^2$만으로 충분하지. 여기서 높이의 기준점을 수면으로 잡으면, 사람의 키가 2m고 줄의 원래 길이가 18m니까 최종 상태에서 줄은 30m가 늘어난 것을 알 수 있지?

울리 그러면 $m = 90\text{kg}$, $g = 9.8\text{m/s}^2$, $h = 50\text{m}$, $x = 30\text{m}$를 저 식에 넣으면 되는 거군요.

바리 계산하기 편한 수치를 줘서 줄의 용수철상수 $k = 98\text{N/m}$로 바로 구해질 거야.

엘리 흠…. 그 말인즉슨 98N의 힘을 가하면 1m가 늘어나는 줄이라는 뜻이네요?

울리 와~ 너는 그런 해석이 저절로 되니?

바리 하하- 언젠가도 얘기했듯이, 물리량의 단위는 굉장히 중요해서 단위만 잘 알아도 그 물리량의 정의를 알 수 있지. 그러니 늘 단위를 눈여겨보는 습관을 갖도록 해보렴~

울리 (장난스레 경례를 부치며) 예~써~~~

바리 교수의 물리노트 21

- 훅의 법칙Hooke's law: 작용하는 힘 F가 아주 크지 않는 한, 늘어난 길이 x는 작용한 힘에 비례한다. ($F = kx$, k: 탄성계수 또는 용수철상수spring constant)
- 탄성위치에너지 $= \dfrac{1}{2}kx^2$
- 역학적 에너지는 물체의 운동에 관여한 모든 운동에너지와 모든 위치에너지의 합이다.

22 멀리 돌아가는 게 덜 힘들다구요?

일률

엘리와 울리는 오랜만에 엄마들이 함께 백화점 쇼핑 가시는 길을 따라나섰다. 엄마가 유행하는 운동화도 하나 사주셨겠다, 소기의 목적을 달성한 울리는 슬슬 쇼핑이 지겨워지기 시작했다. 뒤처져서 에스컬레이터를 타고 올라가던 울리가 심드렁한 표정으로 주위를 두리번거리는데, 반대쪽 에스컬레이터에서 바리 교수가 쇼핑백을 들고 내려가고 있는 게 아닌가. 반가워서 “아줌마!” 하고 부르며 손을 흔들다가, 무슨 생각인지 바리 교수에게 아래층에서 기다려달라고 한 후 위층에 도착하자마자 엘리를 데리고 다시 내려갔다.

바리 엄마들과 함께 있는 것 같더니, 어떻게 너희만 다시 내려와?

울리 에이~ 엄마들은 쇼핑 끝나려면 아직 멀었어요. 우리끼리 놀다가 알아서 지하철 타고 가면 돼요.

바리 그래? 그럼 저기 가서 아이스크림 먹을까? 내가 사주마~

세 사람은 아이스크림 가게로 가서 주문을 한 후 자리를 잡고 앉았다.

울리 아줌마, 근데 에스컬레이터는 속도가 얼마나 될까요? 무지 느리던데, 1초에 10cm나 가려나요?

바리 글쎄~ 한번 직접 찾아볼래? 찾으면 나한테도 좀 알려주렴~

울리 약 0.5m/s라네요~ 생각보다 빠른데?

엘리 그래? 그럼 에스컬레이터를 타고 올라갈 때와 내려올 때 전력 소모는 얼마나 되는지도 좀 찾아볼래?

울리 넌 별게 다 궁금하다. 에스컬레이터를 1년간 사용했을 때의 소모 전력은 있는데 그건 못 찾겠어. 근데 전력이 정확히 뭐죠? 사용한 전기량인가요? 아니면 전기력의 약자인가요?

바리 음, 전기량이라는 말은 없고, 전력은 전기력의 약자도 아니고 힘을 의미하는 것도 아니야. 영어로는 'electric power'라고 하는데, 물리에서 파워power는 '시간당 한 일'을 의미하고 우리는 '일률'이라는 용어를 사용하지. 결국 전력은 전기적 일률인 거야.

엘리 그럼 전기 일률은 전기력이 한 일과 관계된다는 건가요?

바리 그렇지. 일을 한 힘이 전기력인 경우에는 전력이라고 부르고, 중력처럼 전기력이 아닌 경우에는 그냥 일률이라고 불러.

울리 우리말로는 완전히 다르네요? 중력이 한 일에서 중력위치에너지를, 탄성력이 한 일에서 탄성위치에너지를 정의하는 것처럼, 일률과 전력 대신 중력일률, 전기일률이라고 불러야 할 것 같은데 말이죠.

바리 좋은 생각인데? 근데 이미 사용하고 있는 용어를 바꾸는 일이 그리 쉬운 것은 아니라…. 자연과학이 아닌 다른 학문에서 'power'라는 용어를 힘으로 해석하곤 하니까 전력으로 부르게 된 것 같아. '아는 것이 힘이다'라는 영어 격언처럼 말이야.

엘리 Knowledge is power! 그렇군요~

바리 이제부터는 전력이 일률과 같은 개념이라는 것을 알고 있으렴.

엘리 네~ 그럼 일률의 정의는 정확히 뭔가요?

바리 일을 하게 한 힘의 종류와 관계없이 '일률=한 일÷일을 하는데 걸린 시간'으로 정의해. 그래서 일률을 '시간당 한 일'이라고 한 거야. 만일 너희가 높이 5m인 계단을 일정한 속도로 뛰어 올라가는 데 30초가 걸렸다면 너희의 일률은 얼마인지 구해볼래?

울리 제가 계단을 올라가는 데 한 일은 '중력×높이'로 구할 수 있는데, 중력은 제 몸무게니까, 60kg×5m를 하면….

엘리 몸무게를 질량으로 쓰면 안 되지~

울리 아참, 60kg중! 그럼 60kg에 $9.8\,m/s^2$를 곱하면….

바리 이럴 때는 중력가속도를 그냥 반올림해서 대충 $10\,m/s^2$로 계산하면 편해~

울리 아, 그럼 제 몸무게가 약 600N이고 높이가 5m니까 3,000J의 일을 30초에 한 거네요?

엘리 그래서 일률은 3,000J ÷ 30s = 100J/s고요.

바리 잘했어.

엘리 근데 단위가 J/s네요? 전력의 단위는 W(와트watt) 아닌가요?

바리 W와 J/s는 같은 거야. W는 18세기에 증기기관차를 발명한 제임스 와트James Watt라는 공학자의 이름을 따서 붙인 단위지. 일률이나 전력 모두 물리적으로는 같은 개념이라 단위도 같고 말이야.

엘리 아하~ 증기기관차의 제임스 와트에서 따온 거군요. 단위에 이름이 들어간다는 건 영광스러운 일 같아요. 두고두고 불리잖아요.

바리 그렇지? 나도 그렇게 생각해. 그동안 사람 이름으로 된 단위를 여럿 배웠네. 힘의 단위 뉴턴(N), 에너지의 단위 줄(J), 그리고 일률의 단위 와트(W)까지 말이야.

울리 제 이름이 들어간 것도 아닌데 뿌듯하네요. 근데 전기요금 청

구서를 보면 몇 kW(킬로와트)를 썼다고 되어 있던데, 그건 뭐예요? 보통 한 달 사용료를 내는 것 같은데, 일률은 1초에 몇 J의 에너지를 썼는지 알려주는 거니 일률은 아닌 것 같아서요.

바리 좋은 질문이야. 용어를 정확하게 사용하지 않아서 그런 건데, 청구서에는 정확하게 kWh(킬로와트시)라고 되어 있단다.

울리 그건 또 뭐예요?

엘리 일률에 시간을 곱한 것처럼 보여요.

바리 맞아. kWh는 kW에 시간을 시(h) 단위로 곱한 거야. 결국 kWh는 에너지인 거지.

엘리 에너지 단위로 J이 있는데, 왜 다른 단위를 만들어 쓰죠?

바리 편의상 그러는 거지. 1kWh는 1시간 동안 1,000J/s의 일률로 에너지를 썼다는 것이고 1시간은 3,600초니 총 360만 J, 즉 3,600kJ의 에너지를 썼다는 것이겠지? 이걸 그냥 1kWh로 쓰면 간편하고 이해도 쉽다고 생각했을 거야~

울리 아하, 결국 전기요금 청구서에 적힌 kWh는 한 달간 사용한 전기에너지 양을 알려주는 거네요. 엄마한테 앞으로는 킬로와트(kW) 말고 킬로와트시(kWh)라고 정확히 말씀하시라 해야겠어요.

엘리 그럼 아줌마가 너한테 뭐라 하실 줄 알아?

울리 뭐라 하시는데?

엘리 '너나 잘해!' 하시겠지. 히히-

울리 야~ 근데 그러실 것 같긴 하다. 흐흐~ 아니야! 그래도 단위는 정확히 써야 하니 말씀드릴 거야!

바리 정확한 단위를 써야 한다고 주장하는 울리가 아주 마음에 드네~ 이제 일률에 대해서 알았으니 네가 계단을 뛰어 올라갈 때는 왜 걸어 올라갈 때보다 힘이 드는지 알겠지?

울리 네~ 또 시간의 문제군요. 뛰는 것이 걷는 것보다 같은 양의 일을 더 짧은 시간에 하게 되니 우리 몸이 더 힘들겠죠.

엘리 그럼 산처럼 높은 지역에 있는 도로가 산을 따라 돌아가게 만들어져 있는 것도 일률의 문제로 볼 수 있나요?

바리 그렇지! 높이 h인 곳까지 일정한 속력으로 간다고 했을 때, 어떤 경로로 가든지 한 일은 mgh일 텐데, 가파르게 곧장 가는 직선도로로 가면 거리가 짧으니 도달하는 데 걸리는 시간이 짧을 거고, 완만하게 돌아가는 도로로 가면 거리가 길어서 도달하는 데 걸리는 시간이 길어지겠지? 즉 가파르게 곧장 가는 도로로 가면 일률이 커서 힘들고, 완만하게 돌아가는 도로로 가면 일률이 작아서 덜 힘들다는 거야.

울리 근데 일률 그런 거 몰라도 돌아가는 길로 가면 덜 힘들다는 건 누구나 다 아는데 꼭 그렇게 물리를 알아야 해요?

바리 과학의 시작은 호기심이야. 뭐든 우리가 당연히 안다고 생각하는 것들도 '자연의 법칙과 연관 지어 설명할 수 있을까?', '어떤 물리량으로 설명하면 잘 맞을까?' 하고 궁금해하곤 하잖아. 신기하게도 당연해 보이는 우리 주변의 아주 많은 현상이 간단한 물리 법칙으로 잘 설명되고 말이지.

엘리 그건 그렇네요~ 근데요 아줌마, 마력은 또 뭐지요? 말의 힘과 관계있다고 본 것 같은데요….

바리 마력도 일률의 단위인데, 영국에서 사용했던 단위야. 제임스 와트가 증기기관의 성능을 말이 할 수 있는 일률과 비교함으로써 마차를 이용하던 당시의 사람들이 쉽게 이해할 수 있도록 정의한 개념이지.

엘리 아~ 그럼 마력이라는 단위는 이제 쓰지 않아도 되겠네요. 이제 말이 힘쓸 일은 없잖아요. 헤헤-

바리 맞아, 이제 거의 쓰지 않는 단위이긴 해. 1hp(마력horse power)는 약 746W인데, 영국도 지금은 미터법과 같은 '국제단위계'를 사용하고 있어. 미국이 오히려 미터법을 사용하지 않고 길이 단위로 ft(피트feet), 무게 단위로 lb(파운드pound) 같은 것을 사용하지.

울리 미국이 좀 특이하군요. 다른 나라들이 모두 사용하는 단위를 사용하지 않고 혼자 특별한 단위를 사용하다니요.

바리 예전부터 사용하던 단위를 바꾸는 것이 쉬운 일은 아니겠지. 사실 유럽연합EU에서 국제단위계를 사용하겠다고 발표한 것도 2010년이나 되어서야. 내가 언젠가 영국 학술대회에 갔을 때 일인데, 간식으로 나온 과자봉지에 열량이 칼로리(cal)로 적혀 있지 않고 줄(J)로 적혀 있는 거야. 어찌나 반갑고 부럽던지~ 하하-

엘리 어머? 정말요? 국제적인 표준 단위가 cal가 아니라 J이었군요~ 전 음식 열량은 반드시 cal를 쓰는 줄 알았어요! 아, 찾아보니 1킬로칼로리(kcal)는 4,200줄(J), 즉 4.2킬로줄(kJ) 정도 된다고 나오네요~

바리 그렇지? 우리나라는 '이 음식은 몇 칼로리다' 하는 표현에 익숙하잖아. 그런데 영국처럼 과학에서 가장 보편적인 에너지 단위인 J을 흔히들 사 먹는 과자봉지에 표기한다는 것은 곧 전 국민이 에너지 단위인 J을 안다는 거잖아? 정말 대단해. 우리나라에서는 언제쯤 kcal 대신 J이 쓰인 과자봉지를 만날 수 있을까?

울리 정말 아는 만큼 보인다는 말이 맞네요~ 근데 아줌마는 해외도 많이 다니셨어요?

바리 1년에 몇 번씩은 학술대회 참가 차 해외 출장을 가지. 전 세계 과학자들을 만나는 것도 학문하는 즐거움 중의 하나거든.

바리 교수의 물리노트 22

- 일률: $\dfrac{\text{한 일}}{\text{일하는 데 걸린 시간}}$로서, 시간당 한 일을 의미한다.
- 일률의 단위: W(와트)$=$ J/s
- 전력: 시간당 전기력이 한 일로서, 전기적 일률이다.
- kWh(킬로와트시)는 에너지의 단위이며,

  $1\,\text{kWh} = 3,600,000\,\text{J} = 3,600\,\text{kJ}$이다.
- kcal는 열량을 나타내는 에너지의 단위이며,

  $1\,\text{kcal} = 1,000\,\text{cal} \simeq 4,200\,\text{J} = 4.2\,\text{kJ}$(킬로줄)이다.

23 저 혼자서도 자동차를 들어 올릴 수 있다구요?

지렛대 원리

방과 후 학급회의가 길어져 늦게 학교를 나선 엘리가 혼자 터덜터덜 바리 교수의 집 앞을 지나가는데, 우연히 주차장에서 자동차 바퀴를 살피고 있는 바리 교수를 보았다. 자동차에 무슨 문제가 있는지 바리 교수의 표정이 어두워 보여, 엘리는 궁금하기도 하고 걱정스럽기도 한 마음으로 바리 교수를 불렀다.

엘리 아줌마, 무슨 일 있으세요?

바리 오, 엘리구나. 늦었네~ 별 건 아니고, 타이어가 펑크가 난 것 같아서…. 근데 울리는 어쩌고 너 혼자야?

엘리 오늘 우리 반은 학급회의가 있어서 늦게 끝났어요. 근데 아줌마 혼자 타이어를 바꿔 끼우시려고요? 카센터에 안 가시고요?

바리 내가 다니는 카센터가 좀 멀어서 이 상태로 가면 위험할 것 같구나. 그래서 스페어타이어로 바꿔 끼고 가려고~

엘리 아~ 근데 타이어를 갈려면 차를 들어 올려야 하잖아요? 그게 아줌마 힘으로 가능할까요?

바리 호호- 힘은 드는데 불가능한 건 아니야. 이리 와볼래? 아줌마 차 트렁크에는 차를 들어 올릴 수 있는 잭과 스페어타이어가 있어.

엘리 이 작은 걸로 차를 들어 올린다고요?

바리 그래~ 나는 좀 더 편리한 잭을 사서 넣고 다니는데, 이 잭을 이렇게 자동차 밑에 넣고, 여기 끝을 계속 여러 번 밟으면 차를 들어올릴 수 있지.

엘리 꼼짝도 안 하는 것 같은데요? 하나도 올라가지 않잖아요. 정말 들어 올릴 수 있는 거예요?

바리 조금 기다려봐~ 이게 한두 번 해서 되는 일은 아니거든.

엘리 저도 해봐도 돼요?

바리 그럼~ 발로 힘껏 눌러봐. (잠시 후) 이제 그만 해도 되겠다. 차가 꽤 들렸어.

엘리 와~ 전혀 들릴 것 같지 않았는데 정말 들렸네요? 지렛대 원리

같은데, 정확히 어떻게 이렇게 되는 거죠?

바리 그래~ 엘리 네 말대로 지렛대 원리로 설명할 수 있어. 지렛대 원리는 많이 들어봤겠지만 원시 기계들의 기본 원리지. 아줌마가 요즘 알려준 내용과 연결해보면, 지렛대 원리는 바로 에너지 보존법칙의 의미를 갖고 있는 거란다.

엘리 아~ 그렇구나! 근데 에너지 보존법칙의 의미가 있다면, 마찰력 같은 저항은 무시한다는 거죠?

바리 일단 마찰력을 무시하고 기본 작동 원리를 이해하는 것은 항상 중요하지. 문제도 간단해지고 말이야. 만일 기계가 작동하는 데 생기는 마찰이 아주 작아서 무시할 정도라면 외부에서 해준 일만큼 기계가 일을 할 거라고 보는 것이 지렛대 원리인데, 이때 일은 곧 에너지니까 에너지가 보존된다고 볼 수 있는 거지.

엘리 잭을 밟아서 움직이게 한 것이 에너지를 준 거고, 잭은 받은 에너지로 차를 들어 올린다는 거네요?

바리 그렇지. 우리가 잭에 가한 힘을 f, 잭이 움직인 거리를 D, 잭이 차에 가한 힘을 F, 차가 움직인 거리를 d라고 하면, 잭은 fD만큼의 에너지를 받아 Fd만큼의 에너지를 차에 줬다는 뜻이야. 이 두 값이 같다는 것이 지렛대 원리의 기본이란다($fD=Fd$). 이것을 이용하면 작은 힘 f로 많이 이동함으로써, 조금 이동하지만 큰 힘 F를 내게 할 수 있다는 거지.

엘리 잭을 밟는 것은 저도 할 수 있으니 그리 큰 힘은 아닌데 대신 여러 번 밟아야 했던 것이고, 그 결과 이렇게 무거운 차가 약간 들리게 된다는 거군요. 정말 에너지 보존법칙을 이용하면 계산도 가능하겠네요!

바리 맞아. 계산도 한번 해볼까? 잭은 한 번 누를 때마다 20cm를 움직이는데, 동시에 자동차는 0.1cm가 올라간다면 잭을 누르는 힘과 비교해서 자동차에는 몇 배의 힘이 작용하는 걸까?

엘리 음…. 와~ 200배나 센 힘이네요?

바리 대단하지? 계속 반복하면 우리도 충분히 차를 들어 올릴 수 있다는 거니까 말이야.

엘리 정말 신기해요. 근데 자동차를 한 5cm만 들어 올리려 해도 잭을 50번은 눌러야 한다는 거니 티끌 모아 태산이 되는 느낌인데요~

바리 뭐? 티끌 모아 태산? 그럴듯하네~ 이런 지렛대 원리를 이용하는 경우는 우리 주변에 진짜 많아. 꼭 티끌 모아 태산이 아니더라도 말이야. 인간은 오랜 역사 속에서 어떻게 하면 힘을 덜 들이고 큰 힘을 낼 수 있을까 하는 고민을 많이 해왔지. 우리가 늘 사용하는 손톱깎이만 해도 지렛대 원리에서 벗어나지 못하거든.

엘리 엥? 손톱깎이도요?

바리 그럼~ 아까 잭으로 자동차를 들어 올리는 경우에서 얘기한 f, D, F, d가 손톱깎이에서는 무엇에 해당하는지 한번 생각해보렴.

엘리 손톱을 깎으려고 손톱깎이 손잡이에 가해지는 힘이 f, 손톱깎이의 손잡이가 움직인 거리가 D, 손톱을 자르는 부분에 생기는 힘이 F, 손톱을 자르는 부분이 움직인 거리가 d가 될 것 같아요.

바리 잘했어. 손톱깎이의 구조를 보면 손톱을 자르는 부분은 높이

(d)가 낮고, 손잡이를 돌려 폈을 때 손잡이 쪽은 높이(D)가 높잖아? 딱딱한 손톱을 자르려면 큰 힘이 필요하니까 손잡이가 움직일 수 있는 거리(D)를 손톱 자르는 부분이 움직일 수 있는 거리(d)보다 훨씬 크게 만드는 거지.

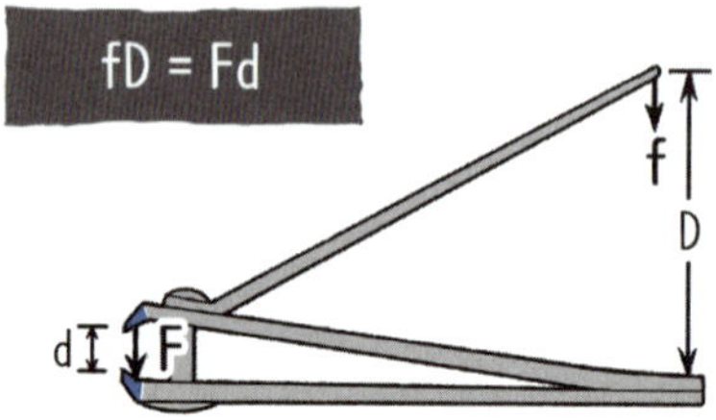

엘리 아, 그래서 큰 손톱깎이를 쓰면 손톱이 쉽게 깎이는 거군요.

바리 뭐, 사실 꼭 클 필요가 있는 거는 아니야. 그러니까 내 말은, 손잡이의 길이, 즉 손톱깎이의 길이가 길 필요는 없다는 뜻인데, 왜 그런지 알겠니?

엘리 글쎄요….

바리 길이가 긴 손톱깎이가 아니라, 손잡이를 폈을 때의 높이가 높은 손톱깎이를 생각해봐.

엘리 길이가 길면 자동적으로 높이가 높아지지 않나요?

바리 길이는 길어지지 않으면서 높이만 높아질 수 있는 방법은 없을까?

엘리 아하~ 알았어요. 손잡이와 손톱깎이 몸통이 만드는 각이 크면 되겠네요.

바리 그렇지. 같은 각도에서 힘이 덜 드는 손톱깎이를 만들려면 손잡이를 길게 만들면 되고, 같은 손잡이 길이에서 힘이 덜 드는 손톱깎이를 만들려면 각도를 크게 하면 되는 거지.

엘리 앞으로는 손톱깎이 하나 살 때도 구조를 자세히 보고 사야겠어요. 하하- 비슷한 경우로 또 어떤 예들이 있어요?

바리 글쎄- 병따개도 있고, 피아노에도 지렛대 원리가 들어 있고….

엘리 병따개의 원리는 바로 알 수 있을 것 같아요. 병따개의 긴 손잡이 끝에 작은 힘을 주면 병뚜껑 밑에 큰 힘이 생겨서 뚜껑이 따지는 거겠죠. 근데 피아노는 어디에 지렛대 원리가 있는 거죠?

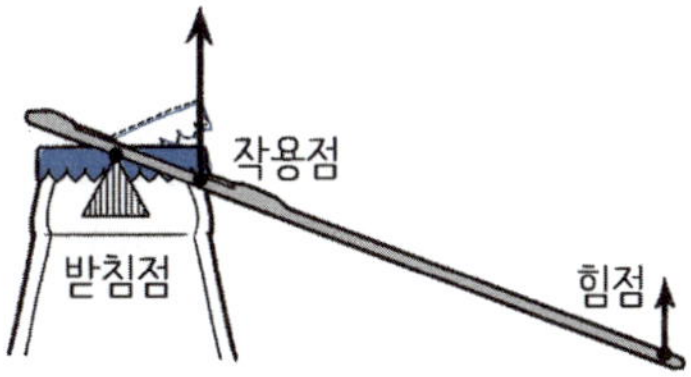

바리 피아노 건반 자체가 지렛대인 셈인데, 건반을 치면 건반 뒤쪽이 올라가면서 각 건반마다 연결되어 있는 작은 망치가 줄을 침으로써 소리를 내는 거야. 이 작은 망치는 말 그대로 해머라고 부르지. 실제 이 해머가 줄을 쳐서 내는 소리는 크지 않기 때문에 소리를 키우는 장치가 있긴 하지만 말이야.

엘리 피아노가 타악기가 아니라 현악기였군요?

바리 하하- 그렇게 볼 수도 있지. 한편 더 큰 힘을 얻기 위해서만 지렛대를 사용하는 것은 아닌데, 예를 들어 우리가 아령을 들고 운동하는 경우, 이때 우리의 팔은 근육에 더 큰 힘이 작용하도록 하는 지렛대라고 볼 수 있어.

엘리 아, 그런 것도 지렛대 원리로 설명되는 거예요?

바리 네가 오른손에 아령을 하나 들고 팔꿈치를 굽혀 오른팔을 직각으로 만들었다고 상상해봐. 손등이 아래를 향하게 말이야. 그럼 네 팔꿈치는 지렛대의 받침점 역할을 하고, 손에 있는 아령의 무게를 받치는 힘은 팔 근육이 버텨줘야 하는 힘이겠지. 팔 근육의 중심 위치는 아령의 위치보다 팔꿈치에 더 가까우니까 아령의 무게보다 더 큰 힘이 작용하는 거란다.

엘리 아~ 이 경우 지렛대의 받침점이 시소처럼 가운데 있지 않네요?

바리 그렇지? 힘을 주는 위치를 '힘점', 힘의 결과가 나타나는 위치를 '작용점'이라고 하는데, 아령을 들고 있는 팔이나 젓가락의 경우는 작용점–힘점–받침점 순서, 병따개나 호두까개의 경우는 받침점–작용점–힘점 순서로 위치하여 작용점과 힘점이 모두 같은 쪽에 있는 거란다. 손톱깎이와 피아노 건반의 경우는 작용점–받침점–힘점 순서로, 네 말대로 시소처럼 힘점과 작용점이 받침점을 중심으로 양쪽에 있는 거고 말이야.

엘리 아하~ 그렇군요. 근데 아줌마, 차는 들어 올렸는데 타이어는 어떻게 빼요?

바리 사실 힘이 약한 사람들한테는 저 타이어들을 고정시켜놓은 나사를 돌리는 것이 더 힘들어. 그래서 나는 차 트렁크에 들어 있는 기본 렌치를 사용하지 않고 이렇게 아주 특별한 렌치를 사용한단다. 이걸 이용하면 힘을 덜 들이고 나사를 풀 수 있거든.

엘리 어? 이건 휘얼~씬 긴데요?

바리 여기에도 무척 재미있는 자연법칙이 들어 있지만(1권 32화 참조), 오늘은 늦었으니 다음에 울리랑 같이 오렴~

엘리 네~ 어느새 어두워지려 하네요. 내일 차 수리 잘 받으세요! 다음에 봬요~

바리 교수의 물리노트 23

- 지렛대 원리: 마찰을 무시하면, 들어간 에너지와 나온 에너지는 같다.
- 지렛대에서 지레를 받쳐주는 위치를 '받침점', 힘을 주는 위치를 '힘점', 힘의 결과가 나타나는 위치를 '작용점'이라고 한다.
- 힘점–받침점–작용점 지레의 예: 손톱깎이, 피아노 건반, 시소.
- 받침점–작용점–힘점 지레의 예: 병따개, 호두까개.
- 작용점–힘점–받침점 지레의 예: 사람의 팔, 젓가락.

24 자전거를 탄 채 커브를 잘 돌려면 몸을 기울여야 한다구요?

원운동/구심력

동네에 있는 큰 호수공원에는 주말마다 사람이 많다. 호수의 둘레길은 짧은 코스, 긴 코스, 자전거 코스 등 다양해서 다른 동네 사람들도 날이 좋을 때면 삼삼오오 자전거를 타러, 또 어린아이나 반려견과 소풍 삼아 가족 단위로 오곤 하여 마치 놀이공원 같은 분위기다. 바리 교수도 오랜만에 여유로운 주말을 맞아 아린이를 데리고 공원에 산책을 나왔다.

엘리 어라? 저기 아린이 아니야? 아린아~

울리 정말! 뒤에 바리 아줌마도 계시네? 아줌마~ 아린이랑 산책 나오셨어요? 그러고 보니 아린이가 웬일로 안 짖고 가만히 있네요?

바리 엘리, 울리 안녕? 우리 아린이는 밖에 나오는 게 좋은지 산책만 하면 안 짖고 얌전해. 하하. 그래도 줄 꽉 잡고 조심해야지. 언제 돌변할지 모르거든. 너희는 자전거 타러 나왔니?

엘리 공부하다가 좀 쉬려고요. 제가 울리한테 같이 나가자고 했어요.

울리 모처럼 공부 좀 하려 했더니 얘가 놀자고….

엘리 얼씨구? 누가 들으면 내가 맨날 너 방해만 하는 줄 알겠다!

바리 하하, 공부야 여기서도 할 수 있지. 음…. (주위를 두리번거리다가) 저기, 저 자전거 배우는 아이를 잘 봐봐.

울리 답답하네요. 방향을 바꿀 때는 돌려는 쪽으로 몸을 조금 기울여야 하는데 저 아이는 자꾸 반대쪽으로 몸을 기울이고 있어요.

엘리 자전거를 처음 배울 때는 도는 쪽으로 몸이 쓰러지는 것 같이 느끼니까 자기도 모르게 반대로 틀게 되지. 나도 그랬어.

울리 그래도 몇 번 해보면 감을 잡지 않나? 난 금새 되던데.

바리 그럼 왜 자전거가 도는 쪽으로 몸을 기울여야 안 넘어지는지도 알고 있니?

울리 음…. 글쎄요….

바리 그걸 이해하려면 먼저 원운동에 대해서 알아야 하는데, 우리가 예전에 원형 도로에서 움직이는 자동차 얘기를 조금 하긴 했어도 원운동 자체를 자세히 다룬 적은 없구나.

울리 이번에는 또 원운동이요? 윽~ 운동에 대해서는 대체 얼마나 더 배워야 하는 거예요? 뉴턴의 운동법칙도 다 배웠다고 생각했는데 계속 나오네요.

바리 하하, 기본적인 것은 다 배웠다고 할 수 있어~ 하지만 지금까지는 직선운동에 대해서만 주로 다뤘기 때문에 이제 회전운동을 얘기해볼까 하는 거야.

엘리 회전운동은 직선운동과 완전 다른가요?

바리 그렇진 않은데 좀 복잡하지. 움직이는 방향이 계속 바뀌니까 말이야. 일단 직선운동에서는 주어진 시간에 일어난 위치의 변화로 속도를 정의하고, 또 속도의 변화로 가속도를 정의했다면, 회전운동에서는 위치의 변화를 각의 변화로 나타내거든.

울리 회전운동에서는 각도가 변하면 위치가 변하기 때문이군요.

바리 위치의 변화를 길이로 나타내면 계속 방향이 바뀌어서 불편하겠지? 그래서 회전운동에서는 주어진 시간에 일어난 각의 변화로 '각속도angular velocity'를 정의하고, 각속도의 변화로 '각가속도angular acceleration'를 정의해.

울리 '각속도'와 '각가속도'요? 또 새로운 물리량이에요?

엘리 음…. 내 생각엔 속도나 가속도와 정의는 같지만, 위치의 변화를 변위 벡터 대신 각의 변화를 이용해 쓰자는 것 같아.

바리 그래~ 엘리 말이 맞아. 단위로 비교하자면, 속도의 단위는 m/s고 가속도의 단위는 m/s^2인데, 각속도의 단위는 rad/s고 각가속도의 단위는 rad/s^2이라는 거야.

	직선운동	회전운동
속도/각속도	속도 $= \dfrac{\text{변위}}{\text{시간 변화}}$	각속도 $= \dfrac{\text{각 변화}}{\text{시간 변화}}$
가속도/각가속도	가속도 $= \dfrac{\text{속도 변화}}{\text{시간 변화}}$	각가속도 $= \dfrac{\text{각속도 변화}}{\text{시간 변화}}$

엘리 rad는 '라디안radian'을 의미하는 거죠?

울리 들어본 적은 있는데, 라디안도 정의를 해주시면 안 될까요?

바리 안 될 리가~ 1rad은 원의 반지름과 같은 길이의 호가 만들어지는 지점까지의 각도로 정의해서 $360° = 2\pi$ rad이지. 우리가 흔히 사용하는 도(°) 단위는 육십분법에 따라 각도를 표시하는 단위고, 라디안은 호도법에 따라 호의 길이를 이용해 각도를 표시하는 단위란다.

울리 아, 원의 반지름과 길이가 같은 호를 그린 후, 그 호의 양 끝이 만들어내는 각도가 1rad이니까 곧 $1\text{rad} = \dfrac{180°}{\pi}$, $1° = \dfrac{\pi}{180°}\text{rad}$인 거군요! 근데 변위, 속도, 가속도는 모두 방향이 중요한 벡터인데, 각은 방향이 없는 것 아닌가요?

엘리 저도 그게 이해가 안 돼요. 원운동을 하면 방향이 계속 바뀌는데, 각이 변하는 방향을 생각한다고 해도 방향은 계속 바뀔 거고, 각 자체는 방향이 없는 스칼라 같기도 하고요.

바리 좋은 질문이야. 속도의 방향은 매 순간 바로 알 수 있지만 회전운동에서는 계속 바뀌니까 방향을 표현하기가 불편해. 그래서 각속도의 방향을 아주 똑똑하게 정의했어. 즉 각의 변화가 생기는 방향으로 오른손의 엄지를 뻔 나머지 손가락을 동그랗게 놓으면 꼭 원궤도 같잖아? 이때 마치 '따봉'을 하듯 세운 엄지손가락이 가리키는 방향을 각속도의 방향이라고 정의한 거야. 이 정의를 '오른손규칙'이라고도 한단다.

〈오른손규칙〉

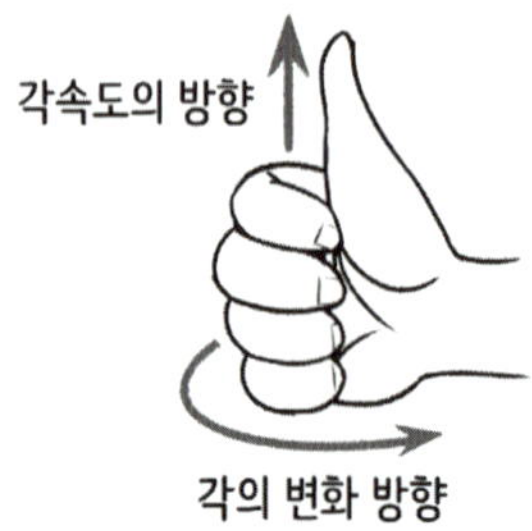

엘리 그럼 각속도의 방향은 순간마다 변하지 않는 건가요?

바리 일정한 속력으로 원운동하는 물체를 생각해봐. 이 물체가 움직이면서 만드는 호의 길이가 얼마만큼 빨리 어느 쪽으로 변하는가가 바로 지금까지 써왔던 속도 개념이야. 이 물체가 일정한 속력으로 돌고 있어도 방향은 계속 바뀌니까 결국 속도는 일정하지 않아서 원운동은 가속운동인 거잖아. 그런데 일정한 속력으로 돌고 있으니까 주어진 시간 동안 생긴 각의 변화량은 일정하겠지? 이렇게 같은 방향으로 돌면서 각의 변화가 일정한 것을 '각속도가 일정하다'고 정의해.

울리 방향이 계속 바뀐다면서 왜 같은 방향이라고 하죠? 어려워요….

바리 시계 분침을 한번 생각해볼까? 분침은 정확하게 1분에 6°씩 움직이잖아. 이렇게 시곗바늘이 움직이는 방향을 '시계 방향'이라고 부르는데, 분침이 시계 방향으로 도는 동안 변하지 않는 방향은 시계 판에 수직인 방향이겠지? 그럼 이 수직인 방향을 각속도의 방향이라고 본다면 시계 방향으로 일정하게 도는 시곗바늘은 일정한 각속도를 갖는다고 표현할 수 있다는 거야.

엘리 하지만 시계 판에 수직인 방향은 앞뒤 두 방향이 있잖아요?

바리 그래서 아까 말한 것처럼 오른손을 사용하자고 약속을 한 거지. 시곗바늘의 경우, 바늘이 도는 방향으로 오른손 검지부터 약지까지의 네 손가락을 놓으면 엄지는 시계 속을 뚫고 들어가는 안쪽 방향을 가리키겠지? 이 방향이 바늘의 각속도 방향이야.

울리 시곗바늘이 도는 방향과 반대로 돌 때는요?

바리 그런 경우는 '반시계 방향'으로 돈다고 하고, 오른손을 이용하면 바로 알 수 있듯이 각속도의 방향은 시계 정면이 향하는 바깥쪽이 되지. 결국 각속도의 방향은 회전축과 나란하다는 거야.

울리 그럼, 원운동하는 모든 물체는 각속도도 있고 그냥 속도도 있는 거란 뜻이네요?

바리 그렇지. 일정한 속력으로 원운동하는 물체는 ① 일정한 각속도, 그리고 ② 방향이 계속 바뀌는 속도를 갖고 있어. 그러므로 이 경우 각가속도는 0이고, 가속도는 항상 중심을 향하는 운동을 하게 하는 거야.

엘리 각속도가 일정하니 각가속도는 0이라는 건 바로 알겠는데, 가속도가 항상 중심을 향하는지는 어떻게 알지요? 그리고 가속도의 크기는요?

바리 물체가 정확한 원을 그리며 도는 것은 원의 중심 방향으로 일정한 크기의 힘이 작용해야 가능하거든. 만일 원궤도의 한 지점에서 움직이는 물체에 대해 작용하는 힘이 없다면 그 물체는 그

지점에서 원호의 접선 방향으로 직선운동을 할 거야. 원호를 따라 움직이려면 계속 원의 중심 방향으로 일정한 크기의 힘이 물체에 작용해야 하니 가속도도 원의 중심 방향으로 일정한 크기를 갖게 되지.

엘리 아하, 그게 구심력이군요? 구의 중심을 향하는 힘!

울리 그럼 구심력을 받는 물체의 가속도는 구심가속도?

바리 너희 알고 있었어?

울리 네? 진짜 구심가속도라고 해요? 전 그냥 엘리가 구심력이라고 해서 해본 소린데요?

바리 그냥 해본 소리가 맞는 소린데? 하하- 돌고 있는 물체들에는 모두 이렇게 '구심력centripetal force'이 작용해서 '구심가속도centripetal acceleration'가 있는 거야. 원운동을 하고 있는 물체의 구심가속도 크기($a_{구심}$)는 접선 방향 속력(v)의 제곱에 비례하고, 원의 반지름(r)에 반비례해서($a_{구심} = \frac{v^2}{r}$) 빨리 돌수록 더 큰 구심력이 있어야 원궤도에 있을 수 있지.

울리 아~ 참, 근데 구심가속도가 자전거 타는 것과는 무슨 관계죠? 커브길을 돌려면 구심력이 있어야 한다는 건가요?

엘리 그렇네. 구심력이 있어야 하네. 근데 자전거 타고 돌 때 무슨 힘이 구심력이죠?

바리 자전거나 자동차가 커브길을 돌 때 구심력 역할을 하는 것은 도로와의 마찰력이야. 근데 방금 얘기한 것처럼 커브길을 빠르게 돌수록 큰 구심력이 필요하지.

엘리 그래서 기울여야 하는 건가요?

바리 그래. 자전거를 도는 쪽으로 기울이며 돌면 이 구심력이 커지거든. 좀 더 정확히 이해하려면 '돌림힘torque'을 알아야 하는데 나중으로 미룰게. (1권 32화 참조)

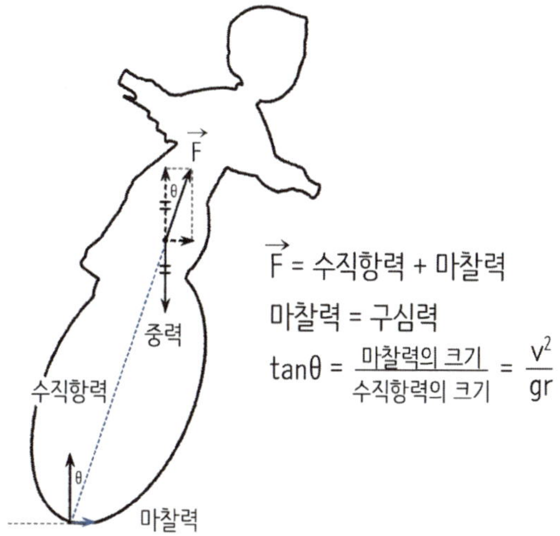

울리 돌림힘이요? 돌아가게 하는 힘인가요?

바리 비슷한 개념이야. 커브길을 돌 때 자전거를 기울이지 않으면 마찰력에 의한 돌림힘이 자전거를 쓰러지게 하는데, 기울이면 수직항력이 마찰력과는 반대 방향의 돌림힘을 만들거든. 만일 수직항력과 마찰력의 합이 자전거의 기울어진 방향을 향하면 두 돌림힘이 완전히 상쇄되어 자전거는 안정적으로 회전할 수 있지. (1권 33화 참조)

울리 잘 이해되지는 않지만 실제 자전거를 탈 때 회전하는 방향으로

약간 기울여 타면 확실히 안정감 있게 회전할 수 있다는 것을 늘 경험했기에 받아들일 수는 있어요. 헤헤-

바리 그래~ 이렇게 수직항력과 마찰력의 합이 자전거가 기울어진 방향을 향하면서도 수직항력의 크기는 중력의 크기와 같아야 해서 많이 기울이면 마찰력의 크기도 커져야 해. 그림에서처럼 자전거의 기울어진 각도를 θ라고 하면, $\tan\theta = \frac{\text{마찰력}}{\text{수직항력}}$이잖아? 직각삼각형에서 탄젠트tangent는 $\frac{\text{높이}}{\text{밑변}}$니까.

엘리 근데 수직항력의 크기는 mg고, 마찰력은 구심력 $m\frac{v^2}{r}$이니까 $\tan\theta = \frac{v^2}{gr}$이 되겠네요?

바리 훌륭해! 그래서 속력이 클수록 많이 기울여야 안정적으로 돌 수 있지. 물론 도로와의 마찰력이 충분히 커야 하지만 말이야.

울리 아~ 그래서 쇼트트랙 선수들이 코너 부분을 돌 때마다 몸을 안쪽으로 그렇게 많이 기울이는 거군요?

바리 그렇지. 이렇게 자전거나 자동차, 그리고 쇼트트랙 선수들이 회전을 할 때 구심력 역할을 하는 것은 접촉면과의 마찰력이지만, 그럼 지구 주위를 도는 달에 작용하는 구심력은 뭘까?

울리 흠…. 지구중력이군요. 달에 작용하는 지구중력의 방향은 항상 지구를 향하잖아요.

바리 맞았어. 다시 강조하지만, 조금이라도 도는 운동을 하는 물체에는 모두 구심력이 작용하고 있는 거란다.

엘리 근데 자전거나 스케이트를 탄 사람은 몸을 기울일 수 있지만 자동차는 어떻게 하죠?

바리 스포츠카처럼 무지 빨리 달리는 차가 커브를 돌 때 필요한 구심력은? 그건 다음에 알려줄게~ 고민해보렴.

바리 교수의 물리노트 24

- 각속도angular velocity $= \dfrac{\text{각 변위}}{\text{시간 변화}}$: 방향은 오른손규칙을 따르고, 단위는 rad/s다.
- rad(라디안radian): 호도법에 따라 호의 길이를 이용해 각도를 표시하는 단위로, 1rad은 원의 반지름과 같은 길이의 호가 만들어지는 지점까지의 각도를 의미하며 $360° = 2\pi$ rad이다.
- 각가속도 angular acceleration $= \dfrac{\text{각속도 변화}}{\text{시간 변화}}$ (단위: $\mathrm{rad/s^2}$)
- 원운동을 하고 있는 물체(m)에는 일정한 크기의 구심력(F)이 작용하고 있다. 구심력은 궤도 중심을 향하는 힘을 의미한다.

  $$F = ma_{\text{구심}} = m\frac{v^2}{r}$$

  ($a_{\text{구심}}$: 구심가속도, r: 원궤도 반지름, v: 원궤도 접선 방향 속력)

25 급커브 고속도로가 한쪽으로 기울어져 있다구요?

구심력

며칠 전 바리 교수와의 만남 이후 커브길에서 자동차를 어떻게 기울일 수 있을까 고민하던 엘리는, 우연히 TV에서 독일의 자동차 전용도로인 아우토반을 엄청난 속력으로 달리는 스포츠카들을 보게 되었다. 자동차들은 모두 기울어져 보였지만 자세히 보니 도로 자체가 커브길 안쪽으로 엄청 기울어져 있었다. 엘리는 뭔가 머릿속에서 반짝거리는 것을 느꼈다. 다음날 방과 후 엘리는 배고프다고 투덜대는 울리를 끌고 바리 교수의 집으로 갔다.

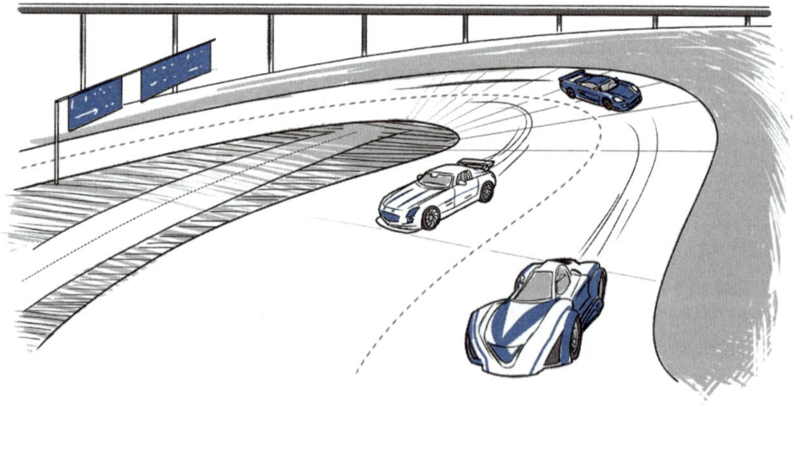

바리 아우토반의 기울어진 도로를 봤다고?

엘리 네~ 지난번에 아줌마가 자전거나 스케이트를 타고 돌 때는 돌려는 쪽으로 몸을 조금 기울이면 안정적으로 돌 수 있다고 하셨잖아요? 그러면 바닥과의 마찰력으로 인한 구심력이 커진다고요. 그런데 자동차의 경우에는 차체를 안쪽으로 기울일 수가 없으니 도로 자체를 안쪽으로 기울게 만든 것 같다고 생각했어요.

울리 오~ 기발한데? 정말 그런 건가요?

바리 아주 훌륭한 관찰이야.

엘리 며칠 동안 자동차를 어떻게 기울일까만 생각했는데, 그 도로의 모습을 보니까 문득 그런 생각이 들더라구요.

울리 어떻게 며칠 동안 그 생각만 할 수 있어? 나는 아무 생각도 안 나던데….

바리 하하, 모르는 것도 오래 생각하면 그렇게 뜻하지 않은 데서 힌트를 얻게 되지. 일단 아우토반 도로를 기울게 만든 것은 자동차에 구심력이 충분히 작용해서 잘 돌게 하기 위한 것이 맞아. 엘리 말대로 운전하면서 자동차를 기울일 수는 없으니까 말이야.

울리 그런데 그렇다고 모든 도로가 기울어져 있는 것은 아니잖아요? 학교 앞이나 집 앞 도로들은 모두 평평하던데요? 거기서 좌회전도 하고 우회전도 하고, 잘만 돌고요.

바리 그래. 기울어진 도로에서 자동차가 좌회전이나 우회전을 잘할 수 있는 것은 사실이지만, 꼭 모든 도로를 기울여서 만드는 것은 아니야. 아주 빨리 달리면서 돌아야 하는 경우가 아니면 말이지.

울리 아, 속력이랑 관계있군요.

바리 복습도 할 겸, 차근차근 예를 들어 살펴볼까? 평평한 일반도로에서 좌회전하는 자동차를 생각해보자. 이 자동차에 작용하는 힘들을 말해볼래?

울리 중력에 의한 자동차 무게가 있고, 자동차가 땅속으로 꺼지는 것이 아니니 차를 받쳐주는 수직항력이 있겠죠. 이 경우 평평한 도로에 있으니 수직항력은 중력과 방향은 반대이고 크기는 같을 거고요.

엘리 또, 지난번에 자동차가 돌 때 작용하는 구심력은 도로와 타이어 사이의 마찰력이라고 하셨어요.

바리 그렇지. 중력과 수직항력은 서로 상쇄되어 자동차의 운동에는 영향을 주지 못하고, 자동차는 엔진에서 연료를 태워 가속시키는 힘에 의해 운동해. 하지만 자동차가 코너를 돌아갈 때 작용하는 구심력은 바로 도로와의 마찰력이지. 물론 공기마찰도 자동차의 운동에 무시할 수 없는 영향을 주지만, 지금은 구심력에 초점을 맞춰서 설명할게. 만일 평평한 일반도로에서 무지 빨리 달리던 차가 속력을 늦추지 않고 좌회전하려 한다면 어떻게 될까?

엘리 구심가속도는 속력의 제곱에 비례하니 큰 구심력이 필요하겠네요.

울리 그럼 마찰력이 커야 하고요.

바리 맞아. 만약 마찰력이 충분하지 않으면 어떤 일이 벌어질까?

울리 자동차가 원궤도를 따라 움직이지 못하고 벗어나겠죠. 그래서 위험한 거고요.

엘리 그래서 회전할 때 속력을 줄이면 큰 마찰력이 필요하지 않으니 회전을 안전하게 할 수 있는 거고요.

바리 그렇지? 좌회전할 때는 왼쪽으로 작용하는 마찰력이 생기고, 우회전할 때는 오른쪽으로 작용하는 마찰력이 생겨서 구심력 역할을 하는데, 마찰력은 도로 상태에 따라 변하기 때문에 안전을 위협하기도 하지.

울리 마찰력이 큰 도로나 타이어를 만드는 것으로는 해결이 안 된다는 거네요.

바리 타이어나 도로포장재 연구에서 마찰력을 고려하기는 하지만, 비나 눈이 올 때는 마찰력이 현저히 작아지니까 안전하게 회전하기 위해서 다른 방법을 고안해야 했던 거지.

엘리 그렇게 해서 찾은 방법이 도로를 기울이는 거였군요?

바리 그렇지. 그래서 자동차가 빨리 달릴 수 있는 고속도로나 경주용 차를 위한 도로를 만들 때는 회전 구간의 도로를 기울여서 마찰력 이외의 구심력이 구조적으로 생기게 하는 거야. 특히 우리나라처럼 땅이 넓지 않은 경우에는 고속도로를 직선으로만 뚫을 수가 없어서 회전 구간이 많은데, 그런 곳은 모두 도로를 기울여 놓았어.

울리 아, 본 적 있는 것 같아요. 아빠랑 좀 멀리로 고속도로를 타고 나갈 때 도로가 도는 부분에서 약간 기울어져 있는 걸요.

엘리 그럼 도로를 기울이면 수직항력은 기울어진 도로에 수직한 방향으로 작용하는 거죠?

바리 맞아. 중력은 늘 지구의 중심 방향을 향하는데, 수직항력은 바닥에 수직인 방향으로 받쳐주는 힘이니까 이 경우는 중력과 수직항력이 정반대의 방향이 아니게 되는 거지. 수직항력을 빗변으로 하는 직각삼각형을 만들어보면, 중력과 나란한 방향의 성분 크기가 중력의 크기와 같아야 하는 거고 말이야.

울리 중력과 수직한 방향의 성분은 곧 구심력이고요?

바리 구심력으로 작용하지. 총 구심력을 알려면 마찰력까지 합쳐야 해. 기울어진 도로에서 회전하는 자동차에 작용하는 중요한 힘이 중력, 수직항력, 도로와 타이어 간의 마찰력인데, 이 경우 중력과 수직항력의 합이 회전 중심 방향이기 때문에 구심력은 마찰력에 의한 것보다 더 커지게 된단다.

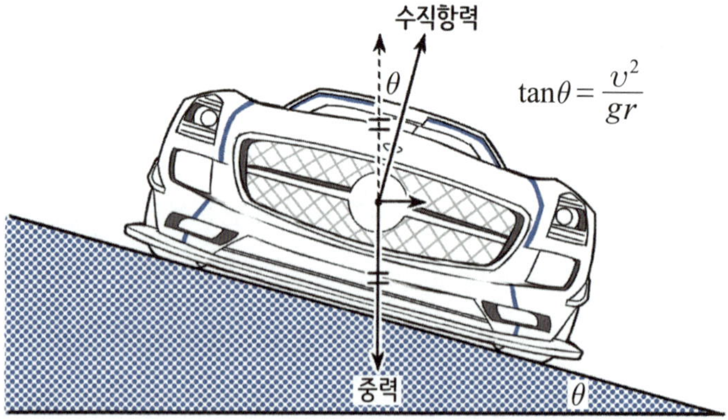

엘리 도로를 많이 기울일수록 수직항력과 중력이 만든 구심력이 커지겠어요.

울리 그럼, 마찰력이 없어도 도로만 많이 기울이면 자동차들이 안전하게 회전할 수 있고요.

바리 맞아. 실제로도 속력이나 도로가 굽은 정도에 따라 얼마만큼 기울여야 자동차가 마찰력 없이 회전할 수 있는가를 계산해서 도로를 만들지. 도로가 미끄러워도 자동차가 충분한 구심력을 받게 하려고 말이야. 재미있게도 기울어진 도로의 각도 θ는 기울어진 자전거의 경우처럼 $\tan\theta = \frac{v^2}{gr}$이란다. 이 조건을 만족하면 도로의 마찰력은 필요 없고 말이야.

엘리 그림을 보니 $\tan\theta = \frac{\text{구심력의 크기}}{\text{중력의 크기}}$라는 걸 바로 알겠어요. 근데 비가 내려도 도로가 미끄러워요? 얼음도 아니고 그냥 물인데요?

바리 비가 많이 오면 도로 표면에 물분자가 달라붙어 울퉁불퉁했던 표면을 매끄럽게 해주거든. 표면이 매끄러워지니 타이어와 도로 사이의 마찰력은 줄어들지. 이런 현상을 '수막현상'이라고 하는데, 심한 경우에는 차가 물 위로 살짝 뜨기까지 해.

엘리 그 무거운 차가 뜬다고요? 물 때문에요?

바리 무섭지? 그래서 눈이나 비 오는 날엔 속력을 줄이는 게 안전한 거야. 이건 회전하지 않고 그냥 직선으로만 갈 때도 마찬가지야. 직선운동도 작용·반작용으로 자동차가 도로를 밀면 도로가 자동차 타이어를 밀어서 차가 움직일 수 있는 건데, 이때 만약 마찰력이 작으면 타이어가 도로를 세게 못 밀잖아.

울리 아하~ 그렇군요~

엘리 참, 원운동인데 각속도나 각가속도는 어떻게 된 거예요? 구심가속도가 속력의 제곱에 비례하고 원궤도 반지름에 반비례한다고 하셨는데($a_{구심} = \frac{v^2}{r}$), 각속도와 각가속도도 궁금해요.

울리 원운동의 각가속도는 0이잖아.

엘리 아 참, 그렇지. 일정한 각속도를 가지니까.

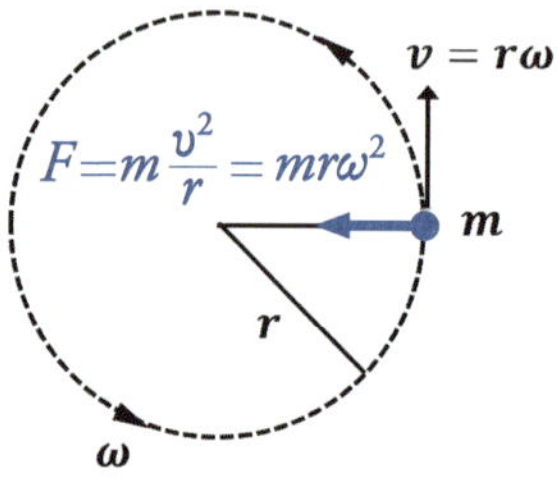

바리 각속도를 구하려면 먼저 원에서 호의 길이를 각으로 나타내야 하는데, 각이 아주 작은 경우 '호의 길이 = 반지름 × 각'이야. 이 식을 시간으로 나누면 '속력(v) = 반지름(r) × 각속력(ω)'이 되겠지. '호의 길이 ÷ 시간'은 원주를 따라 움직이는 속력이고, '각 ÷ 시간'은 각속도의 크기니까 말이야. 기호로 쓰면 $v = r\omega$고 각속력을 의미하는 ω는 '오메가omega'라고 읽으면 돼.

엘리 그럼 구심가속도의 크기 $a_{구심} = \frac{v^2}{r} = r\omega^2$이 돼서 각속력의 제곱에 비례하고 반지름에도 비례하잖아요?

바리 그건, 반지름이 변하면 속력도 변하기 때문이야. 일정한 각속도로 돌고 있는 원판을 부분으로 나눠 생각해보면, 회전축이 지나는 원판의 중심 부분은 원 둘레가 짧아서 천천히, 원판 끝 가장자리 부분은 원 둘레가 길어서 빨리 돌아야 하잖아. 그럼 구심력은 어떻게 표현될까?

울리 그건 쉽죠. $F=ma$! 원운동하는 물체의 질량을 m이라고 하면, 구심력은 $mr\omega^2$이네요.

바리 맞았어. 원운동과 관련해서는 아직 한참 얘기해야 하니까 토요일에 같이 좀 더 알아보자! 시간 넉넉히 잡고 다시 오렴~

바리 교수의 물리노트 25

- 도로를 기울이면 자동차의 수직항력과 중력의 합이 구심력 역할을 하기 때문에 마찰력이 없어도 회전할 수 있다. 이때 도로의 기울기 각도 θ는 $\tan\theta=\frac{v^2}{gr}$을 만족한다.
- 반지름이 r인 원을 그리며 일정한 각속도 ω로 원운동하는 질량 m의 물체는 원주의 접선 방향으로 속력 $v=r\omega$를, 중심 방향으로 구심가속도 $a_{구심}=\frac{v^2}{r}=r\omega^2$과 구심력 $m\frac{v^2}{r}=mr\omega^2$을 갖는다.

26 구심력을 받지 못해서 튀어나온다구요?

구심력/무중량 상태

지난번 시간을 넉넉히 잡고 오라는 바리 교수의 이야기에, 울리와 엘리는 조금 이른 토요일 오후에 만나 바리 교수의 집으로 향했다. 한편으로는 물리 공부를 너무 오래 하게 될까 봐 걱정도 되었지만, 쌀쌀맞은 아린이랑 친해질 수 있지 않을까 하는 기대도 되었다. 대문 근처에 가니 벌써 아린이가 어떻게 알고 마구 짖기 시작했다. 집 안을 살펴보니 바리 교수는 세탁기를 돌리고 있었다.

울리 아줌마, 안녕하세요~ 저희 왔어요~

바리 그래~ 어서 오렴!

엘리 빨래하시네요? 교수님은 집안일 안 하는 분들인 줄 알았어요.

바리 하하- 집안일을 어떻게 안 하고 살겠니? 그리고 집안일에도 물리 법칙과 관계된 것이 많아서 발견하는 즐거움이 있단다! 우리 빨래가 끝날 때까지 기다리는 동안 간단한 실험 하나 할까?

울리 무슨 실험이요? 전 뭔가 해보는 것은 다 좋아요~

바리 자, 이렇게 굵은 막대 2개로 레일을 만들고, 종이컵 2개를 맞붙인 후 이걸 레일 위로 굴리는 거야.

엘리 종이컵을 어떻게 붙여요? 입구끼리 붙여요? 아니면 바닥끼리 붙여요?

울리 둘 다 만들어봐~ 이것저것 가능한 건 다 해보자!

바리 후후, 울리가 실험정신이 좋구나. 둘 다 만들어서 어떤 것이 저 레일 위를 더 안정적으로 잘 굴러가나 같이 보려고 했거든. 먼저 예측을 해볼래? 어느 것이 더 잘 굴러갈까? 입구끼리 붙여서 가운데가 불룩한 것? 아니면 바닥끼리 붙여서 가운데가 잘록한 것?

울리 그 둘이 차이가 있어요? 처음에 잘 굴리면 둘 다 잘 가는 것 아닌가요?

엘리 그러게, 잘 모르겠어요. 그냥 한번 굴려볼게요~!

바리 그래~ 그럼 굴려보렴~

울리 어? 어? 가운데가 불룩한 것이 훨씬 안정적으로 굴러가는데요?

다시 해볼래요.

엘리 어? 다시 해도 마찬가지네?

울리 응, 바닥끼리 붙여 가운데가 잘록한 것은 자꾸 레일 밖으로 떨어지는데? 아줌마, 왜 그런 거죠?

바리 그렇지? 먼저 복습부터 해보자. 지난번에 일정한 각속도 ω로 반경 r의 원을 그리며 움직이는 물체의 속력 $v=r\omega$를 얘기했는데 기억날까?

엘리 기억나죠. 집에 가서 복습도 했어요.

바리 잘했구나. 그럼 이 종이컵이 굴러갈 때 회전축은 어디일까?

울리 종이컵 밑바닥의 정중앙을 뚫고 나가는 선이 회전축이죠.

바리 그래. $v=r\omega$라는 것은, 회전축에서 가까운 부분은 천천히, 회전축에서 먼 부분은 빨리 움직인다는 것을 의미하는데, 그걸 이 실험에도 적용해보면 어떻게 될까?

울리 컵 2개를 붙인 것이 하나의 바퀴처럼 굴러가는 것이니까 가는 부분의 속력은 느리고, 굵은 부분의 속력은 빨라요. ω는 일정한데 가는 곳은 r이 작고, 굵은 곳은 r이 크니까요.

바리 이해를 잘했네. 그럼 이제 이렇게 가운데가 불룩한 종이컵이 살짝 왼쪽으로 치우쳐 굴러간다고 생각해봐. 어때? 왼쪽 레일에 닿은 부분은 오른쪽 레일에 닿은 부분보다 통이 굵어서 더 빨리 움직이겠지? 왼쪽이 오른쪽보다

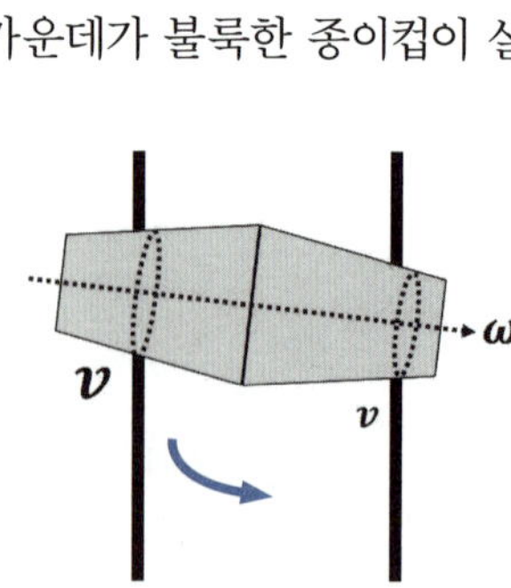

더 빨리 움직이면 종이컵 바퀴는 오른쪽으로 치우치게 될 거고 말이야.

엘리 아, 그래서 가운데가 불룩한 바퀴가 처음에 왼쪽으로 치우쳤어도 바로 오른쪽으로 방향을 틀어 떨어지지 않고 똑바로 갈 수 있는 거네요.

울리 잠깐! 그럼 이렇게 가운데가 잘록한 바퀴가 왼쪽으로 치우쳐 굴러간다면 왼쪽 레일에 닿는 부분이 오른쪽 레일에 닿는 부분보다 통이 좁아서 더 천천히

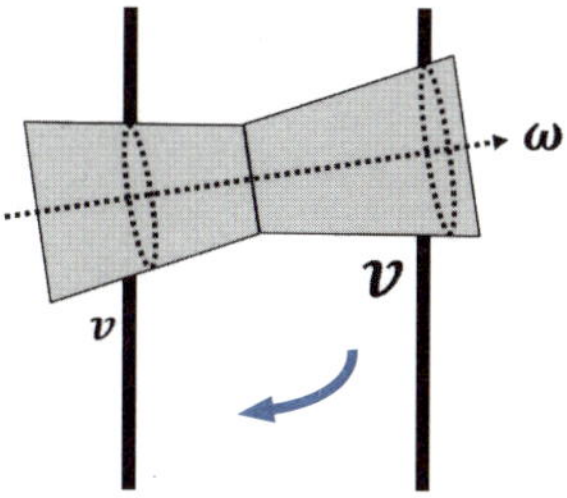

움직이겠네요? 그럼 왼쪽은 천천히, 오른쪽은 빨리 움직여서 바퀴는 왼쪽으로 더욱 치우치게 되고, 따라서 굴러가다가 레일을 벗어나 떨어지는 거고요.

바리 반대의 경우를 울리가 잘 설명했어. 이 원리를 그대로 이용해서 실제 기차 바퀴를 디자인할 때는 레일 안쪽 부분을 바깥쪽 부분보다 약간 굵게 만들지. 아주 간단한 원운동의 성질이 긴 레일 위를 달리는 큰 기차의 안전에까지 도움을 준다는 것이 신기하지 않니?

엘리 완전 신기해요! 근데 아줌마, 세탁기 끝났나 봐요. 음악 소리가 들려요.

바리 그래, 가보자~ 근데 너희들, 세탁기의 탈수 원리가 뭐라고 생각하니? 원심력?

울리 네! 물을 바깥쪽으로 밀어내는 원심력이 있어서 탈수가 된다고 들은 것 같아요.

엘리 저도요! 아닌가요?

바리 원심력은 매우 조심해서 사용해야 하는 용어야. 개념이 단순하지 않거든. 원심력은 나중에 따로 설명을 해줄게. 일단은 세탁기통이 회전운동을 하니 우리가 공부했던 구심력으로만 탈수 원리를 이해해보자.

엘리 그게 그거 아니에요? 구심력하고 원심력은 항상 같이 있는 작용·반작용이잖아요?

바리 사실은 아니거든. 오늘은 구심력과 원심력이 작용·반작용 관계가 아니라는 것만 강조하고, 원운동을 하게 하는 구심력에만 초점을 맞춰서 보자. 우리가 '세탁기의 탈수 과정을 관찰하는 입장'에서 보면, 세탁기통이 돌 때 그 안의 빨래도 돌겠지? 그럼 빨래에 작용하는 구심력은 뭘까?

엘리 우리가 '세탁기의 탈수 과정을 관찰하는 입장'에 있다는 것을 강조하시는 이유가 있나요?

바리 하하- 예리한데? 나중에 원심력을 설명할 때 구분할 건데, 우리가 회전하는 세탁기통 속에서 세탁기통과 함께 회전하는 입장에 있는가, 아니면 회전하는 세탁기통을 밖에서 보고 있는 관측자의 입장에 있는가가 중요해. 지금은 돌아가는 세탁기통을 관찰하는 우리의 입장만 생각하자~ 다시, 그럼 통과 함께 돌고 있는 빨래에 작용하는 구심력은 뭘까?

울리 세탁기통이 받쳐주는 힘 아닐까요? 통의 중심으로 향할 수 있는 것은 그것밖에 없는 것 같은데요.

바리 훌륭한 유추 방법인데? 답도 맞고 말이지. 빨래가 세탁기통과 같이 원운동을 할 수 있는 것은 바로 세탁기통의 벽면 때문이야. 모터가 세탁기통을 돌리면 통 속의 빨래들은 곧바로 원운동을 하는 것이 아니라 그냥 원래의 운동 상태를 유지하려 하는데, 하지만 통이 돌아가니 빨래들은 통의 벽면과 부딪치게 되고 그 반작용으로 구심 방향의 힘도 생기는 거지. 물론 빨래와 세탁기통 벽면 사이의 마찰력도 한몫을 하겠지만 말이야. 만일 벽면이 없고 바닥만 있는 판이 돈다면, 그 위에 놓인 빨래는 원운동을 하지 못하고 모두 밖으로 튕겨 나가겠지?

엘리 아, 그렇겠네요.

울리 그럼 물도 세탁기통의 벽면으로부터 구심력을 받나요?

바리 세탁기통의 벽면에 작은 구멍들이 뚫려 있지 않다면 그렇겠지. 근데 세탁기통 벽면에는 구멍이 많이 뚫려 있잖아. 즉 구멍은 물을 받쳐주지 못하니까 구심력을 만들어내지 못하는 거고, 따라서 구멍을 통해 나오는 물은 구심력을 받지 못하니 원운동을 하지 못하고 통의 접선 방향으로 쉽게 빠져나오게 되는 거지.

울리 빨리 돌릴수록 구심력은 커지는 거죠? 구심력이 각속도의 제곱에 비례하는 거니까요? 그리고 구심력을 받지 못하는 물도 통을 빨리 돌릴수록 잘 빠져나오는 거고요?

바리 바로 그거야. 통이 빨리 돌면 그 속에서 구심력을 받지 못하는 물은 더 빨리 접선 방향으로 빠져나오게 되지. 탈수할 때 통의 각속도는 400~1,000rpm(아르피엠) 정도라고 하는데, 여기서 rpm revolution per minute은 1분 동안 회전하는 횟수를 나타내는 각속도의 단위야.

엘리 비에 젖은 우산 손잡이를 쥐고 세게 빙빙 돌리면 물방울이 막 튀어 나가는데, 이것도 물방울을 잡아주는 구심력이 없기 때문이라 할 수 있겠네요~

바리 그렇지! 놀이동산의 롤러코스터도 코스가 복잡하긴 하지만 둥근 레일을 따라 도는 동안 구심력이 작용하고 있는 거지. 그림은 원으로 그렸지만, 실제 롤러코스터의 전체 코스는 윗부분의 반지름이 아랫부분보다 훨씬 작아서 위치마다 구심력이 다르긴 해. 곡선 부분이 원의 일부라고 생각했을 때의 반지름 말이야.

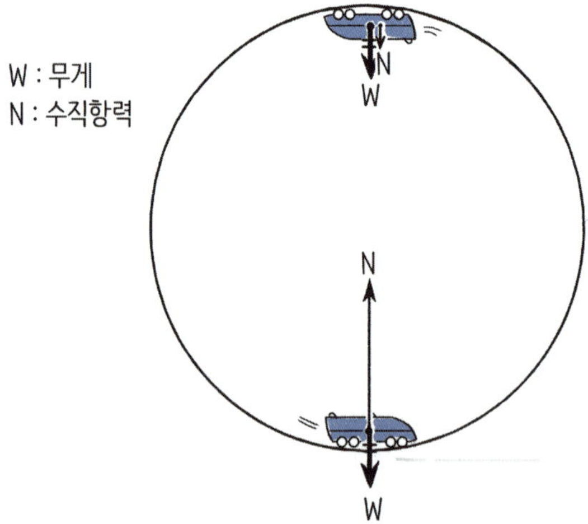

울리 맞아요. 롤러코스터를 탔을 때 느낀 건데 꼭대기를 거꾸로 달릴 때는 느낌이 정말 이상했어요.

바리 마찰력이나 공기저항을 무시하고 지구중력과 수직항력만 생각해보면, 롤러코스터 꼭대기와 바닥에서 수직항력이 많이 다르다는 것을 알 수 있어. 전체 코스가 원형이라고 가정하고 생각해볼래?

엘리 중력은 꼭대기나 바닥에서 모두 아래를 향하는데, 롤러코스터의 경우 수직항력은 꼭대기에서는 중력과 같은 방향, 바닥에서는 중력과 반대 방향으로 작용하네요?

바리 맞아. 바닥에서는 수직항력에서 중력을 뺀 힘이 구심력이 되고, 꼭대기에서는 중력과 수직항력을 더한 힘이 구심력이 되는 거지. 근데 꼭대기에서는 수직항력은 필요 없이 중력이 구심력 역할을 할 수 있기 때문에, 꼭대기에서 구심가속도가 중력가속도와 같아지게 반지름과 속력을 조정하면 수직항력이 0이 될 수 있단다.

엘리 그럼 롤러코스터를 타는 동안 수직항력이 바닥에서는 아주 컸다가 꼭대기에서는 없을 수도 있는 거네요?

바리 그렇지. 특히 꼭대기에서 수직항력이 없으면 무게를 못 느끼는데, 이런 상태를 흔히 '무중력' 상태라고 하지만 실은 중력이 없는 것이 아니라 무게가 없는 거야. 그래서 영어로는 'weightless', 즉 '무중량' 상태라고 하는 것이 더 맞는 표현이지.

울리 아, 그래서 꼭대기에서는 몸이 붕~ 뜬 것 같은 느낌이고 바닥에서는 몸이 뭔가에 눌리는 느낌이군요.

바리 맞아. 사실 처음에는 롤러코스터의 코스를 원형으로 만들었는데, 꼭대기에서 떨어지지 않고 돌 수 있는 속력의 열차는 바닥에서 너무 큰 수직항력을 받기 때문에 그걸 탄 사람들의 뼈가 탈골되기도 하고 부러지기도 하고 그랬다는구나. 그래서 꼭대기 부분은 작은 원의 일부, 바닥 부분은 큰 원의 일부가 되게 디자인(이런 모양의 나선을 '클로소이드clothoid'라고 부른다)해서, 열차의 속도가 가장 빠른 바닥 부분에서의 구심력이 크지 않게 한 거야.

〈 Clothoid loop 〉

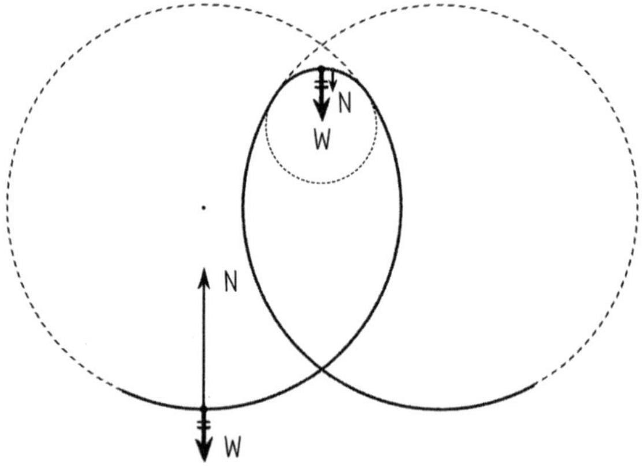

울리 아하, 그럼 바닥 부분에서의 수직항력도 크지 않게 되어 위험하지 않게 되는 거군요.

바리 그래~ 괜찮다면 다음 토요일에도 찾아오렴! 이제 원심력에 대해 배워봐야지?

엘리 원심력이 구심력의 반작용이 아니라니, 그럼 원심력은 대체 뭔지 궁금해져요. 다음 주 토요일에 올게요~

바리 교수의 물리노트 26

- 세탁기의 탈수 과정은 구심력을 받지 못한 물이 밖으로 빠져나오는 것이라고 할 수 있다.
- 원심력은 구심력의 반작용이 아니다.
- 우리는 중력을 느끼는 것이 아니고 수직항력을 느낀다.
- 롤러코스터 꼭대기에서 거꾸로 회전할 때 구심가속도가 중력가속도와 같으면 수직항력은 0이 되어 '무중량weightless' 상태가 된다.

27 가짜힘인데 진짜 느낀다구요?

원심력

바리 교수에게 원심력에 대해 배우기로 한 토요일, 울리와 엘리는 일찍 만나 같이 점심을 사먹고 가기로 했다. 분식집에서 떡볶이를 먹으며 엘리가 원심력에 대해 미리 조사를 좀 해보자고 해서 둘은 열심히 인터넷을 검색했다. 그런데 어떤 글에서는 원운동하는 물체에 원심력과 구심력이 동시에 작용하는 것으로 그려져 있는 반면, 또 어떤 글에서는 원심력만 있는 것으로 그려져 있고, 원심력·구심력이 작용·반작용이라고 되어 있기도 해서 두 개념이 잘 이해되지 않았다.

바리 어서들 오렴~ 오늘은 원심력에 대해 공부해보자고 했지?

울리 네~ 저희가 원심력에 대해 미리 공부를 좀 해오려고 했는데, 찾아봐도 잘 모르겠더라구요.

엘리 지난번에 원심력은 구심력의 반작용이 아니라고 하셨는데, 이 둘이 크기는 같고 방향은 반대라고 나온 글을 보면 꼭 작용·반작용 같거든요.

바리 오~ 미리 찾아봤다는 것이 놀라운데? 인터넷을 검색해서 나오는 내용들이 모두 믿을 만한 것만 있는 것도 아니고, 설명을 잘 해놓은 것만 있는 것도 아니니 그럴 수 있어. 그리고 지난번에도 얘기했듯이, 원심력이 그리 쉬운 개념도 아니거든.

엘리 흔하게 쓰는 용어라서 쉬운 것인 줄 알았는데 그렇게 어려워요?

바리 어렵다기보다는 일반적으로 사람들이 정확히 이해하고 사용하는 용어가 아니라는 의미야.

울리 저희는 오늘 원심력을 정확히 이해하는 사람이 되겠네요? 히히-

바리 그럼~ 그래야지! 자, 이제 상상으로 실험을 하나 해보자. 생수통처럼 투명한 플라스틱 통의 윗부분을 잘라내고, 양 옆에 구멍을 뚫은 후 끈을 끼워 빙빙 돌리는 상황을 상상해봐. 이때 파리 한 마리가 날아와 너희가 돌리는 원통 바닥에 앉았어. 통이 돌아가는 동안 파리가 미끄러지지도 않고 그대로 바닥에 앉은 채 같이 돌아간다면 이 파리는 원운동을 하는 것으로 보이겠지?

울리 네~ 실제 그런 상황이면 파리가 날아가 버릴 것 같지만, 만약 가만히 있다면 통과 함께 원을 그리며 돌 테니까요.

바리 원운동을 하고 있는 물체는 무슨 힘을 받고 있는 거라고 했지?

울리 구심력이요~

바리 그럼 파리한테 작용하는 구심력은 무엇일까? 통이 그리는 원의 중심을 향하는 힘을 찾아봐. 통에 연결된 줄의 길이가 원의 반지름이라고 생각하고 말이야.

엘리 원운동의 중심을 향하는 힘은 통의 바닥이 파리를 받쳐주는 수직항력밖에 없는 것 같은데요?

울리 그럼 파리한테 작용하는 지구중력과 수직항력이 서로 직각인 거네요? 지구중력 때문에 파리가 떨어지지 않는다는 것은 반대 방향의 다른 힘이 있다는 건가요?

바리 차근차근 생각을 잘하는데? 엘리 말대로 수직항력이 구심력 역할을 하는 거고, 파리가 떨어지지 않고 바닥에 붙어 있다는 것은 파리의 발바닥과 통의 바닥 사이 마찰력이 파리에 작용하는 지구중력을 상쇄시켜주고 있다는 뜻이지.

울리 아~ 마찰력이 있겠네요.

바리 이제 상상을 조금 더 해서, 이 원통 바닥에 아주 작아진 '이상한 나라의 앨리스'가 함께 앉아 파리를 관찰하고 있다고 생각해보자. 과연 앨리스 눈에도 파리가 원운동을 하는 것으로 보일까?

엘리 그래야 하는 것 아니에요? 파리는 돌고 있으니까요.

울리 잠깐! 좀 이상해. 앨리스와 파리는 모두 원통 바닥에 앉아 있는데 어떻게 앨리스한테 파리가 돌아가는 것으로 보이겠어? 그냥 바로 옆에 앉아 있는 거잖아. 통 안에서 파리가 혼자 앨리스 주변

을 뱅뱅 도는 것도 아니고 통 바닥에 딱 붙어 있는 건데 말이야.

엘리 그건 그렇지만, 돌고 있는 것은 느껴야 하는 것 아닌가?

바리 우리 귀는 회전에 민감해서, 앨리스가 생물학적으로 자신이 돈다는 것을 느낄 수야 있겠지. 하지만 물리학적으로 돈다는 것은 방향을 계속 바꾸는 운동이니까 가속운동이고, 가속운동은 속도가 변해야 하는데 앨리스가 보고 있는 파리는 그대로 있잖니?

울리 아~ 그럼 앨리스는 파리에 작용하는 힘이 없다고 생각하겠네요?

엘리 힘이 왜 없어? 앨리스의 입장에서 봐도 통 바닥이 파리를 받쳐주는 수직항력이 있잖아?

바리 엘리 말대로 바깥에서 회전하는 원통 속의 파리를 보든, 회전하는 원통 속에 들어가서 파리를 보든 간에 이 파리는 분명 바닥이 받쳐주는 수직항력을 받고 있지. 바깥에서 보는 사람에게는 이 수직항력이 바로 구심력이 되어 파리가 원운동을 하는 것으로 보이지만, 원통 속에서 같이 돌고 있는 앨리스에게는 분명 가만히 있는 파리를 보고 있는 것이니 이상한 거지. 뉴턴의 제1법칙인 관성의 법칙에 의하면 운동 상태의 변화가 없기 위해서는 작용하는 힘이 없어야 하는데 말이야.

울리 그럼 이 상황을 어떻게 해석해야 하죠?

바리 뉴턴의 운동법칙이 적용되려면 회전하는 원통에 어떤 '가상적인 힘'이 더 작용하고 있어야 한다는 거야. 이 가상적인 힘은 바닥이 받쳐주는 수직항력과 크기는 같으면서 방향이 반대여서 회전하는 원통 속의 파리가 아무 힘도 받지 않는 상태가 될 수 있어야 하고 말이지.

엘리 가상의 힘이요? 진짜 힘이 아니라는 뜻인가요?

바리 응. 지금까지 얘기했던 힘들은 모두 두 물체 간의 상호작용이어서 작용·반작용이 있었는데, 이 가상의 힘은 물체 간의 상호작용이 아니기 때문에 반작용이 없거든.

엘리 음…. 이 가상의 힘이 바로 원심력이군요?

바리 그래. 항상 회전하는 원통의 중심에서 멀어지는 쪽으로 작용하기 때문에 '원심력centrifugal force'이라고 부르는 거야. 원심력은 회전하는 원통 바닥의 파리를 원통 바깥에서 보는 사람에게는 전혀 보이지 않는 힘이라 '가짜힘pseudo-force' 또는 좀 더 일반적으로 '관성력inertial force'이라고 한단다.

울리 으~ 새로운 용어가 또 막 나오네요.

바리 미안~ 원심력이 쉬운 용어가 아니라고 한 이유야. 그래도 중요한 용어를 하나 더 알려줘야 하는데 어쩌지? 이렇게 뉴턴의 운동법칙을 적용하기 위해 가짜힘이 필요한 시스템을 '비관성계', 가짜힘의 도움 없이 뉴턴의 운동법칙이 적용되는 시스템을 '관성계'라고 해. 뉴턴의 제1법칙은 힘이 없을 때의 특별한 경우가 아니라 운동법칙이 적용되는 관성계를 정의하기 위한 거고 말이야.

울리 원운동하는 원통 속에서 보면 원심력이 있어서 비관성계고, 원통 밖에서 보면 원심력이 없어서 관성계라고 알면 되나요?

바리 정지한 상태에서 원통을 돌리고 있는 관측자는 관성계, 원통 속 관측자는 비관성계인 셈이지. 원통 속 관측자는 원통을 돌리고 있는 관측자에 대해 가속운동을 하고 있는데, 이렇게 가속운동을 하고 있는 관측자는 가상의 힘을 실제 경험한다는 거야. 이런 가상의 힘을 통틀어 관성력이라고 부르는 거고 말이야.

엘리 가상의 힘을 실제 느낀다니요?

바리 가상의 힘이지만 가속운동하는 비관성계에서는 실제 있는 힘이거든. 만일 가속운동이 원운동이면 원운동을 하는 관측자는 실제 원심력을 받는 것처럼 말이야.

엘리 관측자의 운동 상태가 가속운동인가 아닌가를 늘 따져봐야 하는 거네요.

울리 원운동하는 원통 속의 앨리스나 파리한테는 원통 밖의 관측자가 보는 구심력과 원심력이 동시에 모두 작용하는 거군요.

바리 그렇지. 두 힘이 모두 동시에 파리한테 작용하니 작용·반작용짝이 아니라는 것을 알 수 있지? 작용과 반작용은 서로 다른 물체에 작용하는 거니까 말이야.

울리 아~ 그러고 보니 정말 두 힘이 크기는 같고 방향은 반대지만 같은 물체에 작용하네요? 근데 지구도 돌고 있잖아요? 원통을 돌리는 사람도 돌고 있는 지구 위에 있는 거니까 정지한 것은 아니지 않나요?

바리 와~ 훌륭한 질문이야. 울리 말대로 지구상에 있는 우리 모두는 자전하는 지구 위에 있는 거라 기본적으로 원심력을 경험하고 있지. 그 원심력의 효과가 우리 몸무게에 나타날 수도 있고 말이야.

엘리 원심력 때문에 몸무게가 변한다고요? 어떻게요?

바리 지구 자전에 의한 원심력은 지구중력과 반대 방향으로 작용하니 몸무게가 좀 줄어들겠지? 특히 적도지방에서는 극지방에서보다도 원심력이 커서 좀 더 많이 줄어들 테고 말이야.

울리 왜 적도지방에서 원심력이 더 커요?

바리 지구가 둥그니 극지방에 있는 사람은 거의 돌지 않아 원심력을 적게 받지만, 적도로 갈수록 회전축으로부터 거리 r이 길어져서 접선 속력이 크니까 더 큰 원심력을 받는 거지. 일정한 각속도 ω로 원운동하는 물체 m에 작용하는 구심력의 크기가 얼마지?

울리 $m\frac{v^2}{r}=mr\omega^2$이요~ 그렇네요. 원심력의 크기는 구심력의 크기와 같으니 적도로 갈수록 원심력도 커지겠군요.

엘리 그럼 지난번에 같이 얘기한 세탁기의 탈수 원리도 결국은 원심력으로 설명할 수 있는 거네요?

바리 그렇지. 하지만 세탁기의 탈수 원리를 원심력으로 설명하는 것은 세탁기통 안에 있는 '앨리스'의 입장이지 밖에 있는 우리의 입장은 아니라는 걸 알아둬야겠지?

울리 휴~ 과학에서도 누구의 입장인지를 잘 따져보는 게 중요하군요.

바리 교수의 물리노트 27

- '관성계'는 뉴턴의 제1법칙이 적용되는 기준계고, 관성계에 대해 가속운동을 하는 기준계는 '비관성계'로서, 뉴턴의 운동법칙을 적용하려면 가상의 힘인 '관성력'이 필요하다.
- 관성력inertial force: 정지한 관측자(A)에 대해 상대적으로 가속운동하고 있는 관측자(B)가 본 물체(O)의 운동을 뉴턴의 운동법칙으로 설명하는 데 필요한 가상적인 힘으로, A가 관측한 물체의 가속도와 반대 방향으로 작용한다. (이때 B와 O는 상대 운동이 없고, O는 A에 대해 가속운동을 한다.)
- 원심력centrifuge force: 원운동을 하고 있는 관측자가 경험하는 관성력으로, 회전축으로부터 멀어지는 방향으로 작용하고, 크기는 회전축으로부터의 거리와 각속력의 제곱에 비례한다.

28 엘리베이터 안에서 몸무게를 재면 평소랑 다르게 나온다구요?

관성력

엘리와 함께 바리 교수의 집에 놀러 가기로 한 날, 아파트 엘리베이터를 타고 내려가던 울리는 문득 엘리베이터가 움직이고 있지 않는 것 같은 느낌이 들었다. 1층을 안 눌렀나 싶어서 고개를 들어 확인하니 다행히 층수는 잘 내려가고 있는데…. 아파트 현관에서 기다리고 있던 엘리와 만난 울리는 방금 자신이 한 경험에 대해 얘기하며 함께 아파트를 나섰다. 주택단지에 도착해 바리 교수 집에 들어서니 아린이는 여전히 무섭게 짖는다. 그런데 왜 꼬리는 치는 거지?

울리 아린이는 왜 꼬리는 치면서 저리 짖을까요?

바리 하하, 저건 좋아서 꼬리를 치는 게 아니라 경계한다는 뜻이래.

엘리 엥~ 그럼 좋아서 꼬리를 치는지 경계하는 건지 어떻게 구분해요?

바리 개들이 좋아서 꼬리칠 때는 꼬리가 자기 몸의 오른쪽으로 치우치고, 경계할 때는 왼쪽으로 치우친다는구나. 아린이 꼬리를 잘 보면 왼쪽으로 약간 치우쳐서 흔들잖아. 내가 만져줄 때는 다시 오른쪽으로 치우치고 말이야.

울리 와~ 신기하네요. 그렇게 감정 표현을 하는군요. 근데 오늘은 무슨 얘기를 해주실 거예요?

바리 지난번에 원운동하는 물체와 같이 원운동하는 관측자가 느끼는 관성력, 즉 원심력에 대해 얘기했는데, 오늘은 가속운동을 하는 엘리베이터 안에서 생기는 관성력에 대해 알려주려고 해~

울리 어? 저 아까 전에 엘리베이터를 타고 내려오면서 엘리베이터가 정지한 것 같은 느낌을 받았는데 그것도 관성력과 관련이 있는 건가요?

바리 그런 느낌이 언제 들었는데? 엘리베이터를 타자마자? 내려오는 도중에? 아니면 내리기 직전에?

울리 타자마자는 분명 움직이는 것을 느꼈는데, 조금 지나니 완전히 정지한 것 같았어요.

바리 울리가 고층아파트에 사나 보구나.

엘리 그건 또 어떻게 아세요? 울리 20층에 살아요.

바리 높은 층을 오르락내리락하는 엘리베이터는 처음 출발할 때와 멈출 때는 가속운동을 하지만 중간 구간 동안은 속도가 변하지 않는 등속운동을 하거든. 속도의 변화가 없으니 마치 정지해 있다고 느낄 수 있는 거고 말이야.

울리 아하~ 예전에 들은 것 같아요. 등속으로 날고 있는 비행기 안은 마치 정지한 것 같다는 거요. (1권 9화 참조)

바리 맞아. 근데 지금은 관성력에 대해 얘기하려고 하니까, 엘리베이터가 가속운동할 때를 살펴보자.

엘리 그럼 엘리베이터 안에 있는 사람이 느끼는 힘을 분석해야겠네요.

바리 그래. 그러기 위해서 엘리베이터 안에 체중계를 가져다 놓고 몸무게를 재는 상황을 생각해보자. 좀 더 구체적으로, 정지해 있던 엘리베이터가 위로 올라갈 때 울리는 체중계 위에 올라가 있고, 엘리는 같은 엘리베이터 안에서 체중계의 눈금을 확인하는 거야. 나는 엘리베이터를 타지 않았다고 가정하자.

엘리 정지해 있던 엘리베이터가 위로 올라간다는 것은 엘리베이터가 위로 가속운동을 한다는 거죠?

바리 그렇지. 엘리베이터 안에 있는 엘리나 울리는 밖에 있는 내가 볼 때 가속운동을 하는 거지.

울리 가속운동하는 관측자 엘리와 정지한 관측자 아줌마, 그리고 저는 실험대 위에 있는 물체, 뭐 이런 거네요?

바리 하하- 그렇다고 볼 수 있겠네.

엘리 가속운동하는 관측자는 가상의 힘을 느낀다!

바리 가르친 보람이 있는데? 엘리베이터는 오르락내리락만 하니 직선운동을 하는 거지만, 가속운동을 하니까 가상의 힘인 관성력이 작용한다는 거야. 근데 관성력을 설명하기 전에, 엘리베이터를 타지 않은 내가, 위로 가속하는 엘리베이터 안의 체중계 눈금이 나타내는 울리의 몸무게는 얼마라고 주장할지 생각해보렴.

울리 음, 그냥 집에서 잰 제 몸무게랑 다르게 나오나요?

바리 일단 엘리베이터 안의 울리한테 작용하는 힘을 모두 생각하고 뉴턴의 운동법칙 $F=ma$를 이용해봐.

울리 아줌마가 엘리베이터 밖에서 봤을 때, 저한테 작용하는 힘은 아래쪽 방향의 지구중력($-mg$)과 체중계가 받쳐주는 위쪽 방향의 수직항력(N)이 전부겠죠?

엘리 근데 엘리베이터는 위로 가속운동을 하고 있으니 엘리베이터의 가속도를 a라고 하면, 뉴턴의 운동법칙에 의해 $N-mg=ma$라는 식이 나오네요.

바리 맞아. 따라서 체중계가 알려주는 수직항력 $N=mg+ma$가 되겠지?

울리 수직항력이 몸무게잖아요? 그럼 엘리베이터 안의 제 몸무게가 더 무거워진다는 건가요?

바리 그렇다고 볼 수 있지. 위로 가속운동하는 엘리베이터 안에서 몸무게를 재면, 엘리베이터의 가속도에 네 질량을 곱한 값만큼 수직항력이 늘어나니까 말이야.

엘리 오~ 체중계 눈금이 평소보다 더 무겁게 나타난다는 거죠? 근데 엘리베이터 안에 있는 우리도 그것과 똑같은 눈금을 보는 거잖아요?

바리 그래서 이제는 엘리베이터 안에 있는 엘리의 입장에서 울리가 받는 힘들을 분석해봐야겠지? 엘리가 봤을 때, 울리한테 지구 중력과 수직항력은 여전히 작용하지만 가속운동을 하는 것은 아니지. 울리는 엘리 옆에 가만히 정지해 있으니까 말이야.

울리 네~ 그럼 가속도가 0이니까, $N-mg=0$이 되나요?

엘리 그건 수직항력 $N=mg$가 돼서 엘리베이터 밖의 아줌마가 보는 체중계 눈금과 다르게 되잖아? 그니까 그건 아닌 것 같은데…. 아, 아줌마가 가상의 힘을 넣어서 같게 하실 것 같아요.

바리 그래~ 가속운동을 하는 엘리베이터 안에는 가상의 힘, 즉 가속도와 반대 방향의 관성력이 작용한다는 거야. 다시 말하면 울리에게 작용하는 힘은 위쪽 방향의 수직항력, 아래쪽 방향의 지구 중력, 그리고 아래쪽 방향의 관성력이라는 거지.

엘리 그 관성력의 크기는 '울리의 질량×엘리베이터의 가속도 크기'와 같아야 하고요?

바리 그렇지. 정리하면 엘리는, '울리가 받는 알짜힘이 위쪽 방향으로 $N-mg-ma$인데, 울리는 정지해 있으니 $N-mg-ma=0$이다'라는 결론을 내린다는 거야.

울리 아~ 그래서 관성력 때문에 $N=mg+ma$가 되어 엘리베이터 안에서든 밖에서든 엘리베이터 안에 타고 있는 제 몸무게에 대해서 모두 같은 값을 얻을 수 있게 되네요.

엘리 그럼 엘리베이터가 아래로 가속운동을 하면 반대로 몸무게는 줄어들겠네요?

울리 아, 그래서 20층에서 엘리베이터를 타고 내려올 때 잠시 위로 붕~ 뜨는 느낌이 드는가 봐요~

바리 맞아. 늘 느끼는 거지만 울리는 관찰력이 뛰어나다니까~ 엘리베이터가 정지했다가 내려오는 경우 엘리베이터의 가속도 방향이 아래쪽이니 관성력의 방향은 위쪽이 되겠지. 그럼 엘리베이터 안의 사람은 $N-mg+ma=0$이라는 식을 만족할 거고, 수직항력 $N=mg-ma$로 줄어드니 위로 뜨는 느낌이 들 테고 말이야. 그리고 정확히는 몸무게가 실제 줄어드는 것이 아니고 수직항력이 줄어드는 거지.

엘리 엘리베이터 밖에 있는 관측자는 아래로 가속하는 엘리베이터 안의 사람이 $N-mg=-ma$라는 식을 만족한다고 생각하고요. 그래서 결과는 똑같이 수직항력이 지구중력보다 ma만큼 줄어들게 되는 거군요.

울리 역시 조교는 다르다~

바리 하하- 엘리는 정리를 아주 잘하는 걸~ 그럼 이번에는 더 특별한 경우를 생각해보자. 만일 엘리베이터의 가속도 크기가 지구중력가속도의 크기와 같으면 엘리베이터가 위로 가속운동할 때, 그리고 아래로 가속운동할 때 수직항력은 어떻게 될까?

엘리 엘리베이터가 가속도 크기 g로 올라가는 경우, 수직항력 $N=mg+mg=2mg$가 되네요.

울리 잠깐만! 그럼 아래로 가속운동할 때는 수직항력이 0이 되는데?

바리 바로 그 얘기를 하려 한 거야. 엘리베이터가 중력가속도로 떨어

진다는 것은 자유낙하운동을 하는 거잖아? 자유낙하운동이란 지구중력 이외에는 어떤 힘도 작용하지 않아서 중력가속도로 떨어지는 걸 말하니까 말이야. (1권 3화 · 4화 참조)

울리 아줌마를 만난 지 얼마 되지 않았을 때 배운 건데 지금도 필요한 개념이네요.

바리 그래. 그것이 물리가 어렵다고 하는 이유기도 하고 쉽다고 하는 이유기도 하지. 암튼 이렇게 자유낙하하는 엘리베이터 안에서는 받쳐주는 힘이 없으니 무게를 못 느껴서 모든 것이 떠 있게 되는데, 지난번에도 말했듯이 무중량 상태가 되는 거야. (1권 26화 참조) 중력은 있지만 엘리베이터의 자유낙하운동 때문에 생긴 관성력이 중력을 상쇄해버린 결과로 말이지.

울리 근데 엘리베이터가 자유낙하를 할 수도 있어요?

엘리 영화에서처럼 줄을 끊어버리면? 그래도 엘리베이터 안의 사람들이 떠 있지는 않던데요….

바리 하하, 줄이 끊어졌다고 엘리베이터가 자유낙하를 해버리면 안전상 문제가 되겠지? 엘리베이터 자유낙하 사고실험을 물리에서 많이 하긴 하지만, 실제로는 줄이 끊어지면 멈추게 되어 있으니 안심하렴~

울리 오늘 바로 체중계 하나를 엘리베이터 안에 가져다 놓고 올라가 봐야겠어요. 눈금 변화로 엘리베이터의 가속도를 측정해보게요.

바리 재미있는 생각이야!

바리 교수의 물리노트 28

- [복습] 관성력: 정지한 관측자(A)에 대해 상대적으로 가속운동하고 있는 관측자(B)가 본 물체(O)의 운동을 뉴턴의 운동법칙으로 설명하는 데 필요한 가상적인 힘으로, A가 관측한 O의 가속도와 반대 방향으로 작용한다. (이때 B와 O는 상대운동이 없고, O는 A에 대해 가속운동을 한다.)
- 자유낙하하는 엘리베이터 안에 있는 물체는 무중량 상태다.

29 원심력을 이용해 인공중력을 만들 수 있다구요?

인공중력

울리네 반 과학 수업 시간에 <2001, 스페이스 오디세이>라는 SF영화 얘기가 나왔다. 목성을 향해 가던 '디스커버리'호의 컴퓨터 '할HAL'이 반란을 일으키며 일어나는 흥미진진한 이야기였다. 1968년에 개봉한 이후 모든 공상과학 소재의 영화나 문학 작품에 획기적인 영향을 주었다고 평가받는 이 영화를 몇 장면만 사진으로 봤는데, 엄청 큰 수레바퀴 같은 우주정거장이 지구 주위를 돌고 있고, 이 우주정거장에서 사람들이 마치 지구에 있는 듯 지내는 장면들이었다. 실제로 공상과학처럼 여겨진 이 영화가 나온 지 반세기가 훌쩍 넘은 지금, 국제우주정거장ISS에 6명의 사람이 365일 상주하고 있다고 하니 울리는 자기가 살아 있는 동안 우주여행이 대중화되는 날이 올 수도 있겠구나 하는 생각이 들었다.

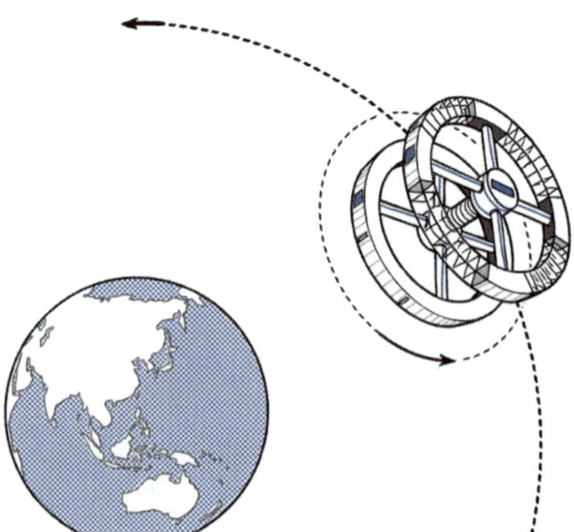

바리 울리야~ 오늘은 자전거 안 타고 갔어? 왜 걸어오니?

울리 자전거 바퀴에 바람이 빠졌는데, 아침에 넣을 시간이 없었어요. 엘리랑 같이 오면 뒤에 태워달라고 하려 그랬는데 걔네 반은 오늘 체육대회 준비한다고 늦게 끝나나 보더라구요. 근데 아줌마는 일찍 퇴근하셨네요?

바리 그렇구나~ 아줌마는 몸살기가 약간 있는 것 같아서 일찍 들어왔어. 다행히 오후 일정도 없고 해서 말이지.

울리 아~ 실은 저 궁금한 게 생겨서 아줌마께 여쭤보려고 했는데, 다음에 하는 게 좋겠네요. 푹 쉬세요!

바리 에이~ 그 정도는 아니야. 궁금한 게 뭔데? 얘기해봐~

울리 정말요? 사실은, 오늘 과학 시간에 <2001, 스페이스 오디세이>라는 영화 얘기가 나왔는데 선생님이 우주정거장의 모습이 나오는 장면들을 보여주시더라구요. 수레바퀴처럼 생긴 우주정거장 안을 사람들이 지구에서처럼 자유롭게 걸어 다니는 장면이었는데 이상했어요. 우주에서는 둥둥 떠 있어야 하는 것 아닌가요?

바리 아~ 과학 시간에 그 영화를 봤구나! 그 영화 최근에 컬러를 입혀서 새로 나왔던데, 새로 나온 걸로 봤니?

울리 아, 영화 영상은 못 보고 몇몇 장면이 담긴 사진만 봤어요. 아줌마는 영화 보셨어요?

바리 아줌마는 초기 영화도 봤고, 최근에 화려하게 색을 입힌 영화도 봤어. 내가 우주 이야기를 좋아하거든. 하하- 일단 질문의 답은 이론적으로 인공중력을 만들 수 있다는 건데, 그보다 먼저 복습부터 해보자. 포물선운동과 위성의 운동을 얘기하면서 위성들이 자유낙하하고 있는 거라고 한 것 기억날까? (1권 6화 참조)

울리 기억나요. 계속 떨어지고 있지만 지구가 둥글어서 지구와 닿지 않고 원궤도를 그리며 돌 수 있다는 것 말이죠? 인공위성도 그렇고 달도 그렇고요.

바리 좋아. 그럼 원심력은 뭐였지? (1권 27화 참조)

울리 돌고 있는 물체가 받는 가짜힘인데 진짜 느껴지는 이상한 힘이요. 아, 관성력이라고도 하셨어요.

바리 하하- 가짜인데 진짜? 그럼 이 관성력을 이용해서 중력을 만들어낼 수는 없을까 생각해볼래?

울리 아무래도 저한테 너무 큰 기대를 하시는 것 같네요. 헤헤- 근데 저번에 엘리랑 왔을 때, 자유낙하하는 엘리베이터 안에서는 관성력이 지구중력과 크기는 같고 방향은 반대여서 수직항력이 없고, 그래서 무게를 못 느끼는 상태가 된다고 하셨잖아요? 그런데 어떻게 관성력으로 중력을 만들어요?

바리 그래서 원심력 얘기를 한 거야. 자유낙하하는 우주정거장 안에서, 사람들이 지구에서 걷는 것처럼 걷는다는 것은 지구중력과 같은 힘을 받는다는 뜻이잖아? 가상의 힘인 원심력이 지구중력의 역할을 한다면 그게 가능하거든.

울리 자유낙하 때문에 생긴 관성력으로 지구중력이 상쇄되었는데 다시 지구중력을 만들어낸다구요?

바리 가속운동을 하고 있는 관측자는 어떤 가속운동이냐에 따라 여러 가지 관성력을 동시에 경험할 수 있지. 자유낙하라는 가속운동에 의해 등장한 관성력은 지구중력을 상쇄하는 역할을 했지만, 다른 가속운동을 추가해서 새로운 관성력이 생기도록 할 수도 있다는 거야.

울리 아, 기존의 가속운동 외에 다른 가속운동을 추가한다는 거군요? 그럼 원심력이 생기게 하려면 우주정거장을 돌려야겠네요? 지구가 돌고 있기 때문에 원심력이 생기는 것처럼요.

바리 바로 그거야! 아마 영화에서는 그 수레바퀴 같은 우주정거장이 바퀴의 축을 중심으로 자전하고 있었을 거야. 그럼 그 안의 사람들이 원심력을 느낄 텐데, 우주정거장의 크기와 자전 속력을 조정해서 그 원심력의 크기가 지구상에서 경험하는 지구중력의 크기와 같게 만들 수 있거든. 이렇게 만들어진 중력을 '인공중력artificial gravity'이라고 하는 거야.

울리 와~ 중력도 만들어내다니 놀라워요. 지구중력과 같아서 우주정거장 안의 사람들이 지구에서처럼 생활할 수 있는 거로군요.

바리 놀랍지? 하지만 이미 우리가 모두 다뤄봤던 내용들이잖아. 복습하는 마음으로, 수레바퀴 모양의 우주정거장 안에 서 있는 사람을 상상해봐. 우주정거장 안에 있는 관측자는, '이 서 있는 사람이 받는 알짜힘은 0인데, 그 이유는 바닥이 받쳐주는 수직항력과 원심력이 같기 때문이다'라고 할 거야. 한편 우주정거장 밖에 있는 관측자는, '우주정거장 안에 서 있는 사람이 받는 힘은 수직항력뿐이고, 이 수직항력이 바로 구심력이기 때문에 원운동을 한다'라고 하겠지.

울리 네~ 지난번에 상상으로 실험했던, 원운동하는 원통 속 앨리스의 관점, 그리고 정지해서 원통의 원운동을 보고 있는 사람의 관점에 대한 이야기와 완전히 같아요.

바리 그렇지? 그럼 우주정거장을 얼마나 크게 만들고 얼마나 빨리 돌려야 지구중력과 같은 크기의 원심력이 생길 수 있을까? 내가 가능하면 수식을 쓰지 않고 설명해주려고 하지만 정확히 알려면 결국은 수식을 이용할 수밖에 없어서 오늘은 계산을 조금 해보자.

울리 저는 수식에는 약한데…. 피할 수 없는 거죠?

바리 그렇게 '나는 수식에 약해'라고 생각하는 것이 더 위험한 거야. 그렇게 생각하면 스스로 수학 못하는 것을 당연히 생각해서 수식을 자꾸 피하게 되거든. 사실 아주 어려운 수식이 필요한 것도 아니니 미리 겁먹지 말고 수식을 좀 이뻐하렴~

울리 네…. 명심할게요….

바리 사실 구심력을 공부할 때 이미 나왔던 수식이야. 다시 복습해보면, 질량이 m인 물체가 반지름이 r인 원궤도를 따라 일정한 속력 v로 움직일 때 구심가속도는 $\frac{v^2}{r}$이고, 구심력은 $\frac{mv^2}{r}$이야. 이 구심력을 일정한 각속력 ω를 이용해서 표현하면 $mr\omega^2$인데, 원궤도를 따라 움직이는 물체의 속력 $v=r\omega$기 때문이지.

울리 근데 원심력의 크기는 구심력의 크기와 같으니 원심력의 크기도 $mr\omega^2$이고요. 이것도 지난번에 나왔던 식이네요.

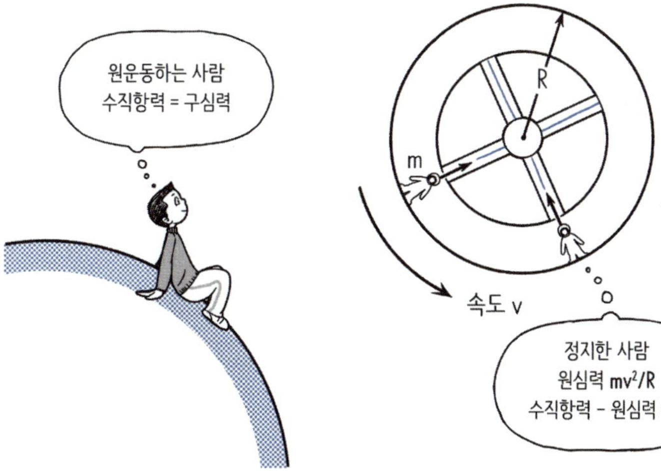

바리 그렇다니까. 그래서 물리 공부할 때는 복습이 특히 중요하단다. 그럼 이제 우리에게 필요한 것은 원심력의 크기와 지구중력의 크기가 같을 때의 반지름과 각속력이니까, $mr\omega^2 = mg$로부터 $r\omega^2 = g$라는 조건을 얻게 되겠지? 즉 $r\omega^2 = 9.8\,\mathrm{m/s^2}$이면 우주정거장 속의 사람들은 지구에서와 똑같은 몸무게를 갖게 되는 거야.

울리 이 식대로라면, 우주정거장을 작게 만들면 빨리 자전시켜야 하고, 크게 만들면 천천히 자전시켜도 된다는 뜻이네요.

바리 그런 뜻인데, 불행히도 우리 귀는 회전에 매우 민감해서 1분에 한 번 정도 회전해야만 도는 것을 감지하지 못한대. 이것을 각속력으로 표현하면 $\omega = 2\pi/60\,\mathrm{s}$인데, 이 값을 식에 넣어 우주정거장의 반지름을 구해보면 약 1km가 나오지.

울리 반지름이 1km인 수레바퀴요? 어마어마하네요. 영화 찍을 때 설마 그렇게 크게 만들어 쓴 것은 아니겠죠?

바리 물론 아니지. 영화를 찍기 위해 만든 수레바퀴 모양 우주정거장은 반지름이 약 6m였다고 해. 그 정도 세트를 만드는 데도 수억 원이 들었다고 하니 당시로선 참 대단한 시도였지.

울리 지금은 기술이 좋아졌을 테니 반지름이 1km나 되는 우주정거장을 만들 수 있는 거죠?

바리 만드는 것보다 우주로 쏘아 올리는 것이 더 큰 문제지. 어찌어찌 쏘아 올렸다고 해도 그렇게 큰 우주정거장을 작동시키려면 연료 또한 엄청 많이 필요할 테니 아직은 실효성이 없어.

울리 그럼 사람들이 상주하고 있는 국제우주정거장인가 하는 것도 그렇게 큰 것이 아니에요?

바리 그렇게 크지도 않거니와 자전하는 수레바퀴 모양도 아니야. 인터넷을 검색해보면 <2001, 스페이스 오디세이>에 나오는 우주정거장과 완전히 다른 구조라는 것을 알 거야. 길이는 60m가 채 되지 않고 자전하지도 않으니 인공중력도 없고 말이야.

울리 왜요? 조금 작게 만들더라도 자전시켜서 인공중력을 만들어야 그 안에 있는 지구인들이 건강하게 지낼 수 있는 것 아닌가요? 아참, 작으면 빨리 회전시켜야 해서 건강에 좋지 않은 건 마찬가지인가요?

바리 인공중력의 작용을 받으며 지구인이 오래 지냈을 때 몸에 어떤 이상이 올지, 또는 별 이상이 없을지를 전혀 모르는 상태라 그렇게 간단한 문제는 아니야. 또, 조금 빨리 돌렸을 때 예민한 우리 귀에 이상증상이 나타날지도 모르고 말이지. 국제우주정거장의 미션 중 하나가 바로 중력이 약할 때의 여러 현상들을 연구하는 것이기 때문에 인공중력을 만들지 않는 것이기도 하단다.

울리 와~ 간단하지 않군요. 살아생전에 우주여행은 포기하는 것이 나을 것 같네요~ 히히-

바리 살아생전? 하하- 원, 얘두. 그래도 기술이 엄청 빠르게 좋아지고 있고, '스페이스X'나 '블루오리진', '버진갤럭틱' 같은 민간 우주산업회사도 야심차게 개발하고 있으니 포기하지 말고 기다려보렴~

바리 교수의 물리노트 29

- 지구 주위를 도는 인공위성은 자유낙하운동을 하여 인공위성 내에서는 무중량 상태다.
- 무중량 상태의 인공위성을 자전시키면, 인공위성 내에 작용하는 원심력을 '인공중력artificial gravity'으로 이용할 수 있다.
- 회전에 의해 지구중력과 같은 원심력을 얻으려면 $r\omega^2 = 9.8\,\mathrm{m/s^2}$을 만족하는 반지름 r과 각속력 ω가 필요하다.

30 똑바로 던진 공이 똑바로 가지 못한다구요?

전향력

세수를 하던 울리는 문득 물이 세면대에서 시계 방향으로 돌면서 내려가는 것 같다고 느꼈다. 언젠가 이런 현상이 지구 자전 때문에 일어난다고 들은 것 같긴 한데, 구체적인 원리는 몰랐던 것을 좀 더 제대로 이해하고 싶다는 생각이 들었다. 실험이나 해보자는 마음으로 물을 많이 틀어놓고 여러 번 관찰해보았지만, 또 딱히 물이 항상 시계 방향으로 돌면서 내려가는 것 같진 않고 방향이 바뀌는 경우도 있는 것 같았다. 울리는 엘리에게 연락해서 바리 교수를 찾아가기로 했다.

바리 하하- 드디어 너희들이 세면대에서 물이 빠지는 패턴에 관심을 갖게 되었구나! 시기적으로 아주 좋아. 우리가 요즘 관성력에 대해서 꽤 오랫동안 얘기해왔는데 말이지.

울리 세면대 물이 회오리처럼 돌아서 내려가는 것이 지구 자전 때문이라고 들어는 봤어요.

엘리 맞아요. 지구 자전 때문인데 우리가 배운 원심력은 아니고, 발음도 힘든 이상한 이름의 힘 때문에 한 방향으로 돈다고 책에서 읽은 적 있어요.

울리 근데 제가 세면대마다 다니며 실험을 좀 해봤는데, 모두 항상 같은 방향으로 돌지는 않더라구요?

바리 울리의 실험정신은 훌륭하다니까~ 네 실험의 결과를 믿으렴.

엘리 네? 그럼 지구 자전과 관계없는 건가요? 남반구에서는 세면대 물이 북반구에서와 반대 방향으로 돌며 내려간다고도 하던데….

바리 엘리가 본, 그 발음도 힘든 이름의 힘은 '코리올리힘Coriolis force'이라는 것인데, 이 힘 때문에 세면대 물이 북반구에서는 시계 방향으로, 남반구에서는 반시계 방향으로 돌며 내려간다는 것은 잘못 알려진 과학 상식 중 하나야.

울리 코.리.올.리. 힘이요? 어려운 이름이네요. 우리말은 없어요?

바리 우리말로는 '전향력'인데, 지구 자전 때문에 생기는 관성력이지.

엘리 전향력이 훨씬 발음하기 쉽네요. 히히- 근데 지구 자전 때문에 가짜힘이 2개나 생겨요? 원심력도 생기고 전향력도 생기고요?

바리 그래. 오늘은 전향력에 대해 천천히 살펴보는 것이 좋겠다. 일단 전향력은 세면대나 싱크대 같은 작은 스케일에서는 효과가 보이지 않고, 바람의 움직임 같은 큰 스케일에서 볼 수 있는 효과야.

울리 세면대나 싱크대는 작은 거군요.

바리 전향력의 효과를 느끼기에는 아주 작지.

엘리 그럼 구체적으로 전향력은 어떤 경우에 생기나요?

바리 먼저 지금까지 배운 관성력을 복습해보면, 원운동하고 있는 원통 속의 물체에 관성력이 작용하고, 가속운동하고 있는 엘리베이터 안의 물체에도 관성력이 작용했잖아?

울리 원운동하는 경우의 관성력을 원심력이라고 하고, 이렇게 가상의 힘인 관성력이 필요한 시스템을 비관성계라고 한다고 하셨어요.

엘리 또 관성력 없이 뉴턴의 운동법칙이 맞으면 관성계라고 하셨고요. 관성의 법칙은 관성계를 정의해주는 법칙이라고 하셨죠.

바리 확실히 복습했는데? 그럼 원통 속이나 엘리베이터 안의 물체가 정지해 있다고 가정하고 관성력을 설명한 것도 기억나지? 이제 이 물체가 정지해 있지 않고 움직이는 경우를 생각해보려 해.

울리 그럼 비관성계에 있는 물체가 움직이고 있느냐, 아니면 정지해 있느냐에 따라 관성력이 다른가 보네요?

바리 그래. 전향력은 회전하고 있는 시스템에서 나타나는 것이니, 다시 원운동을 생각해보자. 원운동으로 가속하는 비관성계에서는 물체가 움직이든 정지해 있든 늘 원심력이 생기지. 근데 물체가 움직이고 있을 때는 또 다른 관성력이 추가로 생기는데 그게 바로 전향력이야.

울리 물체가 정지해 있으면 전향력은 없고 원심력만 작용하는데, 물체가 움직이면 원심력도 작용하고 전향력도 작용한다는 거네요?

바리 그렇지. 이 동영상을 한번 볼래?

(https://www.youtube.com/watch?v=_36MiCUS1ro)

엘리 와~ 신기해요. 뱅뱅이 놀이기구 위에서 찍은 건가 봐요.

울리 저거 분명히 애들은 공을 똑바로 보낸 거지요?

바리 그래~ 회전하는 뱅뱅이 위에서 공을 직진으로 보냈는데 공이 휘어서 가지? 뱅뱅이 바깥에 서 있는 관측자(관성계) 입장에서는 뉴턴의 관성의 법칙에 따라 공은 직진하고 뱅뱅이가 돌아가는 걸로 보이지만, 뱅뱅이에 타고 있는 관측자(비관성계) 입장에서 뱅뱅이는 정지해 있고, 공에는 전향력이 작용해서 직진하게 던져도 휘게 된다는 거야. 공이 어느 쪽으로 휘는지, 또 뱅뱅이가 도는 방향은 어떤지 한번 보렴.

엘리 뱅뱅이는 시계 방향으로 돌고 공은 오른쪽으로 휘는데요?

울리 던지는 사람마다 공이 휘는 방향이 다른데? 아~ 알았다! 공이 처음 직진하려던 방향에서 항상 왼쪽으로 휘고 있어요!

바리 맞았어. 시계 방향으로 회전하는 비관성계에서 움직이는 물체에는 움직이는 방향과 수직한 왼쪽 방향의 전향력이 작용하거든. 직진하려고 하는데 자꾸 왼쪽에서 전향력이 잡아당기니까 직진하지 못하고 반시계 방향으로 도는 경로를 따라가게 되는 거야.

엘리 뱅뱅이가 반시계 방향으로 돌면 공이 휘는 방향도 바뀌나요?

바리 바뀌지. 뱅뱅이가 반시계 방향으로 돌면, 공은 가려던 방향의 오른쪽으로 휘어서 시계 방향으로 도는 경로를 따라가게 돼. 이렇게 전향력은 물체의 속도와 뱅뱅이의 각속도에 따라 크기와 방향이 결정되는데, 크기는 물체의 속력과 각속력에 비례하고, 방향은 물체의 속도에 수직이면서 동시에 각속도에도 수직이지.

울리 물체의 속도와 회전 각속도에 모두 수직인 방향을 어떻게 찾을 수 있어요? 하나밖에 없나요?

바리 오~ 예리한 질문! 나중에도 유용하게 쓰일 테니 쉬운 방법 하나 알려줄게. 이것도 회전운동에서 각속도의 방향을 정의하기 위해 사용된 규칙과 똑같은 '오른손규칙'이라고 부르는데(1권 24화 참조), 이렇게 오른손 엄지, 검지, 중지를 서로 수직하게 만들고, 엄지는 전향력(F) 방향, 검지는 물체의 속도(v) 방향, 중지는 각속도(ω) 방향이라고 생각하면 잘 맞는단다. 실제 속도와 각속도가 수직일 필요는 없지만 말이야.

〈오른손규칙〉

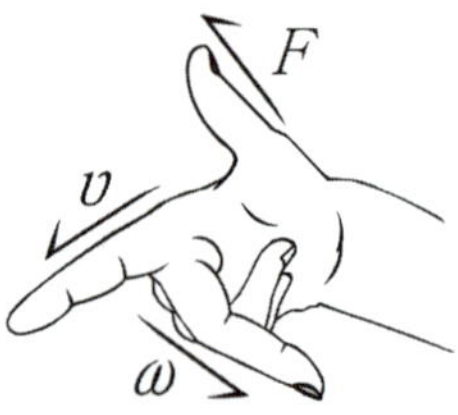

엘리 엄지, 검지, 중지를 알파벳순으로 F, v, ω라고 기억하면 쉽네요.

바리 오메가를 더블유로 봐주는 센스라니~ 호호-

울리 완전 꿀팁인데요~

바리 나중에 엄지, 검지, 중지 이름만 바꾸면 쓸데가 많은 방법이니까 기억해놓으면 편할 거야. 그럼 이제 뱅뱅이를 지구로 바꿔서 한 번 생각해볼까? 지구는 어떤 방향으로 자전하지?

엘리 반시계 방향이요~

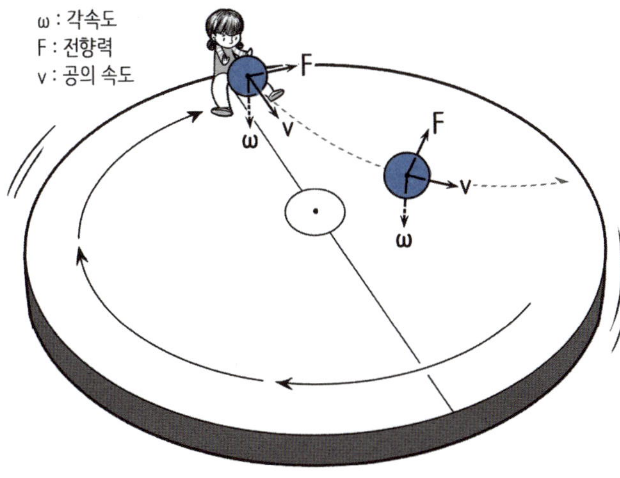

바리 우리가 살고 있는 북반구 입장에서는 반시계 방향으로 자전하는데, 그럼 남반구에 살고 있는 사람한테도 그럴까? 북극에 서 있는 사람과 남극에 서 있는 사람은 서로 거꾸로 있는 건데?

엘리 아, 남반구에서는 시계 방향으로 자전하겠네요.

울리 으~ 맨날 누구누구 입장을 생각해야 하는 거예요?

바리 하하- 그렇게 되나? 하여튼 북반구는 반시계 방향으로 도는 뱅뱅이를 생각하면 되고, 남반구는 시계 방향으로 도는 뱅뱅이를 생각하면 돼. 기류를 공이라고 생각하고 말이야. 그럼 북반구에서의 기류는 움직이는 방향의 오른쪽으로, 남반구에서의 기류는 움직이는 방향의 왼쪽으로 휘게 되지.

울리 아, 자전하는 지구 위의 공기에 전향력이 작용하는군요.

바리 그렇지. 기류가 계속 움직이니까. 이런 기류의 움직임이, 북반구의 경우 고기압 주변에서는 시계 방향, 저기압 주변에서는 반시계 방향으로 도는 기류를 만들기 때문에 열대성저기압 태풍들이 북반구에서는 반시계 방향의 소용돌이로 보이는 거란다.

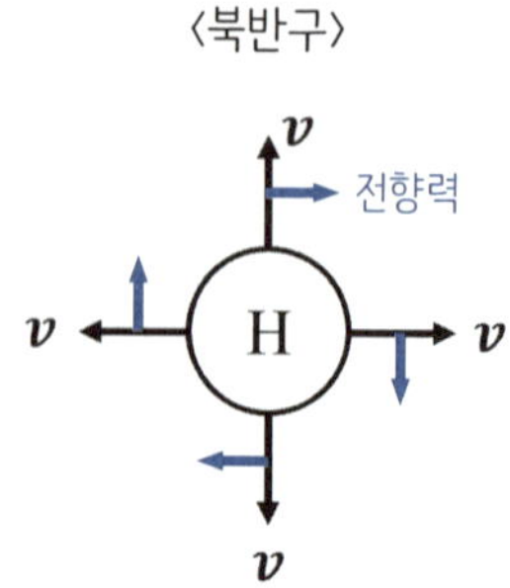

엘리 근데 왜 세면대에서 빠지는 소용돌이 모양의 물은 전향력 때문이 아닌 건가요?

바리 아까 전향력은 물체의 속력과 각속력에 비례한다고 했잖아? 물체의 속력이 굉장히 빠르거나 각속력이 굉장히 빠르면 전향력이 커서 작은 스케일에서도 효과가 나타나는데, 지구의 자전 각속력($\sim 7.3 \times 10^{-5}$ rad/s)과 세면대에서 빠지는 물의 속력으로는 전향력의 효과를 전혀 볼 수 없어.

울리 아, 그래서 제가 찬 공도 휘지 않고 날아가는군요.

바리 그래. 지구의 자전 각속력이 전향력 효과를 무시할 정도로 작기 때문이지. 그런가 하면 아까 영상에서 본 것처럼 빠르게 회전하는 뱅뱅이 같은 데서는 그 효과가 크고 말이야.

울리 그럼 기류는 그렇게 빨리 움직이는 건가요?

바리 그건 아닌데, 그 대신 기류는 긴 거리를 움직이기 때문에 약한 전향력이라도 계속 작용하니 경로 변화를 보이는 거야. 마찬가지로 수천 km를 날아가는 미사일을 쏠 때도 전향력 효과를 고려해서 비행 경로를 예측해야 하지.

엘리 앞으로는 과학 상식이라는 이름으로 떠돌아다니는 것들을 무조건 믿으면 안 되겠어요~

바리 좋은 교훈을 얻었구나. 과학의 시작은 의심이라고 할 수도 있어. 논리적으로 이해가 될 때까지는 의심해야 해.

바리 교수의 물리노트 30

- 회전하는 비관성계에서 정지해 있는 물체에는 원심력이, 움직이는 물체에는 원심력과 전향력이 작용한다.
- '코리올리힘coriolis force'으로도 불리는 '전향력'은 회전하는 비관성계에서 움직이는 물체에 작용하는 관성력으로, 크기는 물체의 속력과 회전하는 비관성계의 각속력에 비례하고, 방향은 물체의 속도와 회전하는 비관성계의 각속도 모두에 수직하다.
- '오른손규칙'을 적용하면 엄지는 전향력 방향, 검지는 물체의 속도 방향, 중지는 각속도 방향인 관계에 있다.
- 지구의 자전으로 인해 북반구에서의 기류는 움직이는 방향의 오른쪽으로, 남반구에서의 기류는 움직이는 방향의 왼쪽으로 작용하는 전향력을 받는다.

31 긴팔원숭이가 외줄 타기를 하면 잘할 거라구요?

회전관성

울리와 엘리가 오랜만에 하교 시간이 맞아서 함께 만나 집으로 가는데, 주택가 공원에 사람들이 모여 시끌시끌한 광경을 봤다. 무슨 일인가 싶어 울리와 엘리도 슬그머니 그곳으로 가보았더니 대학생쯤 돼 보이는 젊은이들 몇몇이 나무와 나무 사이에 줄을 연결해놓고 그 위를 걷는 묘기를 선보이고 있었다. 무릎 정도 높이로 꽤 길게 걸린 줄은 폭이 넓고 팽팽하지 않은 듯 보였는데, 울리와 엘리도 한번 올라가보고 싶었지만 용기가 나지 않아 구경만 하다가 나왔다. 주택단지 안쪽으로 들어가니 마침 바리 교수가 마당에 나와 있었다.

엘리 아줌마~ 뭐 하세요?

바리 오늘은 좀 늦었네? 저녁 식사에 사용할 허브들을 따고 있어~

울리 그것들 먹을 수 있는 풀이었어요?

바리 그럼~ 이건 애플민트, 이건 로즈메리, 요리할 때 조금씩 쓰면 향이 좋단다. 너희는 오늘도 별일 없이 잘 지냈니?

울리 네~ 참, 여기 오는 길에 공원에서 어떤 형·누나들이 외줄 타기를 하고 있던데 혹시 보셨어요? 우리나라 전통 외줄 타기와 달리 줄을 낮게 매고 하더라고요.

바리 슬랙라인slack line을 본 모양이구나. 줄이 좀 두껍고 평평했지?

엘리 맞아요. 재미있어 보였는데 떨어질까 봐 무서워서 해보진 못하고 왔어요.

바리 생각보다 어려울걸? 몸의 균형을 잡는 게 쉽지 않거든. 그래도 우리나라 전통 외줄 타기보다는 무섭지도 않고 떨어져도 크게 다치진 않겠지만 말이야.

울리 전통 외줄 타기를 하는 사람들은 정말 대단한 것 같아요. 부채 하나 들고 그 높은 곳에서 어떻게 그렇게 잘 걸을까요?

바리 그럼 잠깐 외줄 타기와 관련된 물리 얘기를 해볼까? 언젠가 울리가 접시 돌리기 하다가 접시를 깨먹었다고 해서 잠깐 설명한 적이 있는 것 같긴 한데 말이지.

울리 앗! 접시 깨먹어서 엄마한테 혼났던 것만 기억나요. 히히-

바리 그래? 그때 엘리도 함께 왔었던 것 같은데….

엘리 저도 가물가물한데, 회전운동할 때의 관성은 직선운동할 때의 관성과 좀 다르다고 하신 건 기억나요.

바리 맞아, 줄 타는 곡예사가 긴 막대를 들거나 팔을 높이 벌리고 줄을 타면 좀 더 쉽다는 얘기도 했지. 같은 질량이라도 질량이 회전축으로부터 멀리 분포되어 있을수록 회전관성이 더 크다는 얘기와 함께 말이야. (1권 8화 참조)

울리 아, 회전관성~ 뭔가 어려웠다는 기억만 나네요.

바리 후후, 괜찮아. 그래서 다시 설명하려는 거야~ 자, 운동 상태의 변화를 싫어한다는 관성의 개념에는 변함이 없어. 단지 회전운동일 경우 관성은 질량뿐만 아니라 질량 분포도 중요해서 '관성모멘트moment of inertia'라는 물리량으로 나타낸단다.

엘리 관성모멘트가 뭔데요?

바리 관성모멘트는 질량에 비례하고, '회전축으로부터 질량까지의 거리의 제곱'에 비례하는 물리량이야. 질량이 큰 물체는 운동 상태의 변화가 천천히 일어나듯, 관성모멘트가 큰 물체는 회전운동 상태의 변화가 천천히 일어나지.

엘리 관성모멘트가 작은 물체는 회전운동 상태의 변화가 빠르고요?

바리 그렇지. 관성모멘트의 의미를 조금 더 살펴보기 위해 공이 매달린 줄을 손으로 잡고 돌리는 경우를 생각해봐. 줄을 잡고 있는 손은 회전축이 지나는 지점이고, 줄의 질량은 무시하고, 공의 질량은 m, 줄의 길이는 R이라고 하면, 관성모멘트(I)는 얼마일까?

울리 '질량 × 거리의 제곱'을 하면, mR^2이요.

바리 그렇지? 의미를 보면, 공의 질량이 커도 물론 돌리기 힘들지만,

같은 질량이더라도 줄의 길이가 길면 더 돌리기 힘들다는 거야. 그것도 길이의 제곱에 비례해서 관성모멘트가 커지니까 아주 힘들다는 거지.

울리 그런데 슬랙라인 위를 걷는 것이 회전과 무슨 관련이 있나요? 줄 위에 올라타고 그냥 직진하는 거잖아요?

바리 그건 줄을 타다가 떨어지는 것을 생각해보면 돼. 발을 줄에 묶고 줄 위에 가만히 서 있다가 떨어지는 상황 말이야.

엘리 몸이 통째로 떨어지겠죠.

바리 맞아. 그런데 몸이 떨어지는 순간의 운동은 회전운동이잖아? 줄이 회전축이고 말이야. 발이 줄에 묶여 있지 않으면 발이 먼저 줄에서 떨어지니 회전운동으로 안 보이는 거지.

울리 아하, 그래서 팔을 올리면 회전축으로부터 거리가 멀어져서 관성모멘트가 커지고, 그 결과 회전하기 힘들어지니까 줄을 더 잘 탈 수 있다는 거군요.

엘리 으흠~ 그럼 팔을 위로 높이 올릴수록 잘 안 떨어지겠네요?

바리 맞아! 우리나라 외줄 타기 명인들이 줄 타는 것을 보면 부채를 하나 들고 팔을 높이 드는 동작도 하지. 우리가 보기에는 마치 춤을 추는 것 같지만 관성모멘트를 이용하여 균형을 잡는 방법이기도 한 거야. 또 팔을 옆으로 벌리면 머리와 발을 잇는 회전축에 대한 몸의 흔들림을 어렵게 해주는 효과도 있어서 균형을 잡는 데 큰 도움이 되고 말이야.

울리 앗, 방금 떠오른 건데, 긴팔원숭이한테 외줄 타기를 훈련시키면 부채도 필요 없겠는걸요?

바리 하하하- 재미있는 생각인데? 팔이 기니 외줄을 타면 유리하긴 하겠다. 근데 원숭이가 두 발로 타는 게 아니라 줄에 매달려서 가려고만 할 것 같은데~ 잠깐만, (공구통에서 장도리를 갖고 나오며) 여기 장도리가 있는데 검지 끝에 한번 세워볼래?

울리 제가 해볼게요. 이렇게 무거운 쇠머리 쪽을 검지 위에 올리면 잘 서지 않을까요? 앗! 근데 똑바로 세우는 게 쉽지는 않네요. 팔을 많이 움직이게 되는데요? 연습을 많이 해야 하나 봐요?

바리 그럴까? 그럼 엘리는 거꾸로 해보렴.

엘리 (검지에 장도리 나무 손잡이 부분이 아래로 향하도록 세우며) 어? 힘들지 않고 잘 돼요!

울리 어? 정말? 나도 해볼게. 와~ 정말 잘 되네요?

바리 이것도 바로 회전관성 때문이야. 회전관성의 크기를 나타내는 관성모멘트는 같은 질량이라도 그것이 회전축으로부터 멀리 분포되어 있을수록 크다고 했잖니? 장도리의 무거운 쇠머리가 회전축이 지나는 검지로부터 멀리 있을수록 장도리의 회전관성이 커지니까 회전하기 어렵고, 회전하기 어렵다는 것은 회전하는 데 시간이 많이 걸린다는 거지. 따라서 그동안 너희는 장도리가 쓰러지지 않게 조정할 수 있게 되는 거란다.

엘리 이렇게 직접 해보니까 확실히 의미를 알겠어요. 정말 신기해요.

울리 그래서 지난번에 접시 돌리기 할 때 긴 막대를 사용하면 좀 더 쉽다고 하신 거군요.

바리 이제 조금 감이 잡히는가 보구나.

엘리 근데 줄에 매단 공의 관성모멘트는 '공의 질량×줄의 길이의 제곱'으로 구한다고 하셨는데, 그럼 팽이처럼 회전하는 돌멩이의 관성모멘트는 어떻게 구하죠? 질량이 회전축 가까이로부터 멀리까지 분포되어 있어서 거리가 일정하지 않은데….

바리 어려운 질문이구나. 그런 경우는 적분을 해서 구해야 하는데, 돌멩이처럼 모양이 제멋대로면 적분 계산도 잘 안 된단다. 그 대신 반지나 속이 꽉 찬 원통, 아니면 구슬처럼 대칭성을 갖는 물체들의 관성모멘트는 적분으로 정확히 구할 수 있지.

울리 미적분이요?

바리 그래. 물리학을 자세히 공부하려면 미적분은 기본으로 필요하고, 또 많은 수학적 개념들을 공부해야 해. 수학은 물리학의 언어 같은 거거든. 하지만 수학이 어렵다고 해서 자연법칙을 전혀 이해하려 하지 않으면 안 되겠지. 예를 들어 오늘 공부한 관성모멘트의 핵심 개념은 질량에 비례하고, '회전축으로부터 질량까지의 거리의 제곱'에 비례한다는 것, 그리고 '회전운동의 관성'이라는 것인데, 이것은 수학을 못해도 받아들일 수 있잖아?

울리 네~ '회전운동' 하면 관성모멘트를 떠올릴게요.

바리 좋아. 우리가 직접 적분해서 관성모멘트를 구하진 않겠지만, 이미 구해진 값들을 한번 보자. 아까 길이가 R인 줄에 매달린 질량 m인 공의 관성모멘트는 mR^2이라고 했잖니? 근데 재미있게도 굴러가는 반지(질량 m, 반지름 R)의 관성모멘트도 mR^2이야. 질량이 회전축으로부터 모두 같은 거리에 있어서 그런 거지.

울리 줄에 달린 공을 빨리 돌리면 반지처럼 보이잖아요. 헤헤-

바리 오~ 같은 이유야~ 그런가 하면, 속이 꽉 찬 원통(질량 m, 반지름 R)은 굴러갈 때 관성모멘트가 $\frac{1}{2}mR^2$, 속이 꽉 찬 구(질량 m, 반지름 R)의 관성모멘트는 $\frac{2}{5}mR^2$이지. 속이 빈 경우보다 속이 꽉 찬 경우의 관성모멘트가 줄어드는 이유를 알겠니?

엘리 속이 빈 경우는 회전축 가까이에 질량이 없는데, 속이 꽉 찬 경

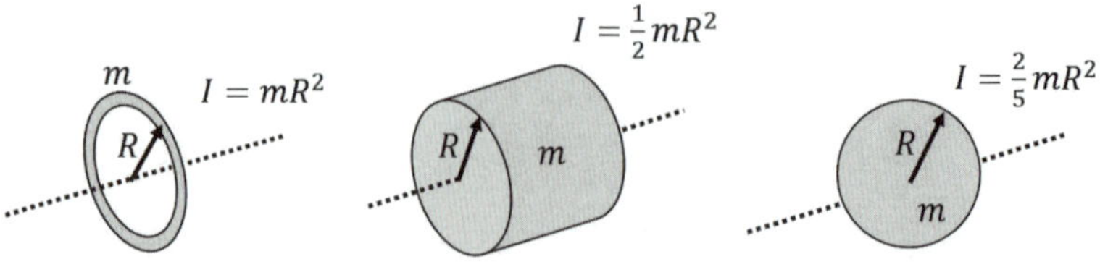

우는 회전축 가까이에도 질량이 있어서 그런 거죠?

울리 구는 원통보다 질량이 회전축에 더 가까이 분포해서 관성모멘트가 원통보다도 작은 거고요?

바리 그렇지. 그렇게 질량과 반지름이 같은 경우, 관성모멘트는 구, 원통, 반지 순으로 커진다는 것을 수학 없이도 알 수 있지?

바리 교수의 물리노트 31

- 관성모멘트moment of inertia(I): 회전관성의 크기를 나타내는 물리량으로, 회전하는 물체의 질량(m)과 회전축으로부터 질량까지의 거리의 제곱(R^2)에 비례한다.
- 여러 물체의 관성모멘트:
  - 단진자(질량 m, 줄의 길이 R), $I = mR^2$
  - 반지나 후프 모양 물체(질량 m, 반지름 R), $I = mR^2$
  - 속이 꽉 찬 원통(질량 m, 반지름 R), $I = \frac{1}{2}mR^2$
  - 속이 꽉 찬 구(질량 m, 반지름 R), $I = \frac{2}{5}mR^2$

32 뚜껑을 꽉 잡고 음료수병 몸체를 돌리라구요?

돌림힘

회전관성과 관성모멘트를 설명하던 바리 교수는 울리와 엘리를 데리고 공원으로 향했다. 여전히 젊은이들이 슬랙라인을 즐기고 있길래 이들에게 부탁하여 울리와 엘리도 한번 올라가보게 했으나 둘 다 올라가자마자 얼마 못 가서 떨어져버렸다. 몇 번을 더 시도해봤지만 마찬가지였다. 슬랙라인을 즐기던 젊은이들이 능숙하게 시범을 보이며 서둘지 말고 아주 천천히 걸어보라고 격려해주었다.

바리 생각보다 어렵지? 하하-

울리 그래도 신기하게 팔을 올리니 확실히 몸이 덜 흔들리는 느낌은 받았어요~

엘리 근데 아줌마, 원통 관성모멘트가 반지 관성모멘트의 반이라고 했잖아요?

바리 질량과 반지름이 같다면 그렇지.

엘리 질량과 반지름만 같으면 항상 그래요? 원통의 높이가 달라도요? 어떻게 그렇죠?

울리 어? 넌 천재 같아. 난 원통 높이는 생각도 못했는데….

바리 아주 좋은 질문이야! 밀도가 일정한 원통이면 관성모멘트가 원통 높이와 관계없이 똑같아. 긴 원통이나 얇은 원판이나 말이지. 같은 질량, 같은 반지름이기만 하다면 말이야.

울리 와~ 정말요? 신기하네요.

바리 반지름은 같고 높이가 다른 원통들의 질량이 모두 같다는 것은 높이가 짧은 원통의 밀도가 긴 원통의 밀도보다 커서 '밀도×높이'의 값이 모든 원통에 대해 같다는 거거든. 그래서 회전축으로부터 같은 거리만큼 떨어진 지점의 질량도 같아지는 거고 말이야. 그것보다 우리 더 신기한 실험 하나 해볼까?

울리 뭔데요? 실험 좋아요!

바리 주변에 적당한 재료가 없으니 오늘도 상상실험을 하는데, 간단한 것부터 해보자. 반지 모양의 후프와 원판을 경사면에서 동시에 굴리면 어느 것이 먼저 바닥에 도달할까? 역시 질량과 반지름은 모두 같다고 가정하고 말이야.

엘리 원판의 관성모멘트가 더 작으니까 더 쉽게 굴러갈 수 있겠죠?

울리 맞아요. 그래서 원판이 더 먼저 바닥에 도달할 것 같아요.

바리 그래, 잘했어. 그럼 질량도 다르고 반지름도 다르다면 어떻게 될까? 이게 신기하고 재미있는 거야.

엘리 질량도 다르고 반지름도 다르면 관성모멘트도 다를 테니 항상 원판의 관성모멘트가 더 작다고 할 수는 없지 않나요? 질량과 반지름이 큰 원판이면 관성모멘트가 후프보다 클 수 있잖아요.

울리 그러게요~ 재미있는 것이 아니라 어려운 것 같은데요?

바리 증명하는 것은 어려워. 약간 복잡한 운동방정식을 풀어야 하거든. 이 문제는 원판이나 후프의 '질량 중심center of mass'의 가속도를 구하는 문제야. 가속도가 큰 것이 바닥에 먼저 도착할 테니까 말이지. 근데 굴러가는 물체의 가속도를 구하려면 굴러가게 하는 힘에 대해서 알아야 하거든.

울리 굴러가게 하는 힘은 그냥 힘과 달라요? 가속도를 구하는 거면 그냥 힘을 알면 되는 거 아니에요?

바리 그냥 힘만으로는 충분하지 않아서 새로운 물리량을 정의하지. '토크torque'라고 하는데 우리말로는 '돌림힘'이라고 해.

울리 어? 지난번에 자전거 얘기할 때 나왔던 용어죠? (1권 24화 참조)

바리 그래. 이제 설명해주려고 해. 힘이 물체를 힘의 방향으로 가속시키는 것처럼, 돌림힘은 돌림힘의 방향으로 회전 가속시키는 거야. 가속시키는 정도를 가속도로 나타낸 것처럼, 회전 가속시키는 정도를 각가속도로 나타내는 거고 말이야.

엘리 돌림힘의 정의는 뭔가요?

울리 돌림힘이라는 이름 자체에 '힘'이 들어가 있으니까 결국 힘 아닌가요? 단위가 N이고 방향이 중요한 벡터요.

바리 벡터는 맞지만 단위가 힘은 아니야. 먼저 크기를 정의하면, 돌림힘의 크기는 '힘의 크기'에 '회전축으로부터 힘이 작용하는 점까지의 수직거리'를 곱한 거야.

울리 돌림힘의 정의에는 힘이 들어가네요?

바리 그래. 물체를 회전시키려면 당연히 힘이 필요한데, 단순히 힘만 있다고 회전하는 것이 아니라 회전축과 힘이 작용하는 지점 사이의 수직거리가 있어야 회전한다는 뜻이지.

엘리 아~ 차근히 생각하니 이해가 되네요. 그래도 돌림힘의 방향은 복잡할 것 같아요. 회전 각속도 방향처럼 오른손을 이용하나요?

바리 맞아. 이것도 오른손규칙을 사용해. 지난번에 전향력의 방향을 찾을 때 엄지, 검지, 중지에 다른 이름을 붙여 또 사용할 거라고 했지? 여기서는 엄지가 돌림힘의 방향, 검지는 회전축으로부터 힘이 작용하는 점까지의 수직거리 방향, 중지는 힘의 방향이야.

엘리 엄지, 검지, 중지로 또 열심히 수직을 만들어야겠네요. 헤헤- 근데 돌림힘의 단위를 생각해보면, '힘×거리'와 같아서 일이나 에너지와 단위가 같은 것 같네요?

울리 어? 돌림힘은 벡터인데 에너지예요?

바리 돌림힘의 단위는 에너지와 같지만, 방향이 있는 벡터여서 에너지는 아니야. 돌림힘의 방향에 대한 이야기는 잠시 미루고, 돌림힘의 크기에 대해 조금 더 생각해보자. 예를 들어 생수병 뚜껑을 쉽게 여는 방법 같은 것 말이야. 뚜껑 부분은 가늘고 몸통 부분은 굵은 생수병을 쉽게 열려면 어떻게 하는 것이 좋을까?

울리 그냥 뚜껑 잡고 힘줘서 돌리면 되는데 특별한 방법이 필요해요?

엘리 뚜껑이 작게 나온 병이 많아서 저는 열 때 애먹은 적이 많아요.

바리 나도 힘들어~ 뚜껑 부분은 가늘고 몸통 부분은 굵으니까 뚜껑은 반지름이 작고, 몸통 부분은 반지름이 크다는 것이 힌트야. 돌리려고 힘을 주는 것은 반지름 방향과는 수직한 방향으로 힘을 가하는 거고 말이야.

울리 돌림힘! 회전축은 뚜껑의 정중앙을 지나는 거죠?

바리 그렇지. 좀 더 구체적으로 질문하면, 과학적으로 생수병을 잡고 뚜껑을 돌리는 것과 뚜껑을 잡고 병을 돌리는 것 중 어느 것이 더 잘 열릴까? 같은 힘으로 말이야.

엘리 아하~ 돌림힘의 크기가 반지름에 비례하니까 뚜껑을 꽉 잡고 생수병의 몸통을 돌리면 같은 힘으로 큰 돌림힘을 얻는군요.

바리 그렇지. 그럼 이제 돌림힘과 회전운동의 관계를 살펴볼까? 돌림힘이 정지한 물체에 작용하면 회전할 수 있고, 회전하고 있는 물체에 작용하면 돌림힘의 방향에 따라 더 빨리 회전할 수도, 혹은 반대로 멈출 수도 있어. 돌림힘 때문에 회전속도, 즉 각속도의 변화가 생기니까 말이야.

엘리 뉴턴의 운동법칙하고 비슷한데요?

바리 이것도 뉴턴의 운동법칙이야. '돌림힘이 작용하면 각속도가 변한다', '돌림힘이 작용하지 않으면 원래의 회전운동 상태를 유지한다'라는 거지.

울리 아~ 그래서 선풍기를 꺼도 날개가 한동안 돌다가 멈추는 거군요.

바리 그래. 계속 돌려고 하는 관성 때문이지. 물론 공기저항 때문에 결국은 멈추지만 말이야.

울리 회전관성이 등장하니 관성모멘트도 나오겠죠?

바리 그래~ 앞에서 배운 뉴턴의 두 번째 운동법칙인 $F=ma$는 힘 F, 관성인 질량 m, 가속도 a의 관계식이잖아? 이 관계식이 회전운동에 대해서는 돌림힘 τ, 회전관성인 관성모멘트 I, 각가속도 α로 바뀌는 거야. 즉 $\tau=I\alpha$가 되지. τ는 '타우tau', α는 '알파alpha'라고 읽는데, 기호는 아무거나 써도 상관없어.

엘리 '물체에 돌림힘이 작용하면 그 물체의 각가속도는 작용한 돌림힘에 비례하고, 그 물체의 관성모멘트에 반비례한다.' 맞아요?

바리 정확해. 지금까지 공부한 운동법칙이 그런 식으로 회전운동에서도 적용되는 거야.

울리 아까 질량과 반지름이 다른 후프와 원판 중 경사면에서 빨리 굴러내려오는 것을 찾는 상황과는 어떻게 연관되죠?

바리 후프와 원판이 굴러서 경사면을 내려올 때 먼저 내려오는 것은 질량 중심의 가속도가 큰 것인데, 질량 중심의 가속도는 각가속도랑 연관되어 있어서 돌림힘을 생각해야 하거든. 질량 중심의 운동은 경사면을 따라 움직이는 직선운동이니 $F=ma$를 쓸 수 있

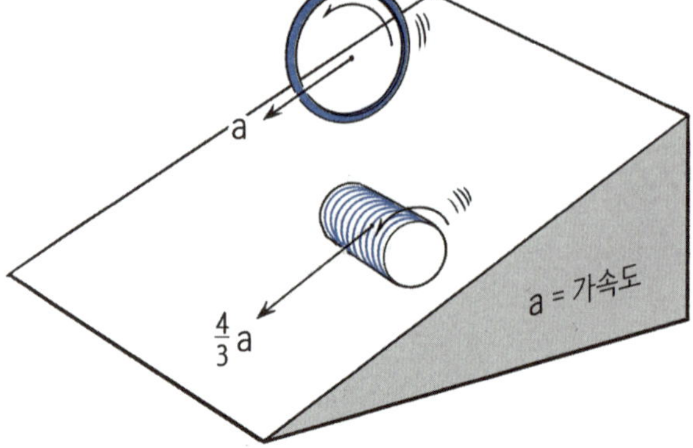

는데, 굴러떨어지는 거니까 $\tau = I\alpha$도 써야 해. F는 경사면과 나란한 방향으로 작용하는 알짜힘이고, 돌림힘의 크기는 '마찰력 × 원판이나 후프의 반지름'이지. 좀 복잡하지?

엘리 많이 복잡해요…. 근데 돌림힘을 만드는 힘에 물체의 무게, 즉 중력은 들어가지 않나요?

바리 물체의 무게는 질량 중심에 작용해서 회전축과의 거리가 0이거든. 그래서 물체의 무게는 돌림힘을 만들지 못하지. 자전거를 타고 회전할 때 수직항력과 마찰력은 질량 중심에 대해 돌림힘을 만들지만 중력은 만들지 못하는 것과 같은 거야. 암튼 계산해보면, 원판이나 후프의 질량, 반지름에 관계없이 원판의 가속도는 후프의 가속도보다 항상 $\frac{4}{3}$배 크게 나온단다.

울리 정말요? 그럼 원판이 항상 먼저 바닥에 도착해요?

바리 그래. 그럼 굵은 원통, 짧은 원통, 쇠로 만든 원통, 구리로 만든 원통 등등을 동시에 굴리면 어떻게 될까? 물론 모두 속은 꽉 차

있는 걸로.

엘리 모두 동시에 굴러떨어진다! 믿기 어렵지만 질량이나 반지름에 관계없다니 그래야죠.

바리 맞아~ 이 영상(https://www.youtube.com/watch?v=XPUuF_dECVI)에서 직접 실험하는 것을 볼 수 있을 거야~ 꽤 기니까 11분 20초부터 나오는 원통 굴리는 실험만 찾아보렴.

울리 와~ 신기해요! 이 실험으로 친구들이랑 내기해야겠어요~ 히히-

바리 교수의 물리노트 32

- 돌림힘(토크torque): 물체를 회전 가속시키는 물리량으로, 크기는 '힘의 크기'와 '회전축으로부터 힘이 작용하는 지점까지의 수직거리'를 곱한 것과 같고, 방향은 오른손규칙(엄지는 돌림힘 방향, 검지는 회전축으로부터 힘이 작용하는 지점까지의 수직거리 방향, 중지는 힘의 방향)을 따른다.
- 뉴턴의 운동방정식 $F=ma$를 회전운동에 적용하면 돌림힘 $\tau=I\alpha$다. (I: 관성모멘트, α: 각가속도)

33 임산부는 배를 내밀고 다녀야 안정적이라구요?

물체의 평형

엘리는 지난번 바리 교수에게서 돌림힘에 대해 들은 이후 이제 물병을 열든 음료수병을 열든, 돌려서 열어야 하는 것들은 전부 반지름이 큰 부분을 돌려 여는 것이 습관이 되었다. 가끔 손힘이 세다는 소리를 들으면 혼자 슬그머니 웃곤 한다. 하루는 하교 후 아파트 현관을 들어서는데 앞에 한 만삭의 임산부가 무거운 장바구니를 양손에 잔뜩 들고 엘리베이터 앞으로 걸어가고 있는 모습을 보았다. 얼른 그분의 장바구니를 받아 엘리베이터까지 옮겨드렸는데, 거의 막달이신지 진짜 배가 많이 나와서 고맙다고 인사하며 고개를 숙이실 때 살짝 불안한 마음까지 들었다. 엘리는 다음날 울리와 함께 바리 교수를 찾아갔다.

엘리 아줌마, 임산부들은 왜 배를 내밀고 다닐까요?

울리 무슨 소리야? 배가 나온 거지, 배를 내밀겠어?

엘리 아냐, 내가 보기에는 내미는 것 같았어.

바리 엘리가 재미있는 관찰을 했구나. 임산부가 배를 내밀고 다니는 데에도 물리학이 숨어 있지. 우리가 이미 배운 돌림힘과도 관련이 있고 말이야.

엘리 그렇죠? 저도 무거운 책가방을 메면 몸을 자꾸 앞으로 수그리게 되는데, 뭔가 비슷하게 아기의 무게 때문에 배를 더 내놓는 게 아닌가 하는 생각이 들어요.

바리 보통 사람들의 무게중심은 배꼽보다 약간 낮은 곳에 있는데, 배가 점차 불러오면 어떻게 될까?

울리 배가 나오니까 무게중심이 앞쪽으로 이동하겠죠?

바리 그렇겠지? 자, 그럼 울리가 이리 와서 다리를 쭉 펴고 벽에 몸을 딱 붙이고 서봐.

울리 이렇게요? 근데 왜요?

바리 이제 다리는 벽에 붙인 채로 허리를 직각으로 구부려보렴.

울리 아, 안 돼요. 자꾸 발이 먼저 앞으로 나가게 되는데요? 발을 떼지 않으면 그냥 고꾸라질 것 같아요~

엘리 저도 해볼래요~ 어라? 정말 안 되네요? 직각을 만들 수가 없어요.

바리 그렇지? 그게 모두 돌림힘 때문에 그런 거야. 지구중력은 무게중심에 작용하는데, 상체가 다리와 직각이 되게 구부린 상태의 무게중심에서 지구의 중심으로 직선을 그으면 그 연직선은 발

끝을 벗어나게 되거든. 우리 발은 받침대인 셈이니까 지구중력 작용선이 받침대를 벗어나면 돌림힘이 생기게 되는 거지. 그럼 돌림힘이 얼마나 될까?

울리 돌림힘의 크기(τ)는 '힘의 크기(F)×회전축으로부터의 수직거리(r)'라고 하셨는데, 힘은 중력인 몸무게일 거고…. 거리는 뭐가 되죠?

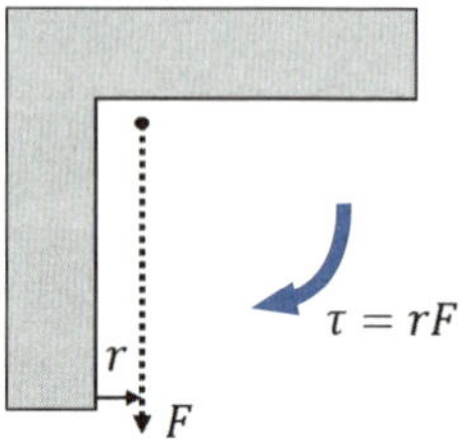

바리 지구중력 연직선이 바닥에서 만나는 점이 있지? 이 점에서부터 발끝까지의 거리야. 그리고 돌림힘의 방향을 알고 싶다면 다시 오른손의 엄지, 검지, 중지를 서로 수직한 모양으로 만들고, 검지를 발끝에서 정면으로 나가는 방향에 맞춘 후, 중지는 바닥을 향하게 한다면 엄지는 돌림힘의 방향이 되겠지.

울리 아줌마 말씀대로 해보니 엄지가 제 몸의 왼쪽을 향하는데요? 그럼 왼쪽으로 쓰러져야 하는 것 아니에요?

바리 돌림힘은 회전운동이 생기게 하는 것이니 엄지가 가리키는 방향의 돌림힘은 나머지 네 손가락의 회전 방향으로 몸을 회전시킨단다. 그래서 앞으로 넘어질 것 같이 느끼는 거고, 넘어지기 전에 발이 먼저 나가 새로운 받침대 역할을 하는 거고 말이야.

엘리 아~ 그럼 임산부처럼 배가 나오면 무게중심이 앞으로 이동해서 똑바로 서 있기만 해도 지구중력 작용선(물체의 무게중심과 지구중심을 연결한 직선)이 발 밖으로 나갈 수 있겠네요. 근데 왜 배를 더 내미는 건가요?

바리 배를 내민다기보다는 어깨를 뒤로 젖히는 거지. 그럼 무게중심이 뒤로 젖혀진 어깨 때문에 다시 척추 쪽으로 이동하게 돼서 똑바로 서 있을 때는 돌림힘이 안 생기게 되거든. 근데 자기도 모르게 자꾸 어깨를 뒤로 너무 젖히다 보면 허리 통증이 오기도 한단다. 그래서 대중교통을 이용할 때 임산부들한테는 자리를 양보해야 하는 거야~

울리 아, 그럼 임산부들은 반드시 백팩을 메고 다녀야겠어요. 히히-

바리 오호~ 좋은 아이디어야. 근데 얼마나 힘들겠니? 아기도 배에 넣고 다니고 등에 짐도 지면 말이야. 그 무게를 모두 견뎌야 하잖아. 아줌마도 아이들이 어릴 때 아이들한테 책가방을 등에 메면 도시락 가방은 앞으로 메고 가라고 했었지. 아무도 그러고 다니지는 않았지만. 하하-

울리 웃기겠어요. 근데 학교에 도시락을 싸가지고 다녔다구요? 학교 급식 안 먹고요?

바리 예전에는 학교 급식이 없어서 도시락을 쌌단다. 그러고 보니 요즘은 도시락 가방이 없구나. 그럼 등에 가방을 멘 채 팔짱을 끼고 걸어보렴. 훨씬 편하거든. 너희들은 늘상 스마트폰을 보며 걸어서 양손이 계속 앞에 있으니 비슷한 효과를 볼 것 같긴 하네.

울리 아! 더 좋은 수가 있어요. 임산부가 무거운 가방까지 메고 다니기는 힘드니까 커다란 신발을 신고 다니면 어때요? 그럼 받침대가 커져서 돌림힘이 안 생길 수도 있잖아요?

바리 아이디어가 계속 나오는구나? 그러다 발을 삘 수도 있다는 단점이 있기는 하지만 말이야. 후후- 이젠 기울어진 피사의 사탑이 얼마나 기울어지면 쓰러지게 될 것인지도 따져볼 수 있겠지?

엘리 무게중심에서 지구중심을 향해 내려 그은 직선이 사탑의 바닥에서 벗어나면 쓰러지겠네요.

바리 맞아. 하나 더 물어볼까? 지하철을 타고 서서 갈 때, 너희는 어디를 보고 서 있니?

울리 핸드폰을 보며 서 있죠~

바리 하하하- 우문현답이다!

엘리 이그~ 모두 창쪽을 바라보고 서 있죠.

바리 그렇지? 근데 지하철이 달릴 때 흔들리는 방향을 생각하면, 창을 향해 서서 가는 것보다 지하철이 진행하는 방향을 향해 서서 가는 것이 더 안정적이지 않겠니?

엘리 또 돌림힘에 대한 설명인 것 같은데 잘 모르겠어요.

바리 지하철은 달리고 있을 때 진행 방향과 수직한 방향으로 흔들림이 큰데, 발을 약간 벌린 채 진행 방향을 바라보고 서 있으면 이 흔들림에서도 지구중력 작용선은 두 발을 포함하는 받침대 위로 떨어지기 때문에 돌림힘이 생기지 않거든. 따라서 손잡이를 잡지 않아도 넘어지지 않을 정도로 안정적이지.

울리 정말요? 다음에 지하철 타면 꼭 해봐야겠어요.

바리 이 모든 것이 물체의 평형에 관한 거야. 물체가 평형 상태라는 것은 그 물체에 작용하는 알짜힘이 없고, 동시에 돌림힘도 없는 상태거든. 알짜힘도, 돌림힘도 없는 평형 상태의 대표적인 예로는 옛날에 사용했던 지시 저울이나, 요즘도 아이들이 좋아하는 놀이터 시소 같은 것들이 있단다.

울리 그러고 보니 어릴 때 엘리랑 시소를 정말 자주 탔었는데…. 우리도 이제 늙었어~ 히히-

바리 울리랑 엘리가 시소를 타면 누가 앞쪽에 타니?

엘리 어릴 땐 제가 항상 한쪽 의자의 끝에서 한 칸 앞쪽에 타고, 울리는 반대편 의자의 맨 끝에 타곤 했어요.

바리 그래? 지금은 울리 몸무게가 엘리보다 많이 나갈 것 같은데…. 암튼 너희가 시소를 탔을 경우 돌림힘을 생각해보면, 돌림힘의 크기는 '몸무게×받침점에서 의자까지의 거리'라서, 무거운 엘리가 받침점으로부터 더 가까운 곳에 앉아야 더 먼 곳에 앉은 가벼운 울리의 돌림힘을 상쇄할 수 있단다.

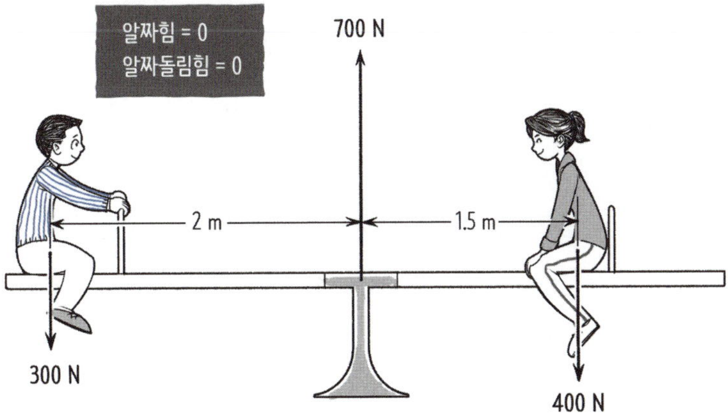

울리 크기는 같고 방향이 반대여야 하는 거네요?

바리 실제 방향이 반대야. 다시 오른손규칙을 이용해보렴. 거리의 방향은 항상 받침점에서 나가는 방향으로 잡고 말이야. 그림에서 엘리의 돌림힘 방향은 종이를 뚫고 들어가는 방향이고, 울리의 돌림힘은 뚫고 나오는 방향이지. 그럼 엘리는 시계 방향으로 회전하려 하고, 울리는 반시계 방향으로 회전하려 하고 말이야.

울리 그래서 시소가 평형을 이룰 때 알짜돌림힘은 0이 되는 거군요. 근데 알짜힘은 어떻게 없어요? 저랑 엘리의 몸무게는 모두 지구의 중심을 향하고 크기도 다른데요?

바리 시소가 받쳐주는 수직항력이 중력의 반대 방향으로 작용해서 알짜힘도 0이 되는 거지. 돌림힘 얘기도 했으니 지난번에 잘 설명하지 못했던 자전거 얘기를 조금 해볼까? 커브길을 돌 때 도는 쪽으로 기울여야 안정적이라는 것 말이야. (1권 24화 참조)

엘리 아, 그때 돌림힘이 나왔었죠. 수직항력과 마찰력이 만드는 돌림힘이 상쇄돼야 안정적이라고요.

바리 기억하고 있구나. 바로 무게중심에 대한 돌림힘을 얘기한 거였지. 자전거 타이어와 도로가 접해 있는 지점에서 작용하는 수직항력과 마찰력은 무게중심으로부터의 수직거리가 있기 때문에 돌림힘을 만드는데 서로 반대 방향의 돌림힘이거든. 수직항력과 마찰력의 합이 자전거가 기울어진 방향이라는 것은 무게중심을 향하는 것이라 이 두 힘의 합은 무게중심에 대한 수직거리가 없어서 알짜돌림힘도 0인 거고 말이야.

엘리 근데 도로와 접한 점에 대한 돌림힘은 있잖아요? 중력에 의한 돌림힘이 자전거를 쓰러지게 하지 않나요?

바리 그건 좀 복잡해서, 자전거의 바퀴가 빨리 돌수록 그 중력에 의한 돌림힘 효과가 줄어든다고만 할게. 그래서 정지한 자전거는 쓰러지지만 달리는 자전거는 쓰러지지 않는 거거든.

울리 팽이 같은 거네요. 전 자전거를 타고 도는 사람의 입장이 궁금했어요. 역시 원심력을 느끼겠죠?

바리 오~ 훌륭해. 자전거를 타고 있는 사람의 입장에서는 무게중심에 중력뿐만 아니라 원심력도 작용하지. 자전거를 타고 있는 사람의 입장에서도, 평형상태에서, 자전거를 기울인 각도 θ, 자전거 속력 v, 회전 반경 r의 관계식 $\tan\theta = \frac{v^2}{gr}$이 성립하고 말이야.

울리 역시 그동안 배운 것들이 이리저리 연결되는군요.

바리 교수의 물리노트 33

- 물체의 평형 상태는 알짜힘과 알짜돌림힘이 모두 0인 상태다.
- 물체에 작용하는 지구중력 작용선(물체의 무게중심과 지구중심을 연결한 직선)이 받침대 위를 지나면 중력에 의한 돌림힘은 0이다.

34 피겨여왕이 아는 걸 고양이도 안다구요?

각운동량 보존법칙

요 근래 계속 시험 기간이고 해서 바리 교수를 찾아가지 못했던 울리와 엘리는 시험도 끝났겠다, 홀가분한 마음으로 오늘 함께 가보기로 했다. 주택단지는 공원이 많아 그런지 길고양이도 많다. 이 집 없는 고양이들에게 오가며 먹이를 주는 사람들도 있지만, 또 한편 괴롭히는 사람들도 있다. 마침 울리와 엘리가 공원 옆을 지나가는데 한 무리의 아이들이 고양이를 괴롭히고 있었다. 발로 차기도 하고, 집어서 던지기까지 하는 것이 아닌가. 그 모습을 본 엘리가 갑자기 소리를 막 질렀다. 어찌나 크게 지르던지 고양이를 괴롭히던 아이들이 그 소리에 놀라서 모두 달아나버렸다.

울리 어디서 그런 큰 소리가 나와? 깜짝 놀랐잖아~

엘리 그러게 말이야. 히- 나도 모르게 그만….

바리 울리야, 엘리야~ 오랜만이네. 그동안 바빴니?

울리 어제까지 계속 시험 기간이었어요~ 공부를 많이 한 건 아니지만요. 헤헤-

엘리 근데 아줌마, 이 동네에는 고양이들이 많이 돌아다니네요. 모두 집 없는 고양이들인가 봐요. 방금 오다가도 아이들이 고양이를 괴롭히고 있는 걸 봤어요.

울리 엘리가 하도 무섭게 소리를 질러서 고양이 괴롭히던 애들이 다 도망갔어요. 흐흐- 근데 애들이 고양이를 집어서 막 던져도 고양이는 별로 다치는 것 같지 않아 보이더라구요. 꽤 부드럽게 착지하던데요?

엘리 난 화가 나서 아무것도 보이지 않던데 넌 언제 그런 걸 봤어?

바리 역시 울리는 관찰력이 좋아~ 사실 고양이는 매우 유연해서 높은 곳에서 떨어져도 별로 다치지 않는데, 특히 거꾸로 떨어져도 바닥에는 항상 발이 먼저 닿는 기술을 갖고 있지.

울리 오잉? 어떻게요?

바리 그걸 이해하려면 각운동량 보존법칙을 배워야 하는데?

울리 보존법칙이 또 있어요? 운동량 보존법칙, 에너지 보존법칙, 이번에는 각운동량 보존법칙까지….

엘리 '각'이 들어가는 것을 보니 회전운동하고 관계가 있나 보네요?

울리 속도와 각속도, 가속도와 각가속도, 운동량과 각운동량! 이런 건가요?

바리 너희들 요즘 복습을 잘하고 있나 보구나? 직선운동에서 운동량은 '질량×속도'로 정의되는 벡터잖아? 이 관계식을 회전운동에 적용하면, 질량은 관성모멘트로, 속도는 각속도로 바뀌어서 '관성모멘트×각속도'를 '각운동량'이라고 정의한단다. 또, 시간 변화에 따른 운동량의 변화가 힘인 것처럼, 시간 변화에 따른 각운동량의 변화는 돌림힘인 거고 말이야.

울리 음…. 정리를 한번 하면 좋을 것 같아요. 직선운동과 회전운동 관련 식들을요. 엘리 조교~

엘리 뭐야?!

바리 하하- 내가 표로 정리해줄게.

<table>
<tr><th></th><th colspan="2">직선운동</th><th colspan="2">회전운동</th></tr>
<tr><th></th><th>물리량</th><th>기호/식</th><th>물리량</th><th>기호/식</th></tr>
<tr><td></td><td>질량</td><td>m</td><td>관성모멘트</td><td>I</td></tr>
<tr><td rowspan="6">벡터</td><td>위치</td><td>x</td><td>각</td><td>θ</td></tr>
<tr><td>속도</td><td>$v=\frac{\Delta x}{\Delta t}$</td><td>각속도</td><td>$\omega=\frac{\Delta\theta}{\Delta t}$</td></tr>
<tr><td>가속도</td><td>$a=\frac{\Delta v}{\Delta t}$</td><td>각가속도</td><td>$\alpha=\frac{\Delta\omega}{\Delta t}$</td></tr>
<tr><td>운동량</td><td>$p=mv$</td><td>각운동량</td><td>$L=I\omega$</td></tr>
<tr><td>힘</td><td>$F=ma=\frac{\Delta p}{\Delta t}$</td><td>돌림힘
(토크)</td><td>$\tau=I\alpha=\frac{\Delta L}{\Delta t}$</td></tr>
</table>

울리 이제 좀 명확하네요. 근데 이 세모처럼 생긴 건(Δ) 무슨 기호죠?

바리 그건 변화를 나타내는 기호고, '델타delta'라고 읽어. 예를 들어 Δp는 '나중 상태의 운동량'에서 '처음 상태의 운동량'을 뺀 운동량의 변화를 가리키는 거야. 기호의 의미만 알면 아주 간단히 표현할 수 있어서 편하잖아. 그러니까 처음 보는 기호라도 거부 반응을 갖지 않았으면 해.

울리 음~ 그래서 변화가 포함된 물리량에는 모두 Δ가 들어 있군요.

바리 아주 짧은 시간 간격 동안에 일어난 변화를 표시할 때는 Δ 대신 d를 사용하는데, 이게 바로 미분기호야. 여기서 아주 짧은 순간에 작용한 힘 $F = \dfrac{dp}{dt}$라고 쓰고, 힘은 '운동량을 시간에 대해 미분한 것' 또는 '운동량의 시간변화율'이라고 해. 우린 미분이나 적분을 이용한 계산을 하지 않을 거니까, Δ든 d든 변화를 의미한다고만 이해하면 된단다.

엘리 그럼 각운동량 보존법칙은 '시간이 지나도 각운동량이 변하지 않는다'는 거겠네요?

바리 그렇지. 운동량 보존법칙이 '외부에서 작용하는 힘이 없으면 운동량이 시간에 따라 변하지 않는다'는 의미인 것처럼, 각운동량 보존법칙은 '외부에서 작용하는 돌림힘이 없으면 각운동량은 시간에 따라 변하지 않는다'는 뜻이지.

울리 근데 그게 고양이가 안전하게 착지하는 것과 어떻게 연관되죠?

바리 고양이는 유연해서 떨어질 때 자기 몸의 상체와 하체를 따로 움직일 수 있거든. 그래서 거꾸로 떨어지더라도 항상 상체를 먼저 돌려서 바닥을 볼 수 있게 한 뒤 하체를 돌리지. 먼저, 상체만 돌리기 위해서 앞다리를 오므린 채 뒷다리는 쭉 편 자세를 취하고, 상체가 돌아가 바닥을 볼 수 있게 되면 이번에는 앞다리는 쭉 펴고 뒷다리는 오므려 하체만 돌아가게 하고 말이야.

엘리 다리를 오므리면 빨리 돌아가고, 또 펴면 천천히 돌아가요?

바리 회전축으로부터 질량이 멀리 분포될수록 돌기 힘든 회전관성 때문이지. 그리고 이 모든 과정에서 각운동량은 보존된다는 거야. 이에 따라 상체와 하체의 관성모멘트를 조정함으로써 각운동량을 상체에서 하체로 옮겨가며 안전하게 떨어지는 거지.

울리 와~ 고양이가 저보다 똑똑하네요~

바리 하하- 머리로 몰라도 몸으로는 아는 거지. 너도 높은 곳에서 뛰어내릴 때는 저절로 다리를 구부리고, 난간 위를 걸을 때는 팔을 벌리고, 또 무거운 가방을 멨을 때는 팔짱을 끼고 그러잖아? 각운동량 보존법칙이 만들어내는 아름다움은 피겨스케이팅에서도 볼 수 있어.

엘리 아, 맞아요. 뉴스에서 피겨여왕에 대해 얘기할 때마다 '피겨스케이팅의 과학'이라며 이런 내용을 다루었던 것 같아요. 근데 정확하게 무슨 얘기인지 설명해주세요.

바리 그래. 피겨스케이팅 선수들이 회전할 때의 동작을 보면, 처음에는 팔과 다리를 가능한 한 벌리고 회전을 시작한 뒤, 잠시 후에는 팔과 다리를 안으로 모으잖아? 그러면 몸이 마치 회오리바람처럼 팽팽 돌고 말이야.

울리 팔을 벌리면 관성모멘트가 커서 천천히 돌고, 팔을 오므리면 관성모멘트가 작아서 빨리 돌게 되는 거군요.

바리 그렇지! 처음 정지 상태에서 회전하려면 돌림힘이 필요하지만, 팔을 벌리고 일단 돌기 시작한 후에는 어떤 돌림힘도 작용하지 않기 때문에 각운동량은 보존되거든.

엘리 그래서 멈출 때는 다시 팔을 벌리는 거군요~

바리 맞았어. 각운동량 보존법칙은 회전을 해야 하는 다이빙 선수나 체조 선수들에게도 매우 중요하지. 예를 들어 다이빙 선수의 경우, 물에 닿기 전에 공중에서 회전을 많이 할수록 높은 점수를 받는데, 주어진 시간에 회전을 많이 하려면 회전 속도가 빨라야 하잖아? 회전 속도를 빠르게 하려면 처음에는 관성모멘트를 크게 하는 자세로 시작해서 돌 때는 관성모멘트를 최대한 줄이는 자세를 취해야겠지?

울리 아~ 그래서 다이빙 선수도 그렇고 체조 선수도 그렇고, 공중에

서 회전할 때는 모두 몸을 공처럼 둥글게 웅크리는 거군요. 관성 모멘트를 줄이려고요~

바리 맞았어. 다음으로 조금 어려운 문제를 내볼까? 회전하는 바퀴의 회전축을 잡고 바퀴를 수평하게 들고 있는 사람이 있다고 생각해봐. 이 사람은 회전의자에 앉아 있어. 들고 있는 바퀴는 반시계 방향으로 회전하고 있어서 각운동량의 방향은 각속도의 방향과 같은 위쪽이고 말이야. 이 상태에서 바퀴를 가만히 뒤집어 들면 어떻게 될까?

엘리 반시계 방향으로 회전하고 있는 바퀴를 뒤집어 들면 시계 방향으로 회전하게 될 테니까 각속도의 방향은 아래쪽으로 바뀌는 거죠?

바리 그렇겠지? 근데 이 회전하는 바퀴를 들고 있는 사람한테는 외부에서 작용한 돌림힘이 없어. 가만히 바퀴만 뒤집어 들었으니

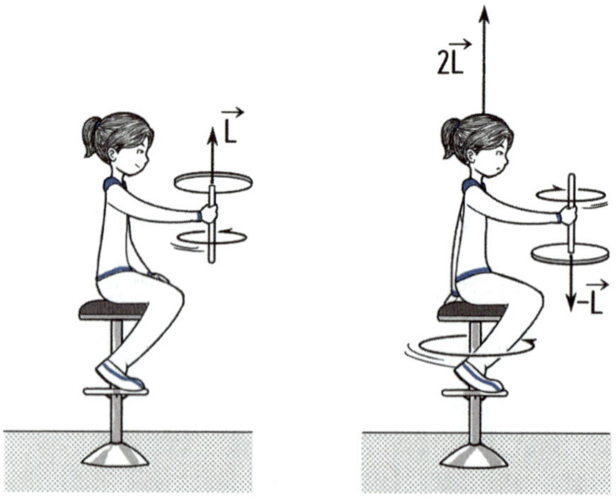

까 말이지. 그럼 돌림힘이 없다는 건….

울리 각운동량 보존법칙!

엘리 엥? 근데 처음에 위를 향하던 각운동량의 방향이 아래를 향하게 되었는데 어떻게 각운동량이 보존된다는 거죠?

바리 그건, 사람과 바퀴의 처음 각운동량을 $+L$이라고 하면, 나중 각운동량도 $+L$이어야 하는데, 바퀴의 나중 각운동량은 $-L$이 되었으니 사람의 나중 각운동량이 $+2L$이 되어야 한다는 뜻이야. 즉 회전의자에 앉은 사람이 반시계 방향으로 돌게 된다는 거란다.

엘리 아~ 그래서 사람이 회전의자에 앉아 있다고 한 거군요.

울리 요즘 들은 물리 얘기들은 모두 마술 같아요~

바리 교수의 물리노트 34

- 각운동량 = 관성모멘트 × 각속도

$$L = I\omega$$

- 돌림힘 = 관성모멘트 × 각가속도 = 각운동량의 시간 변화율

$$\tau = I\alpha = \frac{\Delta L}{\Delta t}$$ (α: 각가속도)

- 각운동량 보존법칙: 외부에서 작용하는 돌림힘이 없으면 각운동량은 보존된다.

35 별의 위치를 분석해서 세 가지 법칙이 나왔다구요?

케플러법칙

학원 수업이 끝나고 집으로 오는 길, 울리는 오늘 달, 화성, 금성이 일직선으로 보이는 날이라는 뉴스를 아침에 본 것 같아 문득 밤하늘을 올려다 보았다. 정말 거의 일직선상에 위치하여 아름답게 반짝이는 3개의 빛이 보였다. 평소 울리는 밤하늘을 거의 보지 않지만 가끔 이렇게 볼 때면 광활한 우주에서 반짝이는 별들이 신기하게 느껴진다. 저 먼 곳에서 떨어지지도 않고 돌고 있다니 말이다.

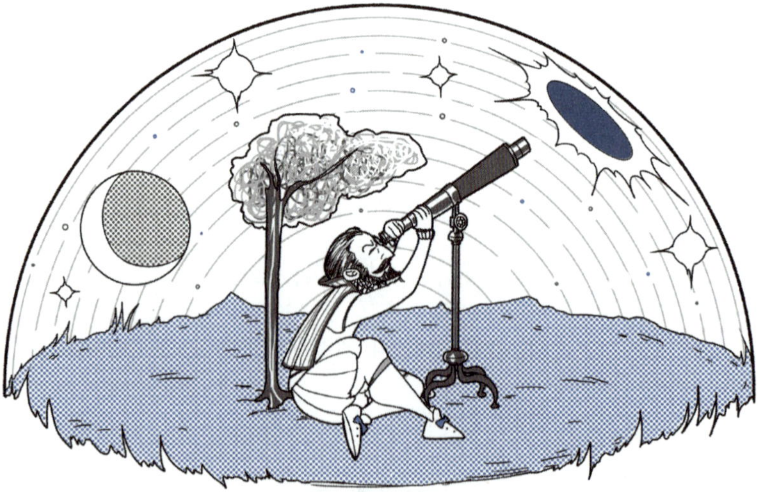

바리 울리야~

울리 어? 아줌마, 밤에 웬일이세요?

바리 계란이 다 떨어져서 편의점에 가느라고. 넌 하늘을 열심히 쳐다보며 가던데 뭘 보는 거였어?

울리 가끔은 별들이 하늘에 떠 있는 것이 신기해서요. 하긴 하늘에 떠 있는 지구 위에 우리가 사는 것도 신기하지만요.

바리 그런 일상이 신기하게 느껴지면 아는 것이 많아졌다는 얘긴데? 그나저나 네가 보고 있는 별들을 수백, 수천 년 전에 살았던 사람들도 보았다고 생각하면 기분이 더 묘하지?

울리 와~ 그러게요. 그렇게 생각하니 정말 묘한 기분이 들어요.

엘리 어? 울리야~ 아줌마~ 여기서 뭐 하세요?

울리 너네 반도 이제 수업 끝났구나? 아줌마를 우연히 만나서 별에 대해 얘기하고 있었어.

바리 아직 밤공기가 좀 차지만, 이렇게 밤길을 걸으며 오늘은 같이 별을 열심히 봤던 옛사람들에 대한 이야기를 나눠볼까? 티코 브라헤Tycho Brahe와 요하네스 케플러Johannes Kepler라는 사람에 대한 얘기란다.

엘리 좋아요~

울리 오늘은 무슨 법칙이나 새로운 용어가 안 나오나요? 물리학자들은 법칙 만드는 것을 진짜 좋아하는 것 같은데요.

바리 하하하- 일단 들어봐. 티코 브라헤는 16세기 말 유럽에서 가장 유명했던 천문학자고, 케플러는 당시에 잠시 그의 조수였다고 해. 브라헤는 14세 때 개기일식을 볼 수 있었는데, 이 개기일식을 당시의 천문학자들이 예측했다는 사실에 감동하여 자신도 천문학자가 된 사람이지. 근데 관측을 어찌나 잘했던지 당시 덴마크·노르웨이의 왕이던 프레데릭 2세가 그에게 천문대 기지로 쓰라고 섬까지 하나 내줄 정도였어.

엘리 와~ 대단한 분이었군요. 그런데 유명하긴 케플러가 더 유명하지 않나요? 케플러라는 이름은 들어봤는데 브라헤라는 이름은 생소하네요.

바리 끝까지 들어봐. 그렇게 관측을 잘하는 유능한 천문학자가 실제 생활에서는 아주 거만하고 난폭하고 칼싸움을 좋아했다나 봐. 그러다 어느 결투에서 코가 거의 다 잘려나갈 정도로 큰 상처를 입었는데, 이 때문에 평생 금과 은의 합금으로 만든 가짜 코를 붙이고 다녀서 '황금 코의 사나이'로 불리기도 했다는 거야.

울리 그때는 강도가 없었나 보죠? 요즘 같으면 길에서 코 베어 갈지도 모를 텐데요. 히히-

바리 하하하, 그러게 말이다. 어쨌든 그 거만하고 난폭한 성격 때문에 프레데릭 왕의 후계자였던 크리스티안 4세는 브라헤에게 관대하지 않았대. 그래서 자신에 대한 왕의 처우에 불만을 품은 브라헤는 신성로마제국의 황제였던 루돌프 2세의 영토인 프라하로 떠났고, 그곳에서 자신의 천문 관측 자료를 분석해 '모든 별이 지구를 중심으로 돈다'는 지구 중심 우주론을 증명하고자 수학을 아주 잘하는 케플러를 조수로 고용하게 되지. 당시 케플러는 이미 코페르니쿠스의 태양 중심 우주론인 지동설을 믿고 있었지만 말이야.

울리 별의 운동하고 수학이 무슨 관계가 있어서 수학을 잘하는 사람이 필요했을까요?

바리 당시의 수학이란 기하학이었고, 별의 움직임을 기하학적으로 분석했거든. 근데 케플러가 브라헤의 조수가 된 지 1년 만에 브라헤가 죽었어. 이때 브라헤가 케플러에게 자신의 자료들을 직접 남기고 죽었는지, 아니면 케플러가 브라헤의 가족에게 사정하여 그 자료들을 얻었는지는 알 수 없지만, 브라헤가 관측했던 그 많은 데이터를 케플러가 갖게 되었고, 케플러는 이 자료들을 아주 면밀히 분석했지.

엘리 그래서 얻은 것이 유명한 '케플러법칙Kepler's laws'이군요?

울리 으~ 또 법칙이 나오네요~

바리 하하- 미안. 그것도 3개나 되는데….

울리 뉴턴의 운동법칙도 3개였는데, 다들 자연의 법칙들을 3개씩 발견하네요?

바리 그러게~ 그렇게 됐네? 케플러(1571~1630)는 갈릴레오(1564~1642)와 같은 시대에 살았고, 뉴턴(1643~1727)은 갈릴레오가 죽은 지 약 일 년 후에 태어났으니 후세대인 셈이지. 우리가 뉴턴의 운동법칙에 대한 공부를 많이 했지만, 늘 지구중력이 있는 상태를 전제로 한 운동을 얘기했잖아? 그 지구중력이 무엇인지를 뉴턴이 밝힐 수 있게 한 기반이 된 법칙들이 다름 아닌 케플러법칙이야.

울리 뉴턴의 법칙이 또 있어요?

엘리 아하~ 뉴턴의 '만유인력의 법칙'이죠?

바리 그래~ 만유인력의 법칙은 조만간 자세히 알려줄 거고, 지금은 케플러법칙을 알려줄게. 첫 번째 법칙은 '타원궤도의 법칙'이라고 불리는데, '행성은 태양을 초점으로 하는 타원궤도를 따라 운동한다'는 거야.

울리 그건 이미 아는 상식 같은 건데, 그것도 법칙이었군요?

바리 지금은 우리 모두 잘 알고 있지만, 아까도 얘기했듯이 옛날에는 모든 별이 지구를 중심으로 돈다고 믿고 싶어 했거든. 근데 오랜 시간 행성의 위치를 관찰한 데이터들을 모아 보니 태양을 중심으로 움직이더라는 거야. 그 얘기를 들은 당시 사람들은 엄청 놀랐겠지. 또, 케플러의 두 번째 법칙은 '면적속도 일정의 법칙'인데, '행성과 태양을 잇는 선분이 같은 시간에 스치고 지나가는 면적은 행성의 위치에 관계없이 일정하다'는 거야.

엘리 음? 무슨 말인지 잘 모르겠어요.

울리 '면적속도'라는 용어도 있어요?

바리 '면적속도'는 '주어진 시간 동안 행성이 지나가며 훑쓴 면적'이 얼마인가를 나타내는 용어야. 행성들의 속력이 일정하지 않다는 관측 자료를 보고 내린 결론인데, 쉽게 풀어서 얘기하면 '행성이 태양에서 먼 곳을 지날 때는 천천히, 가까운 곳을 지날 때는 빨리 움직인다'는 것을 의미하지. 이 법칙은 각운동량 보존법

〈케플러 법칙〉

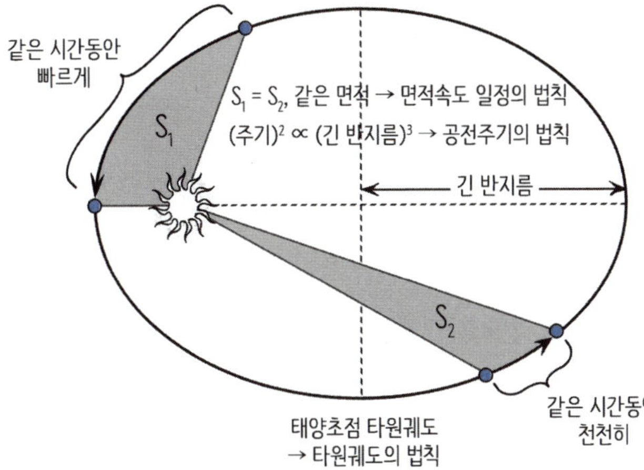

칙으로 설명할 수 있단다.

엘리 행성의 각운동량이 위치와 관계없이 같다는 건가요?

바리 맞아. 태양을 중심으로 회전운동하는 동안 행성에 작용하는 구심력은 항상 태양을 향해서, 회전축으로부터 구심력이 작용하는 점까지의 거리와 나란하니까 돌림힘이 없거든.

울리 태양으로부터 먼 곳을 움직일 때는 회전축과의 거리가 먼 거니까 관성모멘트가 커서 천천히 움직이고, 가까운 곳을 움직일 때는 관성모멘트가 작아서 빨리 움직인다는 거군요?

바리 그래~ 회전관성을 잘 이해하고 있네. 마지막으로 케플러의 세 번째 법칙은 '공전주기의 법칙'인데, '행성의 공전주기의 제곱은 타원궤도의 긴 반지름의 세제곱에 비례한다'는 거야. 여기서 '공전주기'는 행성이 태양 주위를 한 바퀴 도는 데 걸리는 시간이란다.

울리 '주기의 제곱'이 '긴 반지름의 세제곱'에 비례한다고요? 조금 복잡하네요.

바리 그렇지? 간단하진 않지?

엘리 관측 데이터가 엄청 많았을 텐데 모든 데이터가 이 세 가지 법칙에 들어맞았다는 뜻이잖아요?

바리 맞아. 대단하지? 수십 년간 관측해온 별들의 움직임을 세 가지 법칙으로 설명할 수 있다는 게 말이야.

울리 그러게요~ 그나저나 티코 브라헤는 안됐네요. 그렇게 일찍 죽지 않았으면 브라헤법칙으로 알려졌을지도 모르잖아요?

바리 하하, 그랬으려나? 그거야 알 수 없지만, 케플러의 도움 없이 브라헤 스스로 분석할 수는 없었을 수도 있어. 관측에 능하다고 분석까지 능한 것은 아니니까 말이야. 요즘 말로 하면 브라헤는 유능한 실험학자고 케플러는 명석한 이론학자인 셈이지. 실험과 이론의 조화는 예나 지금이나 과학 발전에 매우 필요하거든. 생물학이나 화학은 거의 실험 연구가 주를 이루지만, 물리학은 여전히 실험 연구와 이론 연구가 독립적으로 발전하고 있단다.

울리 전 실험이 좋아요~ 일단 눈에 보여야 왜 그런지 고민을 하게 되거든요.

바리 실험은 매우 중요해. 이론으로 '이럴 거다' 했는데 실험으로 보일 수 없으면 과학적 사실로 받아들여지지 않거든. 케플러는 이론학자로 볼 수 있지만 케플러법칙들은 실험의 결과인 것이고,

한편 왜 행성의 운동이 그런 법칙을 따르는가를 고민하다 찾아낸 만유인력의 법칙은 이론인 셈이지. 뉴턴의 만유인력의 법칙은 케플러법칙을 수학적으로 증명해주거든.

엘리 전 뭔가를 해보는 것이 귀찮아서 실험보다는 이론이 더 좋아요~ 실험을 좋아하는 울리와 이론을 좋아하는 제가 힘을 합치면 언젠가 새로운 법칙을 만들어낼 수도 있지 않을까요? 헤헤-

바리 교수의 물리노트 35

- 케플러 제1법칙(타원궤도의 법칙): 행성은 태양을 초점으로 하는 타원궤도를 따라 운동한다.
- 케플러 제2법칙(면적속도 일정의 법칙): 행성과 태양을 잇는 선분이 같은 시간 동안 스치고 지나가는 면적은 행성의 위치에 관계없이 일정하다.
- 케플러 제3법칙(공전주기의 법칙): 행성의 '공전주기의 제곱'은 타원궤도의 '긴 반지름의 세제곱'에 비례한다.

36 매미 소리와 중력이 닮았다구요?

만유인력의 법칙

요즘은 도시에서도 여름이면 시원한 매미 소리를 들을 수 있다. 그만큼 가로수들이 무성해졌다는 뜻이기도 할 것이다. 그런데 이 매미 소리는 날이 갈수록 점점 더 커져서 소음공해가 되기도 한다. 울리는 도시의 시끄러운 자동차 소리 때문에 수매미들이 점점 크게 우는 것이라는 한 인터넷 기사를 읽고, 크게 소리를 내지 않으면 암매미가 수매미의 소리를 들을 수 없어 짝을 찾기 힘들어지기 때문이라는 그 기사의 논지가 꽤 그럴듯하다고 생각했다.

울리 휴~ 덥다 더워~ 바리 아줌마~ 아줌마네도 여름이면 매미 소리 때문에 시끄럽겠네요? 나무가 많아서요.

바리 엄청 시끄럽지. 우리 동네가 모두 시끄럽지 않니? 아파트도 마찬가지고 말이야.

울리 그렇긴 하죠. 우리 동네에는 나무도 많고 차도 많으니까요.

바리 근데 엘리는 안 왔어? 너 혼자 오면 뭐라 할 텐데?

엘리 (뛰어오며) 아줌마~ 저도 왔어요~ 오다가 옆 반 친구를 만나서 잠깐 얘기하고 있었는데 얘가 지 혼자 가버렸어요.

울리 야, 난 그냥 핸드폰으로 기사 보면서 걷고 있었는데 네가 마음대로 없어진 거잖아. 알아서 오겠지 하고 그냥 혼자 걸어왔지 뭐. 참, 아줌마. 근데 도시에서는 진짜 자동차 소리 때문에 매미가 더 크게 우는 건가요?

바리 그럴 수도 있긴 할 텐데, 또 한편으로는 더 크게 울지 않더라도 도시에서는 시골에서보다 매미 소리가 더 크게 들릴 수 있지.

울리 어? 왜 그렇죠?

바리 도시에는 건물이 많기 때문에 매미 소리가 공기 중으로 퍼지다가 건물에 부딪쳐서 다시 반사되는 소리까지도 우리 귀에 들어올 수 있잖아? 하지만 시골에는 건물이 별로 없어서 소리가 그냥 공기 중으로 대부분 퍼져 나가니까 덜 시끄럽게 들릴 수 있다는 거야. 소리에 대한 것은 나중에 파동에 대해 얘기할 때 또 설명할 기회가 있을 거야.

엘리 아, 그럴 수 있겠군요.

바리 그보다도 더 재미있는 게 있는데, 바로 매미 소리와 중력이 닮았다는 거야.

울리 네? 매미 소리와 중력이요? 어떤 점이 닮은 거죠?

바리 하하, 울리가 매미 얘기를 꺼내서 드디어 오늘 '만유인력의 법칙 law of universal gravitation'을 설명하게 되는구나~ '저항이 없다면 모든 물체는 동시에 떨어진다'는 갈릴레오의 주장이나, 케플러 법칙을 증명할 수 있는 법칙을 말이야.

엘리 '모든 물체가 서로서로 당긴다'는 만유인력의 법칙은 어렸을 때부터 듣기는 많이 들었는데, 그게 무거운 물체나 가벼운 물체나 동시에 떨어진다는 것을 증명해준다는 건 몰랐어요.

울리 케플러법칙을 증명해준다는 것은 지난번에 얼핏 말씀해주시긴 했지만 뭔가 또 어려운 느낌이 막 들어요.

바리 만유인력의 법칙을 먼저 말로 얘기해볼게. '질량이 있는 두 물체는 항상 서로 당기는 힘을 받고 있는데, 이 힘의 크기는 두 물체의 질량의 곱에 비례하고 두 물체 사이의 거리의 제곱에 반비례한다.' 어때? 간단하지?

울리 무슨 시를 읊듯이 하시네요~

바리 오~ 듣고 보니 자연의 법칙과 시가 통하는 것 같구나. 아름답기도 하고, 심오하기도 하고, 또 곱씹어봐야 하기도 하고 말이야. 하하- 이제 만유인력의 법칙을 식으로 표현해볼까?

엘리 네! 전 기호나 식으로 보는 것이 좋아요~

바리 두 물체의 질량을 각각 m과 M, 두 물체 사이의 거리를 R, 그리고 비례상수인 만유인력상수를 G라고 하면, 만유인력의 크기 $F = G\frac{mM}{R^2}$이고, 방향은 서로 상대 물체를 향하지.

엘리 역시 식은 간단해서 좋아요. 한 줄도 안 되잖아요.

바리 그래도 말로 읊으며 이해하는 것이 중요해. 자, 그럼 질량이 M인 물체가 지구고 질량이 m인 물체는 지구 표면에 있는 돌멩이라면 지구와 돌멩이 사이에 작용하는 만유인력은 어떻게 될까?

울리 지구 표면이면 둘 사이의 거리는 0이잖아요? 딱 붙어 있는데요.

바리 두 물체 사이의 거리는 두 물체의 질량중심 사이의 거리를 봐야 해. 그래서 돌멩이와 지구 사이의 거리는 돌멩이의 질량중심에서 지구의 질량중심까지의 거리지. 근데 지구 반지름은 약 6,400km나 돼서 돌멩이의 크기는 무시해도 될 정도야.

울리 그럼 돌멩이와 지구 사이의 거리는 지구의 반지름과 같다고 보는 거네요?

엘리 지구 표면에서의 지구중력은 바로 지구의 질량과 반지름으로 구한 만유인력이고요?

바리 그렇지. 지구 표면 근처에서 자유낙하하는 물체의 가속도가 얼마라고 했지?

울리 중력가속도 9.8m/s^2요.

바리 좋아. 그 중력가속도를 갖게 한 원인이 만유인력이야. 질량이 m인 물체가 지구에 의한 만유인력을 받아 가속운동을 하는 거지.

울리 아, 그럼 가속도를 바로 구할 수 있네요. 힘을 질량으로 나누면 가속도니까요. $F = ma$!

엘리 그럼 지구중력가속도가 $G\frac{M}{R^2}$이 되고, 지구 질량과 반지름을 넣으면 $9.8\mathrm{m/s^2}$가 된다는 거군요?

바리 맞아. 지구와 물체 사이의 거리를 지구 반지름으로 근사할 수 있는 경우, 떨어지는 모든 물체는 질량과 관계없이 같은 중력가속도를 갖는다는 결론이지. 어때? 갈릴레오의 주장을 뉴턴이 깔끔하게 증명했지?

울리 정말 멋져요~ 그럼 케플러법칙과는 어떻게 연결돼요?

바리 지난번에 얘기했듯이 뉴턴은 케플러법칙을 설명할 수 있는 힘을 찾으려고 무척 노력했는데, 물체 간 거리의 제곱에 반비례하는 만유인력이 그 결과였어. 케플러 제1법칙인 타원궤도의 법칙과 제3법칙인 공전주기의 법칙이 증명되려면 태양과 행성에 작용하는 힘이 태양과 행성 간 거리의 제곱에 반비례해야만 하거든.

엘리 케플러법칙이 중요한 역할을 한 거네요.

바리 그렇기도 한데, 갈릴레오의 영향도 커. 갈릴레오는 관성의 개념도 제안했고, 무거운 물체는 큰 힘을, 가벼운 물체는 작은 힘을 받기 때문에 동시에 떨어진다고 했으니, 질량에 비례하는 힘을 쉽게 예측할 수 있었던 거야. 근데 뉴턴은 만유인력이 한 물체의 질량에만 비례하는 것이 아니라 다른 물체의 질량에도 비례해야 한다고 예측한 거고 말이야. 이건 뉴턴의 세 번째 운동법칙인 작용·반작용의 법칙의 결과기도 해.

울리 아, 그렇군요. 지구가 저를 당기는 힘과 제가 지구를 당기는 힘이 같은 크기려면 지구의 질량에도, 또 제 질량에도 비례해야

모순이 안 생기네요.

바리 결국 케플러법칙은 '두 물체 사이에 작용하는 힘이 두 물체 간 거리에 따라 어떻게 변하는가'에 대한 단서를 준 것이고, 갈릴레오의 운동론은 '두 물체의 질량에 따라 힘이 어떻게 변하는가'에 대한 단서를 준 것이라고 할 수 있지.

엘리 뉴턴이 사과나무 아래에 앉아 있다가 떨어진 사과에 머리를 맞고 만유인력을 발견했다고 하는 것은 사실이 아니네요. 히히-

바리 후후, 그래도 사과가 왜 올라가거나 옆으로 떨어지지 않고 항상 똑바로 떨어지는가를 고민했다고는 해. 그럼 이제 너희가 잘 이해했나 보기 위해 문제 하나 낼까? 사과 하나의 무게가 대충 1N 정도인데, 만일 사과 위에 저울을 올려놓고 지구의 무게를 잰다면 지구의 무게는 얼마일까?

엘리 지구는 질량이 엄청 큰데, 지구를 올려놓아 버틸 수 있는 저울이 이 지구상에 있을까요? 히히-

울리 알았어요! 1N이죠? 지구중력으로 인한 사과 무게나 '사과 중력'으로 인한 지구 무게나 모두 사과와 지구 사이의 같은 만유인

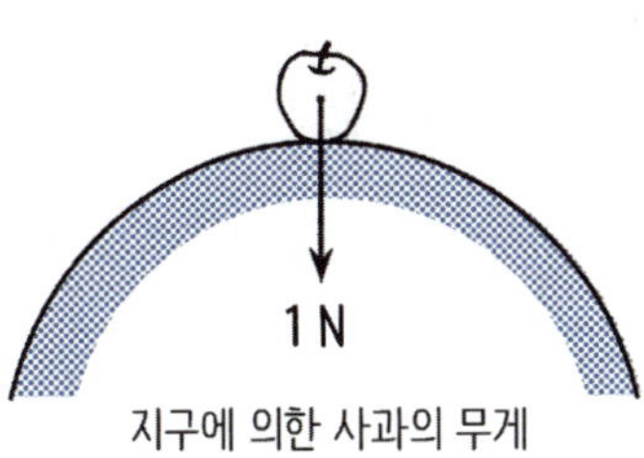

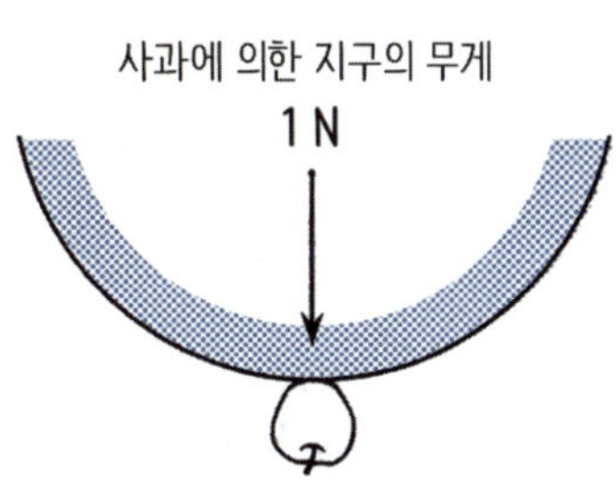

력이잖아요~

바리 잘했어! 사실 뉴턴이 만유인력의 법칙을 발표할 당시는 지구 질량이 얼마인지 모르고 있었을 때야. 만유인력상수값도 모르고 말이지. 뉴턴이 만유인력의 법칙을 발표한 지 150년이 지난 1798년에 헨리 캐번디시Henry Cavendish라는 학자가 아주 정교한 실험으로 만유인력상수를 구해서 지구 질량도 구할 수 있게 되었거든.

엘리 지구 질량이 얼마인데요?

바리 약 6×10^{24}kg! 10^{12}이 1조니까 1조의 6조 배인 셈이지.

엘리 헤~ 질량이 그렇게 큰데도 무게는 작을 수 있다는 거네요.

바리 그렇지. 만유인력상수가 아주 작기 때문이야. 또, 모든 물체에는 서로 당기는 만유인력이 작용하고 있는데 우리는 왜 그 힘을 못 느낄까? 너랑 나는 이렇게 떨어져서 잘 있고 말이야.

울리 정말 그렇네요? 우리 사이에도 분명 만유인력이 있을 텐데요?

바리 그치? 우리가 만유인력을 느끼지 못하는 이유도 아주 작은 만유인력상수값 $G=6.67\times10^{-11}\mathrm{N\cdot m^2/kg^2}$ 때문에 우리 사이에 작용하는 만유인력이 작아서란다.

엘리 정말 다행이네요. 만약 우리 사이의 만유인력이 크다면 모든 사람이 붙어 다녀야 하잖아요. 헤헤- 아, 근데 매미 소리와 만유인력은 뭐가 닮은 거죠? 아무래도 공통점이 없는 것 같은데요.

바리 참, 매미 소리 얘기하다가 만유인력을 설명한 거지? 하하- 매미 소리의 세기가 거리의 제곱에 반비례한다는 것을 설명하려다가 만유인력에 대한 얘기까지 왔구나. 만유인력의 크기가 두 물체 간 거리의 제곱에 반비례하는 것처럼, 매미 소리의 세기도 매미가 있는 곳으로부터의 거리의 제곱에 반비례하거든.

엘리 그럼 매미가 있는 곳으로부터 2m 떨어진 지점은 1m 떨어진 지점보다 매미 소리의 세기가 4배 작게 들리는 건가요?

바리 그래. 이렇게 자연에는 거리의 제곱에 반비례하는 현상들이 많은데, 이런 것을 '역제곱법칙inverse-square law'이라고 부른단다. 앞으로도 이 역제곱법칙에 따른 자연현상을 가끔 보게 될 거야.

울리 네~ 근데 아무리 생각해도 자연에는 법칙들이 너무 많아요.

바리 교수의 물리노트 36

- 만유인력의 법칙law of universal gravitation: 질량이 각각 m, M인 두 물체는 두 물체의 질량의 곱에 비례하고 두 물체 간 거리 R의 제곱에 반비례하는 힘 $F = G\frac{mM}{R^2}$으로 서로를 당긴다. (만유인력상수 $G = 6.67 \times 10^{-11} \mathrm{N \cdot m^2/kg^2}$)
- 지구 표면에서의 중력가속도 $g = G\frac{M}{R^2} = 9.8\,\mathrm{m/s^2}$ (지구 질량 $M = 6 \times 10^{24}\,\mathrm{kg}$, 지구 반지름 $R = 6,400\,\mathrm{km}$)

37 키는 늘고, 몸무게는 줄어든다구요?

행성별 만유인력

울리 친구들은 남자아이, 여자아이 할 것 없이 하나같이 '롱다리'가 되고 싶어 한다. 멋있는 근육을 갖고 싶어 하는 아이도 있고, 날씬한 몸매를 원하는 아이도 있지만 큰 키를 바라는 것은 공통이다. 근육이나 몸매는 가꾸기 나름이라지만 태어날 때부터 작달막한 키는 어째야 하는지…. 어느 날, 많이 누워 있으면 키가 잘 자란다는 얘기를 들은 울리는 그게 근거가 있는 말인지 알고 싶어 엘리와 함께 바리 교수를 찾아가기로 했다.

울리 전 누워 있는 거라면 자신 있는데, 누워만 있으면 정말 키가 크나요?

엘리 아줌마, 얘 핑곗거리 찾아서 마음 편히 잠만 자려고 하는 거예요.

울리 키만 큰다면야 해볼 만하지.

바리 하하- 많이 누워 있으면 키가 큰다는 말이 근거가 없는 것은 아니야. 아마 그 얘기의 시작은, 지구보다 중력이 약한 곳에서 식물들이 더 크게 자란다는 데서 나온 걸 거야. 언젠가 우주정거장 얘기를 했잖아? 저번에 못 들은 엘리를 위해 간단하게 다시 얘기하면, 우주정거장을 돌려서 인공중력을 만들어내지 않고, 중력이 거의 없는 상태에서는 어떤 일들이 일어나는지 실험하는 것을 '미세중력(마이크로그래비티microgravity) 실험'이라고 하는데, 그중 하나가 식물을 키워보는 거였대.

엘리 아~ 중력이 거의 없는 것을 미세중력 혹은 마이크로그래비티라고 하는군요.

울리 그럼 중력이 거의 없는 우주정거장에서 식물들은 실제 지구에서보다 더 크게 자랐나요?

바리 맞아, 더 크게 자랐대. 생각해보면 그럴싸한 결과야. 지구중력은 모든 질량이 있는 물체를 지구 쪽으로 잡아당겨서 키가 자라는데 방해를 줄 수 있으니까 말이야. 실제 우주정거장에서 1년 동안 살았던 한 쌍둥이의 '텔로미어telomere'가 지구에 있던 다른 쌍둥이의 텔로미어보다 더 길어졌다는 실험 결과도 있어.

엘리 텔로미어가 뭐예요?

바리 '말단소체'라고도 한다는데, 나도 잘은 모르지만 염색체 끝 부분에 있는 DNA 조각이라고 해. 세포분열을 할 때마다 이 텔로미어의 길이가 짧아져서 세포시계 역할을 한다는구나. 텔로미어의 길이가 길수록 세포분열을 많이 안 했다는 의미라서 세포가 더 젊다는 거지. 중력이 약해서 텔로미어가 좀 길어진 것도 있는 것 같긴 하지만 말이야.

울리 근데 그런 실험들은 모두 중력이 거의 없을 때 한 거잖아요? 늘 중력이 있는 지구에서는 왜 누워 있으면 키가 더 잘 자란다고 하는 거죠?

바리 누워 있으면 지구가 당기는 힘이 키의 방향으로 작용하지 않으니까 키가 크는 데 방해를 덜 받는다는 뜻이야.

울리 아, 그럼 과학적으로 맞는 얘기네요. 앞으로는 가능한 한 누워 있어야겠어요~

바리 아직 좋아하긴 일러. 누워만 있으면 네 근육은 줄어들고 기운도 없어지고 비실비실해질 텐데? 건강해야지, 키만 크면 뭐해?

엘리 그러게 말이에요. 그러다 나한테 팔씨름도 지려고 말이죠. 하하-

울리 흠…. 그럴 순 없지~

바리 누워 있지 않아도 키가 크고 몸무게는 줄어드는 방법 알려줄까?

울리 그런 방법이 있어요? 어째 실현 불가능한 방법일 것 같은 느낌이 막 드는데요?

바리 울리가 점점 눈치가 빨라지네~ 하하- 그 방법이란 것은 바로 '만유인력이 약한 곳으로 가라'는 거야.

엘리 아하~ 아예 지구를 떠나라는 거네요?

바리 만유인력은 두 물체의 질량의 곱에 비례하고 두 물체 간 거리의 제곱에 반비례하니까, 질량이 작거나 크기가 큰 행성에 가면 우리 몸에 작용하는 행성의 만유인력은 약해질 거 아니겠어? 행성이 당기는 힘이 약하니 몸무게는 줄고, 키는 지구에서보다 더 클 거고 말이야.

울리 아줌마~ 제가 그럴 줄 알았어요~ 완전 불가능하잖아요.

바리 완전 불가능한 건 아니지. 누가 알아? 네가 우주비행사가 될지?

울리 제가 우주비행사 될 확률보다는 엘리가 될 확률이 훨씬 클 것 같은데요.

엘리 우주비행사가 될 수 있다면 정말 멋지겠다~

바리 모두 희망을 갖고~ 지금은 달이나 다른 행성에서 중력이 얼마나 되는지 비교해보자. 이 표는 지구를 기준으로 해서 비교한 것인데, 이런 자료들은 미국항공우주국 나사NASA 홈페이지(http://solarsystem.nasa.gov/)에 들어가면 쉽게 찾을 수 있어.

	수성	금성	지구	달	화성	목성	토성	천왕성	해왕성	명왕성
질량	0.0553	0.825	1	0.0123	0.107	317.8	95.2	14.5	17.1	0.0025
반지름	0.383	0.949	1	0.2724	0.532	11.21	9.45	4.01	3.88	0.186
밀도	0.984	0.951	1	0.605	0.713	0.240	0.125	0.230	0.297	0.380
중력	0.378	0.907	1	0.166	0.377	2.36	0.916	0.889	1.12	0.071
공전주기	0.241	0.615	1	0.0748	1.88	11.9	29.4	83.7	163.7	247.9
위성수	0	0	1	0	2	67	62	27	14	5

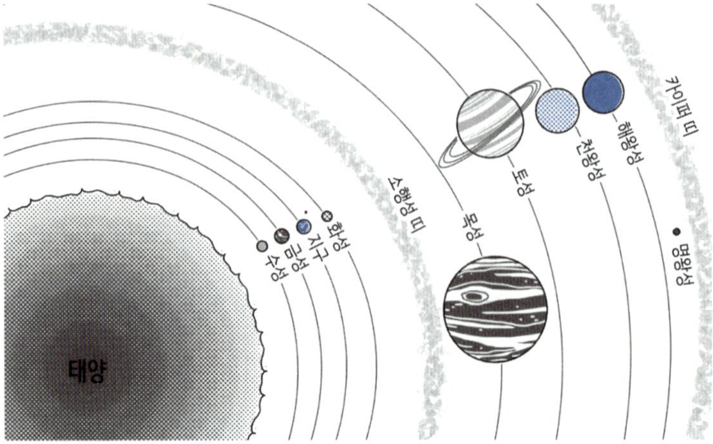

울리 와~ 달에 가야겠어요. 가깝고 중력도 약하니까요.

바리 그래. 달에서의 중력은 지구중력의 $\frac{1}{6}$ 정도야. 지구인이 달에서 야구를 하거나 농구를 한다고 생각해보렴. 야구장의 크기나 농구대의 높이를 지구에서와 똑같이 해놓고 하면 어떤 일이 벌어질지 말이야.

엘리 아~ 중력이 약하니까 그런 것들이 모두 변해야겠군요. 지구인이 달에 가서 야구를 하거나 농구를 한다면 거의 날아다닐 테니까요. 야구장은 지구에서보다 훨씬 커야 할 테고, 농구대는 훨씬 높아야 제대로 운동을 할 수 있겠어요.

울리 그러게. 달에서 야구장을 지구에서와 같은 크기로 만들면 항상 홈런만 나오겠네요~ 근데 목성에서의 중력은 지구중력의 2.36배나 되네요? 목성에 가면 걷는 것조차도 힘들겠어요.

바리 그렇지? 목성은 태양계의 행성 중 반지름이나 질량이 가장 크지. 질량은 무려 지구의 300배 이상 크니까 말이야. 위성도 67개나 되는데, 이 중 4개는 1610년에 갈릴레오가 발견한 거란다.

엘리 위성이 정말 많네요~ 근데 명왕성은 중력이 진짜 약하네요? 지구중력의 0.071배밖에 안 되는데요?

바리 그래. 명왕성은 반지름이 지구의 $\frac{1}{5}$ 정도지만, 질량은 지구의 $\frac{1}{400}$밖에 안 돼서 중력이 매우 약하지. 태양계의 여덟 번째 행성인 해왕성보다 먼 궤도를 돌고 있어서 공전주기도 250년이나 되고 말이야. 놀랍게도 나사에서는 2006년에 10년 내 도착을 목표로 '뉴 호라이즌스New Horizons'라는 명왕성 탐사선을 보내기도 했는데, 실제로 9년 6개월만인 지난 2015년 7월에 명왕성 탐사에 성공했다고 하는구나. 이 탐사선은 2021년 4월에 지구-태양 간 거리의 50배에 달하는 75억 km 지점을 지나 지금도 순항 중이라고 해.

울리 와~ 그렇게 먼 곳까지 탐사선을 보낼 수 있어요? 진짜 신기해요.

바리 그치? 근데 명왕성은 공전궤도가 다른 행성들과 많이 다르고 크기도 너무 작아서 최근에는 태양계의 행성이 아니라는 주장이 있기도 했어. 그래서 국제천문학연맹IAU이라는 국제기구에서는 2013년에 명왕성을 '왜소행성dwarf planet'이라고 부르기로 했단다.

엘리 그럼 명왕성은 이제 태양계 행성에 포함되지 않아요?

바리 행성 분류에서는 빠지고 해왕성 밖의 '카이퍼 띠Kuiper belt'라고 불리는 소천체 무리에 포함됐어. 또 1992년 이후로는 명왕성 밖의 궤도에도 천체들이 있다는 사실을 알게 되었는데, 무려 비슷한 천체가 200여 개나 있다는 거야.

엘리 와~ 태양 저 멀리에는 아직 우리가 모르는 것이 아주 많네요.

바리 맞아. 참, 명왕성 대신 태양계에 다른 행성이 존재한다는 주장도 있어. '행성9Planet Nine'이라는 별명을 가진 이 예측 행성은 해왕성만큼 커서, 질량은 지구 질량의 10배쯤 되고 지구 궤도보다 20배나 먼 궤도를 돌고 있으며, 공전주기는 1만 년에서 2만 년 정도 된다고 해.

울리 들을수록 신기해요.

엘리 전 조금 무섭기도 해요. 우리 후손들은 정말 영화 <스타워즈>나 <스타트렉>에서와 같은 시대를 살게 될 것 같아요.

울리 난 그런 시대에 살고 싶은데~ 히히. 근데 목성부터는 밀도가 아주 작아지네요?

바리 그렇지? 수성, 금성, 지구, 화성은 딱딱한 고체형 행성이라 밀도가 높고, 목성, 토성, 천왕성, 해왕성은 유체형 행성이라서 밀도가 지구보다 많이 작단다. 이러한 우주탐사가 뉴턴의 만유인력의 법칙 덕분에 가능하게 되었다고 생각해보면 참 신기하고 대단하지 않니?

울리 정말 멋져요. 저도 이제부터 우주비행사를 꿈꿔볼까 봐요.

엘리 참, 우주에 대해 이야기하다 보니 제가 전에 아주 감명 깊게 본 <히든 피겨스>라는 영화가 생각나는데요, 1960년대에 미국항공우주국에서 일했던 여성과학자들에 대한 영화였어요~

바리 오~ 엘리도 그 영화를 봤구나? 미국 최초의 유인 우주비행 탐사 계획이었던 '머큐리 계획Project Mercury'의 숨은 여성 공신들에 대한 실화 바탕의 영화였지.

엘리 저는 그 영화를 본 후로 우주탐사에도 더욱 관심이 생겼어요. 울리야, 우리 정말 함께 우주비행사에 도전해볼래? 히히-

바리 교수의 물리노트 37

- 중력 또는 중력가속도는 행성에 따라 다르다.
- 태양계는 수성, 금성, 지구, 화성, 목성, 토성, 천왕성, 해왕성으로 구성된다. (명왕성은 태양계 행성이 아닌 '왜소행성dwarf planet'이다.)
- 해왕성 궤도 밖에는 '카이퍼 띠Kuiper belt'라고 불리는 원판 모양의 소천체 무리가 있으며, 명왕성이 여기에 포함된다.

38 옷이 찢기듯 바닷물도 찢어진다구요?

조석 현상/기조력

울리는 학교에서 오랜만에 친구들과 축구를 했다. 근데 상대편 친구가 수비를 너무 심하게 하다가 그만 울리의 옷을 확 잡아당겨서 옷소매가 찢어지고 말았다. 소매가 너덜너덜해진 채로 툴툴거리며 집에 가고 있는데 엘리가 바리 교수와 집 앞 작은 벤치에 앉아 얘기를 나누고 있었다.

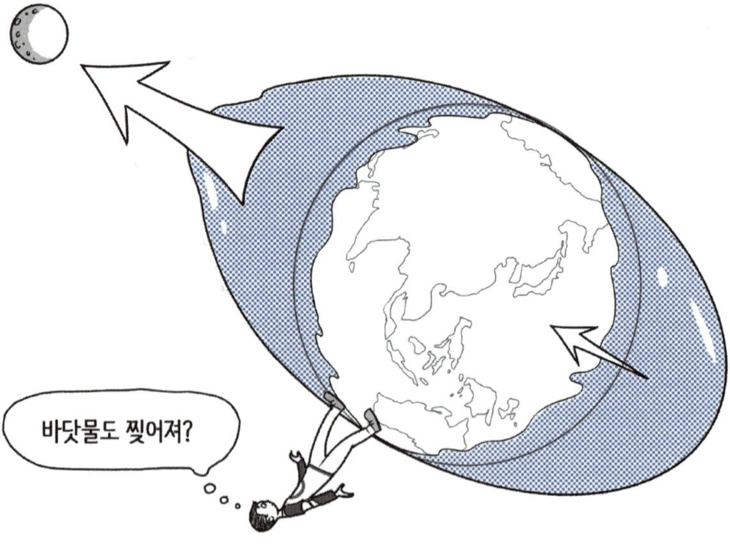

바리 울리 이제 오니? 오늘 축구한다더니, 재미있었어?

울리 네~ 엘리랑 물리 공부하고 계세요?

바리 아니~ 엘리가 물리 얘기는 너랑 같이 들어야 재미있다고 해서 그냥 여자들만의 수다를 떨고 있었지. 하하-

엘리 히히. 어? 너 근데 옷소매가 왜 다 찢어졌어?

울리 아, 이거- 축구할 때 상대편 애가 내가 공을 차지 못하게 하려고 막 잡아당기고 그러더니만 옷까지 찢었지 뭐야.

바리 상대가 반칙을 했구나~ 옷이 찢어진 것을 보니 또 알려주고 싶은 물리 얘기가 생각나네~

울리 에고, 아줌마~ 어떻게 그렇게 떠오르는 물리 얘기가 많으세요?

바리 그게 내 직업인데 뭐~

엘리 옷이 찢어진 거랑 연관된 물리 현상이 있어요? 우리가 최근에 배운 내용과 관계있나요?

바리 먼저 옷이 왜 찢어졌는가를 생각해봐. 친구가 옷소매를 세게 당긴 경우와 같은 힘으로 허리를 당긴 경우를 비교하면 좀 더 명확하려나?

울리 옷소매를 당기면 옷이 찢어지고, 제 허리를 당기면 옷은 찢어지지 않겠지만 제가 넘어지거나 하겠죠?

바리 그 차이점이 뭘까? 같은 힘이라도 소매를 당기면 옷이 찢어지고 허리를 당기면 네 몸이 움직인다고 볼 수 있는데….

엘리 글쎄요…. 뭐죠?

바리 차이점은 바로 '힘이 얼마나 고르게 작용하느냐' 하는 거야. 즉 소매를 당기는 경우는 네 몸의 다른 부분에 비해서 소매에 훨씬 강한 힘이 작용한 것이고, 허리를 당기는 경우는 힘이 네 몸에 어느 정도 고르게 작용한 것이라는 얘기지. 지금까지 어떤 물체에 힘을 가하면 그 힘이 물체의 질량중심에 작용하는 경우를 주로 다루었는데, 그 이유는 물체 전체의 운동을 보기 위해서였어.

울리 사실 힘은 왜 항상 물체의 전체적인 모양과 관계없이 한 점에만 작용하는 것처럼 그려지는지가 궁금하긴 했어요.

바리 물체의 크기나 모양은 생각하지 않고 물체의 질량이 질량중심에 모두 모여 있다고 가정한 거지. 근데 많은 경우 힘은 물체 전체에 고르게 작용하는 것이 아니거든. 특히 물체의 크기가 큰 경우는 더욱 그렇지. 이렇게 어떤 물체에 힘이 고르게 작용하지 않으면 변형이 일어나게 되는데, 옷이 찢어진 것이 그러한 변형의 예라고 할 수 있어.

울리 그럼 물체에 작용하는 힘이 고르지 않은 경우를 알려주실 건가요?

바리 그래. 바로 '조석tide 현상'에 대해 얘기하려고 하는 거야. 바닷물이 줄었다, 늘었다 하는 현상 말이야.

울리 바닷물의 밀물과 썰물 현상이 옷이 찢기는 것과 비슷한 거라고요? 어떻게 그럴 수 있죠?

바리 조석이 생기는 주된 원인은 지구에 작용하는 달의 만유인력이 위치에 따라 다르기 때문이거든. 무슨 얘기인지 쉽게 이해하기 위해, 지구상 달과 가장 가까운 지점에서의 만유인력과 달과 가장 먼 지점인 반대편에서의 만유인력을 비교하여 생각해봐. 가장 멀리 있을 때와 가장 가까이 있을 때, 지구와 달 사이의 거리 차이는 얼마나 될까?

엘리 지구 지름만큼이요.

바리 맞았어. 지구의 반지름이 6,400km니까 지름은 12,800km나 되는 거지. 지구 양 끝에서 달까지의 거리가 이렇게 많이 차이가 나니까, 거리의 제곱에 반비례하는 만유인력의 차이도 클 테고 말이야.

엘리 아하, 지구가 커서 지구 표면 위 각각의 위치마다 달까지의 거리가 모두 다르니 지구가 받는 달의 만유인력도 위치마다 다르다는 거군요?

바리 그렇지. 힘이 고르지 않으니까 지구 위에 변형이 일어나는데, 특히 움직이기 쉬운 물이 변형되는 현상이 조석 현상으로 나타나는 거야.

울리 그럼 달에 가까운 지점에서는 달이 더 세게 당겨서 물이 달 쪽으로 많이 높아지고, 달에서 먼 지점에서는 덜 세게 당겨서 물이 낮아지나요?

바리 만일 그렇다면 조석은 하루에 한 번밖에 안 생겨야 하는데, 실제 하루에 두 번씩 바닷물이 높아졌다가 낮아졌다가 하잖아? 즉 달에서 먼 지점의 바닷물도 높아진다는 거지.

울리 어떻게 그럴 수 있죠? 이해가 안 돼요.

바리 이 현상을 처음 설명한 사람이 바로 뉴턴이야. 만일 지구의 중심에 미치는 달의 만유인력이 지구의 중심뿐 아니라 모든 위치에 똑같이 작용한다면 지구 위의 모든 것은 아무 변형 없이 가속운동을 하겠지? 힘을 받으면 가속운동을 하니까.

엘리 지구가 가속운동을 해요? 지구는 가만히 있는 것 아닌가요? 달이 지구 주위를 원운동하는 거고요.

바리 작용·반작용의 법칙이잖아. 달은 지구의 만유인력이 구심력 역할을 해서 원운동을 하고, 지구도 크기는 같되 방향이 반대인 달의 만유인력이 구심력 역할을 해서 원운동을 하고 말이야.

울리 근데 왜 지구는 가만히 있는 것 같지요? 뭔가 이상해요.

바리 이상하게 느껴지는 것은 사실 '지구-달'의 질량중심이 지구 안에 있어서 그래. '지구-달'의 질량중심은 지구 표면에서 약 1,600km 들어간 지점에 있거든. 즉 달은 지구를 중심으로 돌고 있는 것이 아니라 이 '지구-달'의 질량중심을 중심으로 돌고 있는 거지. 마찬가지로 지구도 이 '지구-달' 질량중심을 중심으로 돌고 있는 거고 말이야.

엘리 조금 어렴풋이 이해되려고 해요.

바리 그래? 그럼 이제 물이 지구 표면을 골고루 일정하게 덮고 있다고 가정해봐. 달이 지구의 중심에 미치는 만유인력을 f_C라고 하고, 지구 표면의 모든 점에 같은 힘 f_C가 작용한다면 지구 표면의 물도 그대로 변형 없는 상태로 '지구-달' 질량중심을 중심으로 돌기만 하겠지? 근데 실제 달에 가까운 쪽의 물은 f_C보다 큰

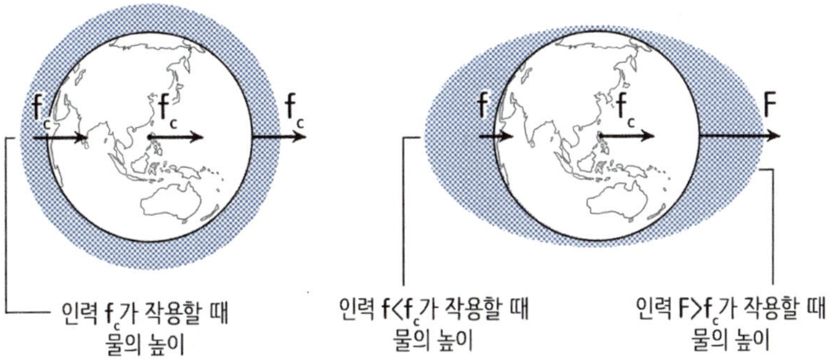

달의 만유인력을 받고, 달에서 가장 먼 쪽의 물은 f_C보다 작은 만유인력을 받잖아?

울리 그래서 달과 가까운 쪽 물은 달 쪽으로 불룩해지고요.

바리 그래. 그럼 달에서 먼 쪽에 힘 f_C가 작용했을 때의 물 높이는 f_C보다 작은 힘이 작용했을 때 어떻게 변해야 할까?

울리 큰 힘이 작용할 때보다는 높아져야 하네요. 아, 그래서 달이 있는 쪽의 지구 반대편도 물이 높아진다는 거군요?

바리 그렇지. 그래서 달과 이은 직선상의 지구 양 끝의 물 높이가 높아지는 거지. 이렇게 '지구의 중심에 작용하는 달의 만유인력과, 지구의 다른 지점에 작용하는 달의 만유인력의 차이'를 '기조력tidal force'이라고 부르는데, 이 기조력은 '달과 지구 사이의 거리의 세제곱'에 반비례하고, '지구의 중심으로부터 그 지점까지의 거리'에 비례하지.

엘리 물체가 크니까 만유인력의 효과도 복잡하네요.

바리 게다가 지구가 하루에 한 번 자전하니까 하루에 두 번의 밀물이 나타나는 거고 말이야.

엘리 하지만 12시간 동안 달도 원운동을 하니 물이 많아지는 지점도 달을 따라 변하지 않을까요?

바리 대단한데? 맞아. 그래서 실제 밀물이 다시 밀물이 될 때까지 걸리는 시간은 약 12.5시간이야. 네 말대로 지구가 반 바퀴 자전하는 동안 달의 위치도 변했기 때문이지.

울리 근데 지구가 '지구-달'의 질량중심에 대해 원운동을 한다고 하셨잖아요? 원운동하는 물체는 원심력을 느끼고요. 그럼 이 원심력은 조석 현상에 영향을 주지 않나요?

바리 오~ 오늘 너희들 질문이 아주 예리하구나. 원심력의 영향도 있지. 하지만 조석 현상, 특히 달과 일직선상의 지구 양끝에 똑같은 변형이 일어나는 현상은 기조력만으로 설명한단다. '지구-달'의 질량중심에 대한 원운동으로 생기는 지구의 원심력이 모든 곳에서 같은 건 아니거든.

울리 달의 만유인력 차이 때문에 바닷물이 찢어지는 현상이 조석 현상이라고 생각하니 조금 어렵긴 하지만 재미있어요.

엘리 근데 조석 현상을 왜 달의 만유인력 때문이라고 해요? 태양의 만유인력이 훨씬 크지 않나요?

바리 역시 좋은 질문! 조석 현상에 대해서는 설명할 내용이 좀 더 있는데, 그중 하나가 태양에 의한 효과란다. 그 외에도 물이 아닌 땅이 오르락내리락하는 조석 현상도 있고 말이야.

울리 땅도 찢어져요?

바리 하하- 오늘은 늦었으니 다음에 다시 이어서 설명해줄게~

바리 교수의 물리노트 38

- 하루에 두 번 일어나는 바닷물의 '조석tide 현상'의 근본 원인은 지구에 작용하는 달의 만유인력이 지구상의 위치마다 다르다는 것이다.
- 기조력tidal force: 지구의 중심에 작용하는 달의 만유인력과, 지구 다른 지점에 작용하는 달의 만유인력 간 차이로, '달과 지구 사이의 거리의 세제곱'에 반비례하고, '지구의 중심으로부터 그 지점까지의 거리'에 비례한다.
- 조석의 주기는 달의 공전으로 12시간이 아닌, 약 12.5시간이다.

39 갸우뚱한 지구 때문에 밀물의 높이가 다르다구요?

조석 현상/조석 잠금

과학 시간에 울리네 반 친구 한 명이 심하게 졸자, 선생님이 그 친구를 깨우고는 마침 교탁 위에 있던 지구본을 가리키며 "이 지구본이 왜 이렇게 기울어져 있지?" 하고 물으셨다. 친구가 잠이 덜 깼는지 비몽사몽간에 "제가 안 그랬는데요"라고 답하는 바람에 반 아이들이 모두 배꼽을 잡고 웃고 말았다. 하교 후 바리 교수의 집으로 향하면서 울리가 과학 시간에 있었던 일을 이야기하자 엘리도 재미있다며 깔깔 웃었다. 두 사람이 즐거워하며 걸어오는 모습을 보고 궁금해하는 바리 교수에게, 이번에는 엘리가 지구본 사건에 대해 이야기했다.

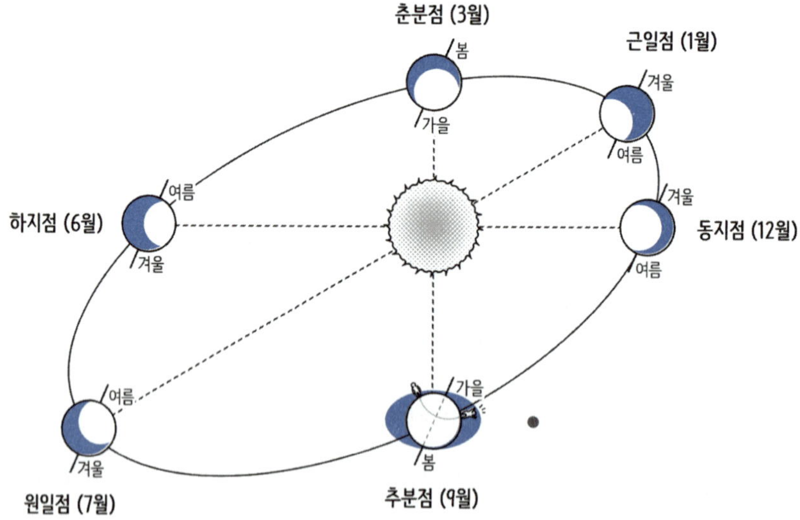

바리 그거 아주 오래된 개그인데, 진짜 그렇게 답한 학생이 있었다고? 하하-

엘리 잠결이라 아무 생각이 없었나 봐요. 히히-

바리 근데 기울어진 지구본 얘기는 우리가 공부했던 조석 현상을 좀 더 생각하게 해주는 것 같구나.

울리 어떤 점에서요?

바리 지난번에 시간이 없어서 다 얘기하지 못했는데, 하루에 두 번 나타나는 밀물의 높이는 같을까, 다를까?

울리 거의 같지 않아요? 달과 지구의 중심을 연결한 선상의 지구 양쪽의 바닷물이 똑같이 높아지잖아요?

바리 그럴 것 같지? 하지만 사실은 같지 않아. 지구의 자전축이 기울어져 있기 때문이지. 바닷물이 높아지는 지점은 달의 위치와 관계되지만, 하루에 두 번 조석 현상이 일어나는 것은 지구가 자전하기 때문인데 기울어진 축에 대해서 도니까 오전 밀물과 오후 밀물의 높이가 같지 않지.

울리 아, 그렇겠군요~

바리 다음으로, 태양의 만유인력은 조석을 일으키지 않는가 하는 엘리의 궁금증에 대해서 생각해볼까? 실제 태양과 지구 사이의 만유인력은 달과 지구 사이의 만유인력보다 180배나 커. 태양의 질량이 엄청 크기 때문이지.

엘리 그렇죠? 그렇게 태양의 만유인력이 크면, 달의 만유인력보다 더 많이 지구를 변형시켜야 하는 것 아니에요?

바리 조석 현상이 나타나는 원인이 지구에 작용하는 만유인력 자체가 아니라 만유인력의 차이 때문이라는 것을 잊으면 안 돼. 즉 큰 힘이 작용하더라도 지구의 모든 곳에서 작용하는 힘 사이에 차이가 별로 없으면 변형이 생기지 않는다는 거야.

엘리 아하, 힘이 고르지 않을 때 변형이 생기는 것이니 지구 양 끝에 작용하는 힘의 차이가 클수록 변형이 많이 일어나겠군요. 그래도 태양의 만유인력이 지구 모든 점에 같게 미치는 것은 아니지 않아요? 별 차이가 없나요?

바리 차이가 있긴 하지. 그래서 태양의 만유인력 차이에 의한 조석 효과도 있어. 근데 달의 만유인력 차이에 의한 조석 효과보다 약하거든. 기호를 써서 이해해볼까? 지구의 반지름을 $R_{지구}$, 태양에서 가장 가까운 지구 표면까지의 '태양-지구' 거리를 $R_{가까운}$, 태양에서 가장 먼 지구 표면까지의 '태양-지구' 거리를 $R_{먼}$이라고 하면, $R_{먼} = R_{가까운} + 2R_{지구}$가 되겠지? 그런데 태양의 중심과 지구의 중심 사이 거리는 지구 반지름의 약 2만 4,000배란다.

엘리 와~ 멀긴 하네요.

바리 그건 지구의 중심과 달의 중심 사이 거리보다 400배 큰 것이고, $R_{가까운} = 23,999R_{지구}$, $R_{먼} = 24,001R_{지구}$라는 뜻이지. 실제 태양의 만유인력 차이를 계산해보면 달의 만유인력 차이의 약 46%밖에 되지 않아. 태양의 질량이 달의 질량보다 약 3,000만 배 크다는 것을 알면 쉽게 계산할 수 있을 거야. 집에 가서 확인해보렴.

울리 엘리는 집에 가자마자 계산해볼 거예요. 헤헤- 근데 태양의 효과도 무시할 정도는 아닌 것 같은데요? 달의 효과의 거의 반 정도는 되는 거니까요.

바리 맞아. 조석 현상의 주된 원인이 아니라는 것이지 태양의 효과를 무시하는 것은 아니야. '한사리'나 '조금'이란 말 들어봤어?

울리 한사리와 조금요? 그게 뭔데요?

바리 지구, 달, 태양이 모두 일직선상에 놓이게 되면 밀물의 높이는 어떻게 될까?

엘리 달의 효과와 태양의 효과가 같은 방향으로 나타나서 변형이 더 커질 것 같아요.

바리 맞아. 평소보다 조수 간만의 차이가 커지는데, 이것을 '한사리 spring tide'라고 해. 그럼 언제 지구, 달, 태양이 일직선상에 올까?

울리 그게…. 보름달이 뜰 때인가요?

바리 보름달full moon이 뜰 때도 그렇고 초승달new moon이 뜰 때도 그래. 보름달이 뜰 때는 달—지구—태양 순으로 일직선을 이루고, 초승달이 뜰 때는 지구—달—태양 순으로 일직선을 이루거든.

엘리 '조금'은 조수 간만의 차이가 평소보다 작을 때인가요?

바리 그렇지. 지구, 달, 태양이 어떤 위치에 있을 때 조수 간만의 차이가 가장 작을까?

울리 보름달과 초승달이 나왔으니 반달이 답일 것 같아요. 히히-

바리 괜찮은 추측이야. 반달일 때 '지구-달'을 연결하는 직선과 '지구-태양'을 연결하는 직선이 수직이 되어 달에 의한 효과와 태양에

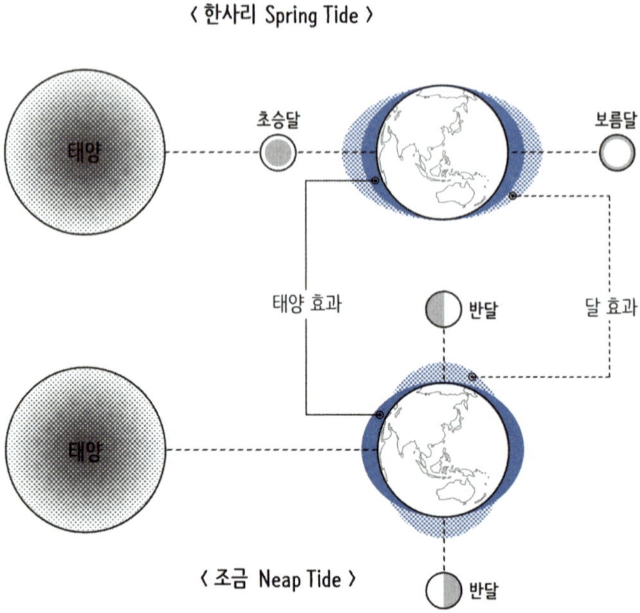

의한 효과가 수직으로 나타나거든. 그래서 결국 조수 간만의 차이가 평소보다 줄어드는데, 이것을 '조금neap tide'이라고 해.

울리 아하, 그렇군요. 자연은 알면 알수록 신비로운 것 같아요.

바리 이런 현상들을 뉴턴의 만유인력으로 이해할 수 있다는 것이 정말 놀라운 일이지. 더구나 이런 조석 현상은 바닷물에서만 생기는 것이 아니란다.

엘리 아, 지난번에 얘기하신 땅이 오르락내리락한다는 건가 보네요.

바리 그래. 땅에서도 조석 현상이 일어나는데, '지구 조석earth tide'이라고 해. 지구 속은 액체 상태고 그 위에 딱딱한 암석과 흙이 덮여 있는 거라서 실제 조석 현상이 심하게 나타나는 곳은 하루에 두 번씩 지구 표면이 수십 cm나 높아졌다 낮아졌다 한다는구나.

엘리 와~ 액체 상태인 지구 속에서 뭔 일이 일어난다는 거군요?

바리 맞아. 달의 효과와 태양의 효과가 크게 합쳐지는 보름달이나 초승달이 뜰 때면 화산 폭발이나 지진 발생이 더 잦았다는 통계가 있어. 그래서 화산이나 지진을 연구하는 사람들에게 이 지구 조석은 매우 중요한 현상이란다.

울리 알면 알수록 복잡하기도 하네요.

바리 깊이 들어가면 하나의 자연현상에도 여러 원인이 복합적으로 작용하고 있어서 정확히 이해하는 것이 힘들 수 있는데, 아주 기본적인 과학 원리로 상당히 많은 자연현상의 핵심을 이해할 수 있기도 해. 일단 기본을 이해하면 이후 자세한 것들은 기본을 바탕으로 쌓아가면 되거든.

울리 하긴 $F=ma$ 하나로 그동안 수없이 많은 현상이 설명된 것을 보니 기본에 충실해야겠다는 생각이 들긴 하네요.

바리 그래. 그 힘이 만유인력일 때 나타나는 자연현상들도 이해할 수 있었지? 기울어진 지구의 자전축이나 달의 공전으로 하루에 두 번 오는 밀물의 높이가 다르다든지, 조석 주기가 12.5시간이라든지 하는 것은 세부 내용에 해당하고 말이야. 참, 지구의 자전축이 기울어져 있어서 우리는 아주 멋진 사계절을 누리고 있기도 하잖아?

엘리 그렇네요. 근데 겨울은 지구가 태양에 가까이 있을 때 찾아온다는 얘길 들었는데, 왜 태양 가까이에 있는데 겨울인 걸까요?

바리 그건 북반구 기준이야. 북극이 태양을 향하고 있으면 여름, 태양을 등지고 있으면 겨울인데, 북극이 태양을 향하고 있을 때 지구는 태양에서 가장 멀리 있거든.

엘리 그럼 남반구에서는 남극이 태양을 향하고 있으면 여름이고, 등지고 있으면 겨울이고요?

바리 그렇지. 근데 남극이 태양을 향하고 있을 때는 태양 가까이에 있을 때여서 남반구의 여름은 지구가 태양에 가까이 있을 때 찾아오는 것이고 말이야.

울리 그렇군요. 저는 달도 궁금해요. 옛날이야기를 보면 달에 방아 찧는 토끼가 산다고 하잖아요? 실제로 맑은 날 달을 보면 항상 토끼가 방아를 찧는 모습만 보이더라구요. 그 이유가 있을까요?

바리 우리는 토끼가 보인다고 하는데, 유럽에선 여인의 옆모습이 보인다고도 하지. 중요한 건 토끼든 여인이든 사람들이 항상 같은 모습을 본다는 건데, 이런 현상을 '조석 잠금tidal locking'이라고 해.

울리 아~ 제 착각이 아니고 정말 달의 같은 부분만 보는 거예요?

바리 맞아. 실제 달의 한쪽만 보이는 건데, 그 이유는 달의 공전주기와 자전주기가 같기 때문이지. 지구 주위를 도는 동안 같은 면만 보이도록 같은 각속력으로 자전하는 건데, 큰 행성 주위를 도는 작은 위성들에서 흔히 보이는 현상이야. 위성이 큰 행성에 '잠긴locking' 상태라는 의미지.

엘리 달의 뒷면을 볼 수 없다니 신기해요. 근데 조석과는 무슨 관계기에 조석 잠금이라고 불러요?

바리 초기에는 달의 자전 속도가 빨랐는데 지구와의 조석 현상으로 자전 속도가 느려진 거거든. 자세히 이해하려면 기조력, 마찰력, 돌림힘, 각운동량 보존법칙 등등을 모두 동원해야 하니 조석 잠금이라는 용어가 있다는 것 정도만 소개하는 거야.

울리 우리가 모두 배운 개념들이긴 하네요. 역시 기본이 중요하다는 것을 다시 느끼지만 어려워요~

엘리 하지만 오늘도 뭔가 많이 유식해진 느낌이에요~

바리 교수의 물리노트 39

- 태양의 만유인력 차이에 의한 조석 효과는 달의 만유인력 차이에 의한 조석 효과의 약 46%를 보인다.
- 한사리spring tide: 태양과 달의 조석 효과의 합이 최대인 때로, 초승달이나 보름달이 뜰 때 나타나는 조석 현상.
- 조금neap tide: 태양과 달의 조석 효과의 합이 최소인 때로, 반달이 뜰 때 나타나는 조석 현상.
- 지구 조석earth tide: 땅의 높이가 변하는 조석 현상.
- 조석 잠금tidal locking: 위성의 공전주기와 자전주기가 같아지는 현상으로, 행성과 위성 간의 조석 현상이 그 원인이다.

40 보이지 않아도 있다는 걸 안다구요?

중력장

울리와 엘리는 둘 중 한 명이라도 학교 수업이 많이 늦게 끝나는 날이면 서로를 기다렸다가 함께 집으로 간다. 오늘도 둘이서 천천히 자전거를 타고 가고 있는데, 저 앞에서 모자를 푹 눌러쓴 학생 두 명이 길을 가로막고 있었다. 모두 덩치가 커서 울리는 가슴이 철렁 내려앉았다. 엘리도 당황했는지 아무 말도 하지 못하고 완전히 굳어 있었다. 그때 누군가의 발소리와 함께 개 짖는 소리가 들렸고, 소리가 난 쪽을 본 후 다시 고개를 돌려 보니 어느새 길을 가로막고 있던 학생들은 어디론가 사라지고 없었다.

바리 얘들아, 너희 괜찮아? 아까 걔네 불량 학생들 같던데?

엘리 아, 바리 아줌마~ 무서워 죽는 줄 알았어요.

울리 아린이랑 아줌마 아니었으면 우리 돈을 뜯기든 한 대 맞든 했을 것 같아요. 근데 이렇게 늦게 아린이랑 웬일이세요?

바리 아린이가 집 안에서는 변을 보지 않아서 하루 한 번은 꼭 밖에 데리고 나와야 하는데, 그동안 비가 와서 계속 산책을 못했거든. 그랬더니 변비에 걸린 거야. 좀 전에 비가 그쳤기에 얼른 데리고 나왔지.

울리 하하, 웃겨요~ 개도 변비에 걸려요?

엘리 그래서 까만 봉투를 들고 계시는 거군요? 그럼 그 속에? 히히-

바리 개도 포유류인데 뭐~ 사람처럼 암도 걸리고 변비도 걸리고 그러지. 아린이는 특히 예민한 것 같기도 하고, 깔끔한 것 같기도 하고 그렇네. 이제 놀란 가슴은 좀 가라앉았어?

엘리 네~ 태권도를 배우든지 무술을 배우든지 해야겠어요.

울리 사실 걔네가 힘을 쓴 것도 아닌데 덩치가 하도 크니 보자마자 겁부터 나더라고요.

바리 큰 덩치를 보고 힘이 셀 거라고 생각한 거구나. 비슷한 개념이 물리에도 있는데, 슬슬 걸어가면서 들어볼래? 아줌마가 너희 아파트 앞까지 아린이랑 데려다줄 테니.

엘리 그래도 돼요? 저희는 좋지만요~

울리 고맙습니다! 근데 비슷한 물리 개념은 뭐예요? 정말 아줌마한테는 이 세상 모든 것이 물리 법칙으로 보이나 봐요.

바리 하하- 그런가? 직업병이라니까. 또 만유인력 얘기인데, 오늘은 약간 다르게 의미를 해석해주고 싶네.

울리 만유인력에서 배울 게 아직도 남았어요?

엘리 만유인력 얘기를 하시니까, 아까 그 덩치 큰 애들은 울리보다는 조금 더 세게 저를 당겼겠네요? 분명 질량이 클 테니까요. 헤헤-

바리 그렇겠네, 하하- 그런 식으로 자꾸 적용하면 만유인력이 뭔지 까먹을 수 없을 거야. 이제, 아까 그 덩치 큰 학생이 공원에 혼자 있고 주변에는 아무도 없다고 상상해봐. 만유인력을 알려면 최소한 2개의 질량이 있어야 하는데 주변에 아무도 없다고 했으니 우리는 그 학생이 얼마만큼의 만유인력을 작용시킬지 알 수 없겠지? 그럼 그 덩치 큰 학생은 없는 거라고 할 수 있을까?

울리 공원에 있는 사람을 어떻게 없다고 할 수 있어요?

바리 다시 말하면 그 덩치 큰 학생이 거기 있다는 것을 주변 공간에서 아는가 하는 거야. 아니면, 그 덩치 큰 학생이 있는 효과를 주변 공간에 나타낼 수 있는가 하는 질문과 같은 것이지.

엘리 뭔가 어려운 개념 같아요.

바리 그게 '중력장gravitational field' 개념이야.

울리 중력장이요? 전기장이나 자기장 같은 건가요?

바리 그래, 같은 의미의 '장'이란다. '장'을 영어로 하면 'field'인데, 울리 네가 좋아하는 운동장도 영어로는 'field'야. 뭔가 넓은 공간이 연상되지? 나중에 전기와 자기를 다룰 때 자세히 보겠지만, 전하 주변에는 전기장이 있고, 전류 주변에는 자기장이 있듯이,

비슷하게 질량 주변에는 중력장이 있다는 거야.

엘리 잘 모르겠어요. 이해가 안 돼요.

울리 전하 주변에는 전기장이 있어요? 전류 주변에는 자기장이 있고요? 아주 새로운 느낌이에요.

바리 새로운 느낌. 나쁘지 않아. 그래도 전기장과 자기장은 다음에 공부하고, 지금은 중력장만 알려줄게. 물체 A와 물체 B가 있는데 이 두 물체 사이에 칸막이가 있다고 생각해보자. A와 B 사이에는 어떤 힘이 작용할까?

울리 그거야 당연히 만유인력이 있겠죠. '물체 A와 물체 B의 질량의 곱'에 비례하고 '두 물체 간 거리의 제곱'에 반비례하는 만유인력이요.

바리 그렇겠지? 그럼 두 물체는 보이지도 않는 다른 물체가 있는지를 어떻게 알고 만유인력을 작용시킬까?

엘리 저절로 아는 것 아니에요? 그게 자연의 법칙이니까요.

바리 과학에서는 그런 모호한 개념은 사용하지 않으려 한단다. 그래서 중력장의 개념이 필요한 거고 말이야. 다시 말하면 물체 A만 있을 때 우리는 만유인력에 대해서 아무 얘기도 할 수 없지만, 물체 A는 자신의 존재를 중력장을 통해서 주변 공간에 알린다는 거야.

울리 그래서 질량 주변에 중력장이 있다고 하신 거군요.

바리 그래. 모든 질량은 중력장을 통해 존재를 나타내는 거지. 그러다가 물체 A가 만들어낸 중력장에 다른 물체 B가 들어오면 그 위치에서 바로 만유인력을 작용시키는 거고 말이야.

울리 그럼 중력장이 크기도 있어요?

바리 그럼~ 크기도 있고 방향도 있는 벡터야. 더 멋있는 것은 '지구중력장'은 이미 우리가 자유낙하운동을 다룰 때부터 사용한 개념이라는 거야. 용어만 중력장이란 용어를 사용하지 않았을 뿐이지. 지구는 주변에 지구중력장을 만들고, 이 중력장에 들어온 물체는 자유낙하운동을 하는 거고 말이야.

엘리 이미 했어요? 뭐죠?

바리 뭐일 것 같아? 자유낙하하는 물체와는 관계없고 지구의 질량과 반지름만 알면 구할 수 있는 물리량인데, 뉴턴의 운동법칙이나 만유인력을 얘기할 때도 나왔었고….

울리 혹시 중력가속도요?

바리 맞았어! 지구중력가속도가 바로 지구중력장이야. 지구표면 근처에서 자유낙하하는 질량 m인 물체는 지구의 중심 방향으로 mg만큼의 힘을 받는데, 이 힘이 바로 지구와 물체 간의 만유인력 $Gm\frac{M_{지구}}{R^2_{지구}}$여서 지구중력가속도 $g=G\frac{M_{지구}}{R^2_{지구}}$였잖아? 이것이 바로 지구가 표면에 만드는 중력장의 크기인 거야.

울리 방향은 지구의 중심을 향하고요?

바리 그렇지. 이 지구중력장 안에 질량 m인 물체가 들어오면 mg만큼의 힘을 받는다고 해석되고 말이야. 다시 강조하지만, 지구중력장은 '지구의 질량' 그리고 '지구의 중심으로부터의 거리'로만 결정된다는 것을 기억하렴.

울리 그럼 칸막이를 사이에 두고 양쪽에 위치해 있는 물체들의 중력장은 어떻게 구해요?

바리 지구중력장에서 질량과 거리만 바꿔주면 되지. 즉 질량 m_A인 물체 A가 R만큼 떨어진 지점에 만들어내는 중력장의 크기 $g_A = G\frac{m_A}{R^2}$고, 중력장의 방향은 물체 A를 향하는 것이라는 뜻이야.

엘리 그럼 물체 A로부터 R만큼 떨어진 곳에 질량 m_B의 물체 B가 있으면, 물체 B는 $m_B g_A$만큼의 만유인력을 받는다고 표현할 수 있는 거군요.

바리 그래. 결국 이미 알고 있는 만유인력과 같은 힘인데 중력장으로 표현한 거지. 물체 B로부터 R만큼 떨어진 곳에 있는 물체 A의

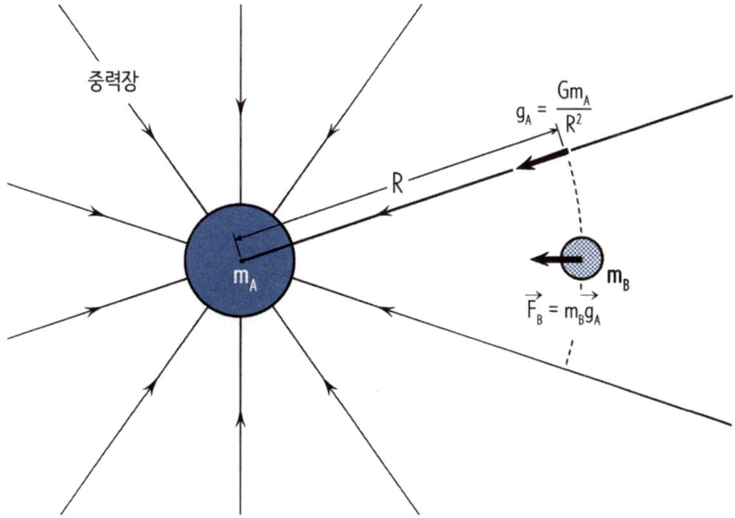

입장에서는 물체 B가 만든 중력장 $g_B = G\frac{m_B}{R^2}$ 안에 있는 것이니 $m_A g_B$만큼의 힘을 받는 거고 말이야. 물론 이 두 힘은 작용과 반작용의 관계니까 크기는 같고 방향은 반대지.

엘리 뭔가 멋있는 해석 같아요. 질량이 있는 공간에는 중력장이 있고, 그 중력장 안에 들어온 다른 질량은 자신의 질량에 중력장을 곱한 만큼의 힘을 받는다는 것이요.

바리 엘리가 확실히 멋을 아는구나. 하하- 근데 질량 m_A가 만들어낸 중력장 안에 들어온 질량 m_B가 m_B×'m_A의 중력장'만큼 힘을 받듯이, 전하 Q가 만들어낸 전기장 안에 들어온 다른 전하 q도 q×'Q의 전기장'만큼의 힘을 받는단다. 진짜 멋지지 않니? 나중에 다시 자세하게 설명해주겠지만, 이 힘이 바로 '쿨롱의 힘 Coulomb's force'이라는 거야.

울리 뭔가 물리 법칙들은 모두 통하는 것 같은데 아직 명확하게는 모르겠다는 생각이 들어요. 근데 지구중력장은 그냥 중력가속도로 부르든지, 아니면 중력가속도를 그냥 지구중력장이라고 하든지 하지 왜 두 용어를 모두 사용하는 걸까요?

바리 가속도는 뉴턴의 두 번째 운동법칙에서 힘의 결과잖니. 따라서 중력가속도는 '지구와 물체 사이의 만유인력에 의한 물체의 운동'이 중요한 관점인 거고, 반면에 중력장은 물체의 운동과 관계없이 '지구 질량' 자체가 중요한 관점이기 때문에 둘 다 필요한 개념인 거지.

엘리 음~ 관점이 다르니까 개념도, 또 그것을 지칭하는 용어도 다른 것이군요. 어려운 중력장 개념도 배웠는데, 이제 전기와 자기 현상을 알려주시나요?

바리 전자기학은 많이 복잡하니 조금 더 있다가 알려주려 해. 너희가 계속 나를 찾아준다면 말이야. 물리학의 기본 개념으로 이해할 수 있는 우리 주변의 자연 현상들은 아직도 무궁무진하단다!

바리 교수의 물리노트 40

- 중력장gravitational field: 질량을 가진 물체의 주변에 형성되는 장으로, 질량 M인 물체가 R만큼 떨어진 지점에 만들어내는 중력장의 크기 $g=G\dfrac{M}{R^2}$이고, 중력장의 방향은 이 물체의 중심을 향한다.
- 질량 m인 물체가 질량 M인 물체의 중력장 g 안에 있으면, mg만큼의 힘을 받고 힘의 방향은 중력장의 방향과 같다. 그리고 이 힘은 중력장을 만들어낸 질량 M인 물체와, 질량 m인 물체 사이의 만유인력과 같다.
- 지구가 지구 표면에 만들어낸 지구중력장은 지구중력가속도와 같다.

다이얼로그 물리학 ❶

고전역학

펴낸날 1판 1쇄 2022년 2월 25일
지은이 이공주복
펴낸이 정은경
펴낸곳 이화여자대학교출판문화원
주소 서울특별시 서대문구 이화여대길 52 (우03760)
등록 1954년 7월 6일 제9-61호
전화 02) 3277-2965 (편집), 362-6076 (마케팅)
팩스 02) 312-4312
전자우편 press@ewha.ac.kr
홈페이지 www.ewhapress.com
책임편집 이지예
본문 디자인 김리영 · 정혜진
표지 디자인 이현정

ISBN 979-11-5890-453-1 04420
979-11-5890-452-4 04420(SET)
값 18,000원